全国高等职业教育规划教材

S7-200 PLC 编程及应用项目教程

主　编　侍寿永

副主编　居海清　周　奎　史宜巧

参　编　吴会琴　景绍学　王继凤

　　　　王　玲　龚希宾

主　审　成建生

机械工业出版社

本书以国内广泛使用的西门子公司的 S7-200 系列 PLC 为例,以项目化形式全面介绍了 PLC 的组成、工作原理、编程软件、指令及应用、设计方法等;系统地介绍了 PLC 在数字量、模拟及脉冲量、通信控制系统中的应用,PLC 控制系统的设计方法及日常维护等。在本书附录中还介绍了 PLC 仿真软件、快速参考信息等,这些信息可为用户节约大量设计及系统维护时间。

本书可作为高职高专电气自动化、机电一体化技术、计算机控制技术等自动化类专业的教材,也可作为职业培训学校 PLC 课程的教材,还可供从事自动化技术的工程技术人员的自学用书。

为配合教学,本书配有电子课件,读者可以登录机械工业出版社教材服务网 www.cmpedu.com 免费注册后下载,或联系编辑索取(QQ:1239258369,电话(010)88379739)。

图书在版编目(CIP)数据

S7-200 PLC 编程及应用项目教程/侍寿永主编. —北京:机械工业出版社,2013.4(2016.1 重印)

全国高等职业教育规划教材

ISBN 978-7-111-41759-0

Ⅰ.①S… Ⅱ.①侍… Ⅲ.①plc 技术—高等职业教育—教材 Ⅳ.①TM571.6

中国版本图书馆 CIP 数据核字(2013)第 046767 号

机械工业出版社(北京市百万庄大街 22 号 邮政编码 100037)
责任编辑:刘闻雨
责任印制:邓 博
三河市国英印务有限公司印刷
2016 年 1 月第 1 版·第 3 次印刷
184mm×260mm·19 印张·466 千字
4801—7300 册
标准书号:ISBN 978-7-111-41759-0
定价:42.00 元

凡购本书,如有缺页、倒页、脱页,由本社发行部调换

电话服务　　　　　　　　　　　网络服务

社 服 务 中 心:(010)88361066　　　教材网:http://www.cmpedu.com

销 售 一 部:(010)68326294　　　机工官网:http://www.cmpbook.com

销 售 二 部:(010)88379649　　　机工官博:http://weibo.com/cmp1952

读者购书热线:(010)88379203　　　**封面无防伪标均为盗版**

全国高等职业教育规划教材机电类专业
委员会成员名单

出 版 说 明

　　根据"教育部关于以就业为导向深化高等职业教育改革的若干意见"中提出的高等职业院校必须把培养学生动手能力、实践能力和可持续发展能力放在突出的地位，促进学生技能的培养，以及教材内容要紧密结合生产实际，并注意及时跟踪先进技术的发展等指导精神，机械工业出版社组织全国近 60 所高等职业院校的骨干教师对在 2001 年出版的"面向 21 世纪高职高专系列教材"进行了全面的修订和增补，并更名为"全国高等职业教育规划教材"。

　　本系列教材是由高职高专计算机专业、电子技术专业和机电专业教材编委会分别会同各高职高专院校的一线骨干教师，针对相关专业的课程设置，融合教学中的实践经验，同时吸收高等职业教育改革的成果而编写完成的，具有"定位准确、注重能力、内容创新、结构合理和叙述通俗"的编写特色。在几年的教学实践中，本系列教材获得了较高的评价，并有多个品种被评为普通高等教育"十一五"国家级规划教材。在修订和增补过程中，除了保持原有特色外，针对课程的不同性质采取了不同的优化措施。其中，核心基础课程的教材在保持扎实的理论基础的同时，增加实训和习题；实践性较强的课程强调理论与实训紧密结合；涉及实用技术的课程则在教材中引入了最新的知识、技术、工艺和方法。同时，根据实际教学的需要对部分课程进行了整合。

　　归纳起来，本系列教材具有以下特点：

　　1）围绕培养学生的职业技能这条主线来设计教材的结构、内容和形式。

　　2）合理安排基础知识和实践知识的比例。基础知识以"必需、够用"为度，强调专业技术应用能力的训练，适当增加实训环节。

　　3）符合高职学生的学习特点和认知规律。对基本理论和方法的论述容易理解、清晰简洁，多用图表来表达信息；增加相关技术在生产中的应用实例，引导学生主动学习。

　　4）教材内容紧随技术和经济的发展而更新，及时将新知识、新技术、新工艺和新案例等引入教材。同时注重吸收最新的教学理念，并积极支持新专业的教材建设。

　　5）注重立体化教材建设。通过主教材、电子教案、配套素材光盘、实训指导和习题及解答等教学资源的有机结合，提高教学服务水平，为高素质技能型人才的培养创造良好的条件。

　　由于我国高等职业教育改革和发展的速度很快，加之我们的水平和经验有限，因此在教材的编写和出版过程中难免出现问题和错误。我们恳请使用这套教材的师生及时向我们反馈质量信息，以利于我们今后不断提高教材的出版质量，为广大师生提供更多、更适用的教材。

机械工业出版社

前　言

本书是根据高职高专的培养目标，结合高职高专的教学改革和课程改革，本着"工学结合、任务驱动、项目引导、教学做一体化"的原则编写的。其编写特点是以模块为单元，以实际应用为主线，通过设计不同的工程项目和实例，引导学生由实践到理论再到实践，将理论知识完全嵌入到每一个实践项目中，做到教、学、做的紧密结合。

本书以西门子公司的 S7-200 PLC 为例，系统介绍了 PLC 的组成、工作原理、编程软件、指令及应用、设计方法等内容。

全书分为 3 大模块：模块 1 以 12 个工程项目为例，主要介绍了 PLC 在数字量控制系统中的应用，主要知识点为 PLC 的组成及工作原理、逻辑指令的应用、功能指令的应用及 PLC 控制系统的一般设计方法等；模块 2 以 4 个工程项目为例，主要介绍了 PLC 在模拟量及脉冲量控制系统中的应用，主要知识点为模拟量的输入和输出、高速计数器的应用、高速脉冲输出（PTO）及脉宽可调输出（PWM）等；模块 3 以 2 个工程项目为例，主要介绍了 PLC 在通信控制系统中的应用，主要知识点为 PLC 与 PLC、PLC 与变频器之间的通信。每个项目又由项目引入、项目分析、相关知识、项目实施、知识链接、项目交流、技能训练 7 个环节组成。每个项目中的项目交流，都是教材编写组人员在实际工程项目的设计、运行与维护过程中的经验总结。书中还介绍了用编程向导设计 PID 控制、通信、高速计数器、高速输出等方法，只需要输入一些参数，即可自动生成用户程序。

附录中提供了 S7-200 PLC 仿真软件的使用、快速参考信息等内容，便于用户和工程技术人员在设计和维护系统时快速查阅。

本书由侍寿永担任主编并负责统稿，居海清、周奎、史宜巧担任副主编，吴会琴、景绍学、王继凤、王玲、龚希宾等参编。侍寿永编写了项目 2.1～3.2；居海清编写了项目 1.1～1.3；周奎编写了项目 1.11～1.12；史宜巧编写了项目 1.4～1.5；吴会琴编写了项目 1.6、景绍学编写了项目 1.7、王继凤编写了项目 1.8、王玲编写了项目 1.9、龚希宾编写了项目 1.10。书中所有涉及工程应用的项目，都是由校企合作编写的，由江苏清拖农业装备有限公司和江苏沙钢集团淮钢特钢有限公司提供素材，并得到崔秦洲和秦德良高级工程师的大力支持，在此表示感谢。全书由成建生副教授担任主审。

由于编者水平有限，书中错误和不妥之处在所难免，敬请读者批评指正。

编　者

目 录

出版说明
前言
模块 1 PLC 在数字量控制系统
中的应用 …………………… *1*
项目 1.1 电动机的点动运行控制 …… *1*
1.1.1 项目引入 ………………… *1*
1.1.2 项目分析 ………………… *1*
1.1.3 相关知识——S7-200 PLC 简介、
LD、LDN 及 = 指令 …… *2*
1.1.4 项目实施——电动机的点动运行
控制 ………………………… *8*
1.1.5 知识链接——PLC 的产生、发展
及应用 ……………………… *11*
1.1.6 项目交流——电源使用、软件中文
界面 ………………………… *14*
1.1.7 技能训练——信号灯的亮、灭
控制 ………………………… *15*
项目 1.2 电动机的连续运行控制 … *15*
1.2.1 项目引入 ………………… *15*
1.2.2 项目分析 ………………… *15*
1.2.3 相关知识——A、AN、O、ON
指令及编程软件 …………… *16*
1.2.4 项目实施——电动机的连续
运行控制 …………………… *19*
1.2.5 知识链接——PLC 的工作原理、PLC
与继电器常闭触点输入信号的处理 … *27*
1.2.6 项目交流——FR 与 PLC 的连接 …… *30*
1.2.7 技能训练——电动机的点动、连
续控制 ……………………… *31*
项目 1.3 电动机的正、反转控制 … *31*
1.3.1 项目引入 ………………… *31*
1.3.2 项目分析 ………………… *31*
1.3.3 相关知识——S、R 指令及优
先级 ………………………… *32*

1.3.4 项目实施——电动机的正、反转
控制 ………………………… *33*
1.3.5 知识链接——PLC 的编程语言及
编程规则 …………………… *36*
1.3.6 项目交流——电气互锁及 S、R 指令
使用注意事项 ……………… *39*
1.3.7 技能训练——工作台自动往复
控制 ………………………… *39*
项目 1.4 电动机的Y-△起动控制 … *40*
1.4.1 项目引入 ………………… *40*
1.4.2 项目分析 ………………… *40*
1.4.3 相关知识——TON 指令、堆栈
指令 ………………………… *41*
1.4.4 项目实施——电动机的Y-△起动
控制 ………………………… *43*
1.4.5 知识链接——TOF、TONR 指令及
定时范围扩展方法 ………… *45*
1.4.6 项目交流——指示灯的连接、不同
电压等级的输出 …………… *47*
1.4.7 技能训练——可提前切换的Y-△
起动控制 …………………… *49*
项目 1.5 自动装载小车控制 ……… *49*
1.5.1 项目引入 ………………… *49*
1.5.2 项目分析 ………………… *50*
1.5.3 相关知识——CTU、EU、ED、
OLD 及 ALD 指令 ………… *50*
1.5.4 项目实施——自动装载小车
控制 ………………………… *53*
1.5.5 知识链接——CTD、CTUD、*I、
NOT、SR 及 RS 指令 ……… *56*
1.5.6 项目交流——报警功能及顺序
控制 ………………………… *59*

1.5.7 技能训练——公共车库车位的显示
与控制 ·················· 60

项目 1.6 灯光系统的 PLC 控制 ······ 60
1.6.1 项目引入 ············· 60
1.6.2 项目分析 ············· 61
1.6.3 相关知识——S7-200 PLC 基本
数据类型、传送、移位、循环移
位及跳转指令 ·········· 61
1.6.4 项目实施——灯光系统的 PLC
控制 ·················· 67
1.6.5 知识链接——PLC 寻址方式、
字节立即传送、块传送、移位寄
存器及字节交换指令 ······ 71
1.6.6 项目交流——时间同步 ····· 76
1.6.7 技能训练——天塔之光的 PLC
控制 ·················· 76

项目 1.7 交通灯系统的 PLC 控制 ··· 76
1.7.1 项目引入 ············· 76
1.7.2 项目分析 ············· 77
1.7.3 相关知识——比较、时钟、数制
转换及子程序指令 ······· 77
1.7.4 项目实施——交通灯系统的 PLC
控制 ·················· 85
1.7.5 知识链接——ASCII 码及字符串转换
指令、四舍五入及截位取整指令 ····· 89
1.7.6 项目交流——实时时钟、更改子
程序名 ··············· 92
1.7.7 技能训练——按钮式人行道交通
灯的 PLC 控制 ········· 93

项目 1.8 抢答器系统的 PLC 控制 ··· 94
1.8.1 项目引入 ············· 94
1.8.2 项目分析 ············· 94
1.8.3 相关知识——段译码及中断指令 ····· 94
1.8.4 项目实施——抢答器系统的 PLC
控制 ·················· 101
1.8.5 知识链接——译码及编码指令、
表功能指令 ··········· 105
1.8.6 项目交流——双线圈输出、数字
闪烁及数码管驱动 ······ 109

1.8.7 技能训练——9s 倒计时的 PLC
控制 ·················· 110

**项目 1.9 工业洗衣机系统的 PLC
控制 ·················· 110**
1.9.1 项目引入 ············· 110
1.9.2 项目分析 ············· 110
1.9.3 相关知识——算术运算指令、
逻辑运算指令及循环指令 ····· 111
1.9.4 项目实施——工业洗衣机系统
的 PLC 控制 ········· 118
1.9.5 知识链接——函数运算指令、
梯形图的设计方法 ······ 129
1.9.6 项目交流——多个数码管的显示、
用取反指令控制灯的亮灭 ··· 135
1.9.7 技能训练——自动雨伞售货机的
PLC 控制 ············ 136

**项目 1.10 液压机系统的 PLC
控制 ·················· 136**
1.10.1 项目引入 ············ 136
1.10.2 项目分析 ············ 137
1.10.3 相关知识——起/保/停电路的
顺序控制设计法 ······· 137
1.10.4 项目实施——液压机系统的 PLC
控制 ················ 144
1.10.5 知识链接——PLC 控制系统设计
的原则、内容及步骤 ···· 147
1.10.6 项目交流——仅有两步的闭环
处理及系统安全 ······· 149
1.10.7 技能训练——液体混合装置的 PLC
控制 ················ 150

项目 1.11 剪板机系统的 PLC 控制 151
1.11.1 项目引入 ············ 151
1.11.2 项目分析 ············ 152
1.11.3 相关知识——使用 S、R 指令
的顺序控制设计法 ····· 152
1.11.4 项目实施——剪板机系统的 PLC
控制 ················ 156
1.11.5 知识链接——节约 PLC 输入/输出
点的方法 ············· 161

1.11.6 项目交流——停止按钮的高效
设置、多种工作方式的设置 ……… 163

1.11.7 技能训练——专用钻床的 PLC
控制 …………………………… 163

项目 1.12　注塑机系统的 PLC 控制——
顺控指令设计法 …………… 164

1.12.1 项目引入 …………………………… 164

1.12.2 项目分析 …………………………… 165

1.12.3 相关知识——使用顺序控制继电器
指令 SCR 的顺序控制设计法 ……… 165

1.12.4 项目实施——注塑机系统的 PLC
控制 …………………………… 170

1.12.5 知识链接——PLC 的安装环境、
维护与故障检修 ……………… 176

1.12.6 项目交流——SCR 指令使用注意
事项、转换开关的作用、急停按钮
的设置 …………………………… 178

1.12.7 技能训练——轮胎硫化机的 PLC
控制 …………………………… 178

模块 2　PLC 在模拟量及脉冲量
控制系统中的应用 …………… 180

项目 2.1　炉温系统的 PLC 控制 …… 180

2.1.1 项目引入 …………………………… 180

2.1.2 项目分析 …………………………… 180

2.1.3 相关知识——模拟量、模拟量扩
展模块及其寻址 ……………… 181

2.1.4 项目实施——炉温系统的 PLC
控制 …………………………… 183

2.1.5 知识链接——扩展模块的 I/O 分配、
扩展模块与本机连接的识别 ……… 187

2.1.6 项目交流——扩展模块的使用、
提高温度采样值精度 ………… 188

2.1.7 技能训练——模拟量输入信号的
测量 …………………………… 189

项目 2.2　液位系统的 PLC 控制 …… 189

2.2.1 项目引入 …………………………… 189

2.2.2 项目分析 …………………………… 189

2.2.3 相关知识——模拟量闭环控制
系统的组成、PID 指令 ……… 190

2.2.4 项目实施——液位系统的 PLC
控制 …………………………… 193

2.2.5 知识链接——PID 指令向导的
应用 …………………………… 198

2.2.6 项目交流——PID 指令使用注意事项、
PID 指令参数的在线修改 …… 204

2.2.7 技能训练——水储罐的恒压
控制 …………………………… 205

项目 2.3　钢包车行走的 PLC 控制 … 205

2.3.1 项目引入 …………………………… 205

2.3.2 项目分析 …………………………… 205

2.3.3 相关知识——编码器、高速计
数器 …………………………… 206

2.3.4 项目实施——钢包车行走的 PLC
控制 …………………………… 213

2.3.5 知识链接——HSC 向导的应用 … 218

2.3.6 项目交流——按钮的复用、HSC 中断
使用注意事项 ………………… 222

2.3.7 技能训练——电动机转速的测量 … 222

项目 2.4　永磁吸盘的 PLC 控制 …… 222

2.4.1 项目引入 …………………………… 222

2.4.2 项目分析 …………………………… 223

2.4.3 相关知识——高速脉冲输出 PTO
及 PWM …………………………… 223

2.4.4 项目实施——永磁吸盘的 PLC
控制 …………………………… 234

2.4.5 知识链接——PTO/PWM 向导的
应用、位置控制模块 EM253 ……… 237

2.4.6 项目交流——变量存储区 V 的另用、
断电数据保持的设置 ………… 243

2.4.7 技能训练——灯泡的亮度控制 … 244

模块 3　PLC 在网络通信控制系统中的
应用 …………………………… 245

项目 3.1　送风和水循环系统的 PLC
控制 …………………………… 245

3.1.1 项目引入 …………………………… 245

3.1.2 项目分析 …………………………… 245

3.1.3 相关知识——S7-200 PLC 的通信概述
及实现、PPI 的网络通信 ……… 246

3.1.4 项目实施——送风和水循环系统的
PLC 控制 ················· *255*

3.1.5 知识链接——NETR/NETW 指令
向导的应用 ·············· *261*

3.1.6 项目交流——送风和水循环系统的电
动机起停、异地控制、编辑站号 ····· *265*

3.1.7 技能训练——多台 PLC 的 PPI
通信 ··················· *266*

项目 3.2 面漆线传输系统的 PLC
控制 ··················· *266*

3.2.1 项目引入 ·············· *267*

3.2.2 项目分析 ·············· *267*

3.2.3 相关知识——USS 通信协议概述
及其专用指令 ·············· *267*

3.2.4 项目实施——面漆线传输系统的
PLC 控制 ················· *275*

3.2.5 知识链接——自由端口的网络通信、
通信模块 EM277 简介 ········· *279*

3.2.6 项目交流——轮流读/写变频器参数、
USS 通信协议的 V 内存地址
分配 ··················· *282*

3.2.7 技能训练——MM4 系列变频器的
USS 控制 ················· *282*

附录 ························ *283*

附录 A S7-200 PLC 仿真软件的
使用 ··················· *283*

附录 B 快速参考信息 ··········· *286*

参考文献 ······················· *292*

IX

模块 1　PLC 在数字量控制系统中的应用

可编程控制器（PLC）在工业控制领域中应用较广，尤其是在数字量控制系统中的应用所占比例较大。本模块的主要任务是掌握 PLC 的基础知识、S7-200 PLC 组成的工作原理、基本指令、功能指令，熟练使用 STEP 7-Micro/WIN 软件进行编程操作等。

项目 1.1　电动机的点动运行控制

知识目标
- 了解 PLC 的基本知识
- 掌握 S7-200 PLC 的基本指令（LD、LDN、=）
- 掌握程序运行过程

能力目标
- 掌握 I/O 地址分配
- 掌握正确的 PLC 硬件接线
- 掌握简单程序的运行

1.1.1　项目引入

使用 S7-200 PLC 实现三相异步电动机的点动运行控制。

1.1.2　项目分析

所谓点动控制是指按下起动按钮，电动机就得电运转；松开按钮，电动机失电停止运转。点动控制常用于机床模具的对模、工件位置的微调、电动葫芦的升降及机床维护调试时对电动机的控制。

三相异步电动机的点动控制电路常用按钮和接触器等元件来实现，如图 1-1 所示。起动时，闭合空气开关 QF 后，当按钮 SB 按下时，交流接触器 KM 线圈得电，其主触点闭合，为电动机引入三相电源，电动机 M 接通电源后则直接起动并运行；当松开按钮 SB 时，KM 线圈失电，其主触点断开，电动机停止运行。

在点动控制电路中，由空气开关 QF、熔断器 FU1、交流接触器的主触点及三相交流异步电动机 M 组成主电路部分；由熔断器 FU2、起动按钮 SB、交流接触器 KM 的线圈等组成控制电路部分。用 PLC 实现点动控制，主要针对控制电路进行，主电路则保持不变。

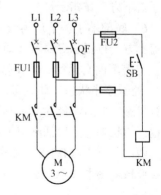

图 1-1　电动机点动控制电路图

在 PLC 控制电路中，起动按钮属于控制信号，应作为输入量分配到 PLC 的输入接线端子；接触器线圈属于被控对象，应作为输出量分配到 PLC 的输出接线端子；电路的控制逻辑则由控制器 PLC 来完成。

要实现本项目，需了解 S7-200 PLC CPU 的组成、工作原理、编程软件、简单的编程指令等知识。

1.1.3 相关知识——S7-200 PLC 简介、LD、LDN 及 = 指令

1. S7-200 PLC 简介

（1）S7-200 PLC CPU 模块

S7-200 PLC CPU 将一个微处理器、一个集成电源和数字量 I/O 点集成在一个紧凑的封装中，形成一个功能强大的微型 PLC，其模块包括 CPU、存储器、基本输入/输出点和电源等，是 PLC 的主要部分，其外形及结构如图 1-2 所示。

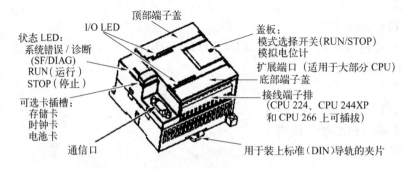

图 1-2 S7-200 PLC 的外形及结构

图 1-2 中各部分的功能如下。

1）I/O LED 用于显示输入/输出端子的状态。

2）状态 LED 用于显示 CPU 所处的工作状态，共 3 个指示灯：SF（System Fault，系统错误）、RUN（运行），STOP（停止）。

3）可选卡插槽 可以插入 E^2PROM 卡、时钟卡和电池卡。

4）通信口 可以连接 RS-485 总线的通信电缆。

5）顶部端子盖下边为输出端子和 PLC 供电电源端子。输出端子的运行状态可以由顶部端子盖下方一排指示灯显示（即 I/O LED 指示灯），ON 状态对应指示灯亮。

6）底部端子盖下边为输入端子和传感器电源端子。输入端子的运行状态可以由底部端子盖上方一排指示灯显示（即 I/O LED 指示灯），ON 状态对应指示灯亮。

前盖下面有运行、停止模式选择和接口模块插座。将开关拨向停止"STOP"位置时，PLC 处于停止状态，此时可以对其编写程序。将开关拨向运行"RUN"位置时，PLC 处于运行状态，此时不能对其编写程序。将开关拨向运行状态，在运行程序的同时还可以监视程序运行的状态。接口插座用于连接扩展模块，实现 I/O 扩展。

西门子（SIEMENS）公司提供多种类型的 CPU 以适应各种应用场合。表 1-1 中列出 S7-200 PLC 各种 CPU 的技术指标。

表 1-1　S7-200 PLC CPU 模块的技术指标

特　性	CPU 221	CPU 222	CPU 224	CPU 224XP	CPU 226
外形尺寸/mm	90×80×62	90×80×62	120.5×80×62	140×80×62	190×80×62
程序存储器/B （可在运行模式下编辑） （不可在运行模式下编辑）	4 096 4 096	4 096 4 096	8 192 12 288	12 288 16 384	16 384 24 576
数据存储区/B	2 048	2 048	8 192	10 240	10 240
断电保护时间/h	50	50	100	100	100
本机 I/O 数字量 模拟量	6 入/4 出	8 入/6 出	14 入/10 出	14 入/10 出 2 入/1 出	24 入/16 出
扩展模块数量	0 个模块	2 个模块	7 个模块	7 个模块	7 个模块
高速计数器 单相 两相	4 路 30kHz 2 路 20kHz	4 路 30kHz 2 路 20kHz	6 路 30kHz 4 路 20kHz	4 路 30kHz 2 路 100kHz 3 路 20kHz 1 路 100kHz	6 路 30kHz 4 路 20kHz
脉冲输出（DC）	2 路 20kHz	2 路 20kHz	2 路 20kHz	2 路 100kHz	2 路 20kHz
模拟电位器	1	1	2	2	2
实时时钟	配时钟卡	配时钟卡	内置	内置	内置
通信口	1 RS-485	1 RS-485	1 RS-485	2 RS-485	2 RS-485
浮点数运算	有				
I/O 映像区	256（128 入/128 出）				
布尔指令执行速度	0.22μs/指令				

　　CPU 的存储区主要有：

　　1）输入过程映像寄存器（I）。

　　在每个扫描过程的开始，CPU 对物理输入点进行采样，并将采样值存于输入过程映像寄存器中。

　　输入过程映像寄存器是 PLC 接收外部输入的数字量信号的窗口。PLC 通过光耦合器，将外部信号的状态读入并存储在输入过程映像寄存器中，外部输入电路接通时对应的映像寄存器为 ON（1 状态），反之为 OFF（0 状态）。输入端可以外接常开触点或常闭触点，也可以接多个触点组成的串并联电路。在梯形图中，可以多次使用输入端的常开触点和常闭触点。

　　2）输出过程映像寄存器（Q）。

　　在扫描周期的末尾，CPU 将输出过程映像寄存器的数据传送给输出模块，再由后者驱动外部负载。如果梯形图中 Q0.0 的线圈"通电"，则继电器型输出模块中对应的硬件继电器的常开触点闭合，使接在标号为 Q0.0 的端子的外部负载通电，反之则外部负载断电。输出模块中的每一个硬件继电器仅有一对常开触点，但是在梯形图中，每一个输出位的常开触点和常闭触点都可以多次使用。

　　3）变量存储器区（V）。

　　变量（Variable）存储器用于在程序执行过程中存入中间结果，或者用来保存与工序或任务有关的其他数据。

　　4）位存储器区（M）。

　　位存储器（M0.0～M31.7）类似于继电器控制系统中的中间继电器，用来存储中间操作状态或其他控制信息。虽然名为"位存储器区",但是也可以按字节、字或双字来存取。

5）定时器存储区（T）。

定时器相当于继电器系统中的时间继电器。S7-200 PLC 有 3 种定时器,它们的时间基准增量分别为 1ms、10ms 和 100ms。定时器的当前值寄存器是 16 位有符号整数,用于存储定时器累计的时间基准增量值（1~32 767）。

定时器位用来描述定时器延时动作的触点状态,定时器位为 1 时,梯形图中对应的定时器的常开触点闭合,常闭触点断开;为 0 时则触点的状态相反。

用定时器地址（T 和定时器号）来存取当前值和定时器位,带位操作的指令存取定时器位,带字操作数的指令存取当前值。

6）计数器存储区（C）。

计数器用来累计其计数输入端脉冲电平由低到高的次数,S7-200 PLC 提供加计数器、减计数器和加减计数器。计数器的当前值为 16 位有符号整数,用来存放累计的脉冲数（1~32767）。用计数器地址（C 和计数器号）来存取当前值和计数器位。

7）高速计数器（HC）。

高速计数器用来累计比 CPU 的扫描速率更快的事件,计数过程与扫描周期无关。其当前值和设定值为 32 位有符号整数,当前值为只读数据。高速计数器的地址由区域标识符 HC 和高速计数器号组成。

8）累加器（AC）。

累加器是可以像存储器那样使用的读/写单元,CPU 提供了 4 个 32 位累加器（AC0~AC3）,可以按字节、字和双字来存取累加器中的数据。按字节、字只能存取累加器的低 8 位或低 16 位,按双字能存取全部的 32 位,存取的数据长度由指令决定。

9）特殊存储器（SM）。

特殊存储器用于 CPU 与用户之间交换信息,如 SM0.0 一直为 1 状态,SM0.1 仅在执行用户程序的第一个扫描周期为 1 状态。

10）局部存储器（L）

S7-200 PLC 将主程序、子程序和中断程序统称为 POU（Program Organizational Unit,程序组织单元）,各 POU 都有自己的 64B 的局部变量表,局部变量仅仅在它被创建的 POU 中有效。局部变量表中的存储器称为局部存储器,它们可以作为暂时存储器,或用于子程序传递它的输入、输出参数。变量存储器（V）是全局存储器,可以被所有的 POU 存取。

S7-200 PLC 给主程序和中断程序各分配 64B 局部存储器,给每一级子程序嵌套分配 64B 局部存储器,各程序不能访问别的程序的局部存储器。

11）模拟量输入（AI）。

S7-200 PLC 用 A/D 转换器将外界连续变化的模拟量（如压力、流量等）转换为一个字长（16 位）的数字量,用区域标识符 AI、表示数据长度的 W（字）和起始字节的地址来表示模拟量输入的地址,如 AIW2 和 AIW4。因为模拟量输入是一个字长,应从偶数字节地址开始存入,模拟量输入值为只读数据。

12）模拟量输出（AQ）。

S7-200 PLC 将一个字长的数字量用 D/A 转换器转换为外界的模拟量,用区域标识符 AQ、表示数据长度的 W（字）和字节的起始地址来表示存储模拟量输出的地址,如 AQW2

和 AQW4。因为模拟量输出是一个字长，应从偶数字节开始存放，模拟量输出值是只写数据，用户不能读取模拟量输出值。

13）顺序控制继电器（S）。

顺序控制继电器（SCR）用于组织设备的顺序操作，SCR 提供控制程序的逻辑分段，详细的使用方法见项目 12。

对于每个型号 PLC，西门子提供 DC 24V 和 AC 120～240V 两种电源供电的 CPU，如 CPU 224 DC/DC/DC 和 CPU 224 AC/DC/Relay。每个类型都有各自的订货号，可以单独订货。

① DC/DC/DC：说明 CPU 是直流供电，直流数字量输入，数字量输出点是晶体管直流电路的类型。

② AC/DC/Relay：说明 CPU 是交流供电，直流数字量输入，数字量输出点是继电器触点类型。

（2）I/O 模块

各 I/O 点通/断状态用发光二极管（LED）显示，PLC 与外部连线的连接一般采用接线端子。某些模块使用可以拆卸的插座型端子板，不需要断开板上的外部连线，就可以迅速地更换模块。

1）输入模块。

输入电路中设有 RC 滤波电路，以防止由于输入触点抖动或外部干扰脉冲引起错误的输入信号。S7-200 PLC 的输入滤波电路的延迟时间可以用编程软件中的系统块设置。

图 1-3 是 S7-200 PLC 的直流输入模块的内部电路和外部接线图，图中只画出了一路输入电路，输入电流为数毫安。1M 是同一组输入点各内部输入电路的公共点。S7-200 PLC 可以用 CPU 模块内部的 DC 24V 电源作为输入回路的电源，它还可以为接近开关、光电开关之类的传感器提供 DC 24V 电源。

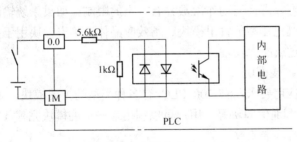

图 1-3　输入电路

当图 1-3 中的外接触点接通时，光耦合器中两个反并联的发光二极管中的一个亮，光敏晶体管饱和导通，信号经内部电路传送给 CPU 模块；外接触点断开时，光耦合器中的发光二极管熄灭，光敏晶体管截止，信号则无法传送给 CPU 模块。显然，可以改变图 1-3 中输入回路的电源极性。

交流输入方式适合于在有油雾、粉尘的恶劣环境下使用。S7-200 PLC 有 AC 120/230V 输入模块。直流输入电路的延迟时间较短，可以直接与接近开关、光电开关等电子输入装置连接。

2）输出模块。

S7-200 PLC 的 CPU 模块的数字量输出电路的功率器件有驱动直流负载的场效应晶体管

和小型继电器，后者既可以驱动交流负载又可以驱动直流负载，负载电源由外部提供。

输出电流的额定值与负载的性质有关，例如 S7-200 PLC 的继电器输出电路可以驱动 2A 的电阻性负载。输出电路一般分为若干组，对每一组的总电流也有限制。

图 1-4 是继电器输出电路，继电器同时起隔离和功率放大作用，每一路只给用户提供一对常开触点。与触点并联的 RC 电路和压敏电阻用来消除触点断开时产生的电弧。

图 1-5 是使用场效应晶体管（MOSFET）的输出电路。输出信号送给内部电路中的输出锁存器，再经光耦合器送给场效应晶体管，后者的饱和导通状态和截止状态相当于触点的接通和断开。图中的稳压管用来抑制关断过电压和外部浪涌电压，以保护场效应晶体管，场效应晶体管输出电路的工作频率可达 20～100kHz。

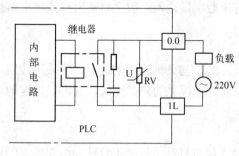
图 1-4 继电器输出电路

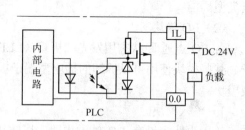
图 1-5 场效应晶体管输出电路

S7-200 PLC 的数字量扩展模块中还有一种用双向晶闸管作为输出元件的 AC 230V 的输出模块。每点的额定输出电流为 0.5A，灯负载为 60W，最大漏电流为 1.8mA，由接通到断开的最大时间为 0.2ms。

继电器输出模块的使用电压范围广，导通压降小，承受瞬时过电压和过电流的能力较强，但是动作速度较慢，寿命（动作次数）有一定的限制。如果系统输出量的变化不是很频繁，则建议优先选用继电器型的输出模块。场效应晶体管输出模块用于直流负载，它的反应速度快、寿命长，但过载能力较差。

（3）S7-200 PLC 扩展模块

为了更好地满足应用要求，S7-200 PLC 有多种类型的扩展模块，主要有数字量 I/O 模块、模拟量 I/O 模块和通信模块等，用户可以利用这些扩展模块完善 CPU 的功能。表 1-2 列出了常用扩展模块的基本参数。

表 1-2 S7-200 PLC 常用扩展模块的基本参数

型　号	各组输入点数	各组输出点数
EM221 CN, 8 输入 DC 24V	4, 4	
EM221, 8 输入 AC 230V	8 点相互独立	
EM221 CN, 16 输入 DC 24V	4, 4, 4, 4	
EM222, 4 输出 DC 24V, 5A		4 点相互独立
EM222, 4 继电器输出 DC 24V, 10A		4 点相互独立
EM222 CN, 8 输出 DC 24V		4, 4
EM222 CN, 8 继电器输出		4, 4
EM222, 8 输出 AC 230V		8 点相互独立
EM223 CN, 4 输入/4 输出 DC 24V	4	4

型　号	各组输入点数	各组输出点数
EM223 CN，4 输入 DC 24V/4 继电器输出	4	4
EM223 CN，8 输入 DC 24V/8 继电器输出	4，4	4，4
EM223 CN，8 输入/8 输出 DC 24V	4，4	4，4
EM223 CN，16 输入/16 输出 DC 24V	8，8	4，4，8
EM223 CN，16 输入 DC 24V/16 继电器输出	8，8	4，4，4，4
EM223 CN，32 输入/32 输出 DC 24V	16，16	16，16
EM223，32 输入 DC 24V/32 继电器输出	16，16	11，11，10
EM231 CN，4 模拟输入	4	
EM231 CN，8 模拟输入	4，4	
EM231 TC，2 热电偶输入	2	
EM231 TC，4 热电偶输入	4	
EM231 RTD，2 热电阻输入	2	
EM232 CN，2 模拟输出	2	
EM232 CN，4 模拟输出	4	
EM235 CN，4 模拟输入/1 模拟输出	4	1
EM227　PROFIBUS-DP 通信模块		
EM241　调制解调器（Modem）通信模块		
EM253　定位控制模块		

（4）STEP 7-Micro/WIN 编程软件

STEP 7-Micro/WIN 编程软件为用户开发、编辑和监控应用程序提供了良好的编程环境。为了能快捷高效地开发用户的应用程序，STEP 7-Micro/WIN 软件提供了 3 种程序编辑器，即梯形图（LAD）、语句表（STL）和逻辑功能图（FBD）。STEP 7-Micro/WIN 编程软件界面如图 1-6 所示。

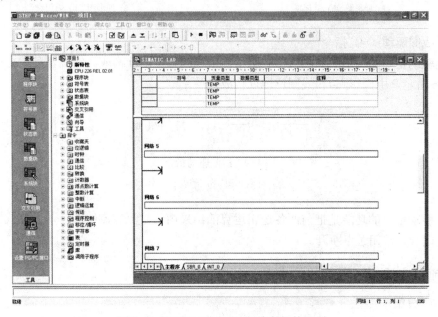

图 1-6　STEP 7-Micro/WIN 编程软件界面

STEP 7-Micro/WIN 既可以在计算机上运行，也可以在 SIEMENS 公司的编程器上运行。

（5）通信方式选择

可以有两种方式连接 S7-200 PLC 和编程设备：一种是用 PC/PPI 电缆连接，另一种是用 MPI 电缆和通信卡连接。

PC/PPI电缆比较常用而且成本较低。它将S7-200 PLC的编程窗口与计算机的RS-232相连接。PC/PPI电缆也可用于其他设备与S7-200 PLC的连接。如果使用MPI电缆，则必须先在计算机上安装通信卡。使用这种方式时，可以用较高的波特率进行通信。

2．LD、LDN、= 指令

（1）LD、LDN 指令

1）LD（LoaD）指令。LD 指令称为初始装载指令，其梯形图如图 1-7a 所示，由常开触点和位地址构成。语句表如图 1-7b 所示，由操作码 LD 和常开触点的位地址构成。

LD 指令的功能：常开触点在其线圈没有信号流流过时，触点是断开的（触点的状态为 OFF 或 0）；而线圈有信号流流过时，触点是闭合的（触点的状态为 ON 或 1）。

2）LDN（LoaD Not）指令。LDN 指令称为初始装载非指令，其梯形图和语句表如图 1-8 所示。LDN 指令与 LD 指令的区别是常闭触点在其线圈没有信号流流过时，触点是闭合的；当其线圈有信号流流过时，触点是断开的。

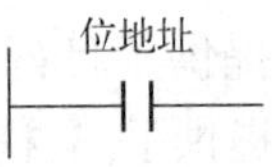

LD　位地址

a)　　b)

图 1-7　初始装载指令

a) 梯形图　b) 语句表

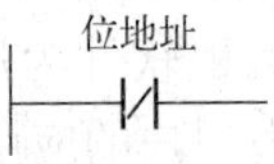

LDN　位地址

a)　　b)

图 1-8　初始装载非指令

a) 梯形图　b) 语句表

（2）线圈驱动（=）指令

线圈驱动指令的梯形图如图 1-9a 所示，由线圈和位地址构成。线圈驱动指令的语句表如图 1-9b 所示，由操作码=和线圈位地址构成。

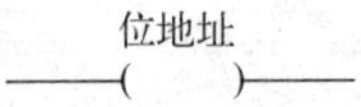

=　位地址

a)　　b)

图 1-9　线圈驱动指令

a) 梯形图　b) 语句表

线圈驱动指令的功能是把前面各逻辑运算的结果由信号流控制线圈，从而使线圈驱动的常开触点闭合，常闭触点断开。

1.1.4　项目实施——电动机的点动运行控制

1．I/O 分配

根据项目分析可知，对输入、输出量进行分配如表 1-3 所示。

表 1-3 点动运行控制 I/O 分配表

输 入		输 出	
输入继电器	元 件	输出继电器	元 件
I0.0	起动按钮 SB	Q0.0	接触器 KM 线圈

2. PLC 硬件原理图

根据如图 1-1 所示的控制电路图及表 1-3 所示的 I/O 分配表，电动机的点动运行控制 PLC 硬件原理图如图 1-10 所示，主电路同图 1-1。如不特殊说明，本书均采用 CPU 226 CN AC/DC/Relay 型西门子 PLC。

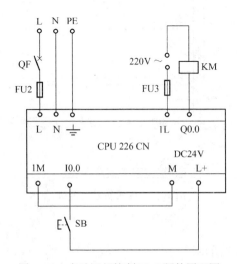

图 1-10 点动运行控制 PLC 硬件原理图

3. 创建工程项目

双击 STEP 7-Micro/WIN 软件图标，启动该编程软件，创建一个工程项目，并命名为点动控制电路，其窗口如图 1-11 所示。

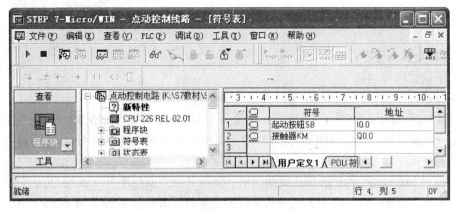

图 1-11 创建一个工程项目的窗口

4．编辑符号表

编辑符号表（Symbol Table）窗口如图1-12所示。

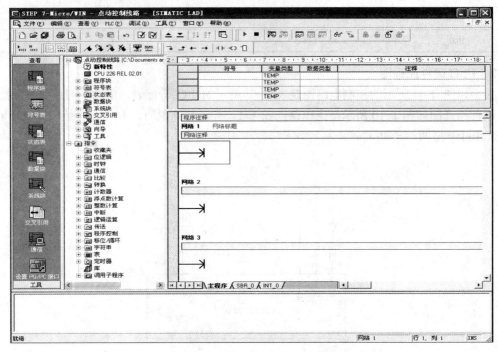

图1-12　编辑符号表窗口

5．设计梯形图程序

设计的梯形图如图1-13所示。

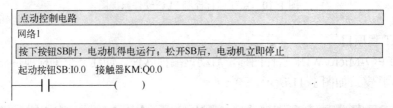

图1-13　点动控制梯形图

6．运行与调试程序

（1）下载程序并运行

（2）分析程序运行的过程和结果，并编写语句表

1）控制过程分析：如图1-14所示，接通开关QS→按下起动按钮SB→输入继电器I0.0线圈得电→其常开触点接通→线圈Q0.0中有信号流流过→输出继电器Q0.0线圈得电→其常开触点接通→接触器KM线圈得电→其常开主触点接通→电动机起动并运行。

松开按钮SB→输入继电器I0.0线圈失电→其常开触点复位断开→线圈Q0.0中没有信号流流过→输出继电器Q0.0线圈失电→其常开触点复位断开→接触器KM线圈失电→其常开主触点复位断开→电动机停止运行。

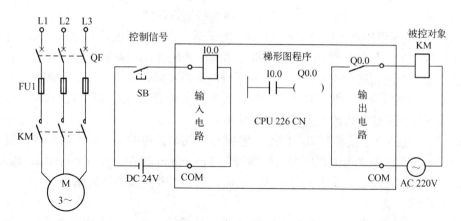

图 1-14 控制过程分析图

2）编写语句表。利用菜单栏中的"查看"→"STL"命令，可以将梯形图程序转换为语句表程序，如图 1-15 所示，也可人工编写。

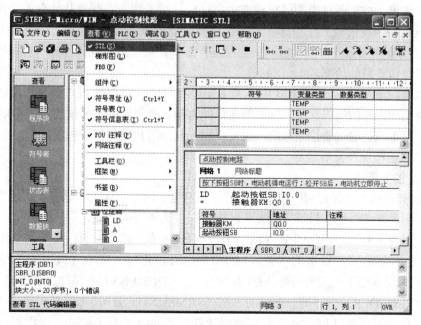

图 1-15 点动控制语句表

1.1.5 知识链接——PLC 的产生、发展及应用

1. PLC 的产生与发展

可编程控制器的英文为 Programmable Controller，为了与个人计算机（Personal Computer）相区别，将可编程控制器简称为 PLC。

（1）PLC 的产生

20 世纪 60 年代，当时的工业控制主要是由继电器-接触器组成的控制系统。继电器-接触器控制系统存在着设备体积大，调试维护工作量大，通用及灵活性差，可靠性低，功能简单，不具有现代工业控制所需要的数据通信、网络控制等功能。

1968 年，美国通用汽车制造公司（GM）为了适应汽车型号的不断翻新，试图寻找一种新型的工业控制器，以解决继电器-接触器控制系统普遍存在的问题。因而设想把计算机的完备功能、灵活及通用等优点和继电器控制系统的简单易懂、操作方便、价格便宜等优点结合起来，制成一种适合于工业环境的通用控制装置，并把计算机的编程方法和程序输入方式加以简化，使不熟悉计算机的人也能方便地使用。

1969 年，美国数字设备公司（DEC）根据通用汽车公司的要求首先研制成功第一台可编程序控制器，称之为"可编程序逻辑控制器"（Programmable Logic Controller，PLC），并在通用汽车公司的自动装置线上试用成功，从而开创了工业控制的新局面。

（2）PLC 的定义

PLC 一直处在发展中，所以至今尚未对其下最后的定义。国际电工委员会（IEC）在 1985 年的 PLC 标准草案第 3 稿中，对 PLC 做了如下定义："可编程序控制器是一种数字运算操作的电子系统，专为工业环境下应用而设计。它作为可编程序的存储器，用来在其内部存储执行逻辑运算、顺序控制、定时、计数和算术运算等操作的指令，并通过数字式、模拟式的输入和输出，控制各种类型的机械或生产过程。可编程序控制器及其有关设备，都应按易于使工业控制系统形成一个整体，易于扩充其功能的原则设计。"从上述定义可以看出，PLC 是一种用程序来改变控制功能的工业控制计算机，除了能完成各种控制功能外，还有与其他计算机通信联网的功能。

本书以西门子 S7-200 系列小型 PLC 为主要讲授对象。S7-200 PLC 具有极高的可靠性、丰富的指令集和内置的集成功能、强大的通信能力和品种丰富的扩展模块。S7-200 PLC 可以单机运行，用于代替继电器控制系统，也可以用于复杂的自动化控制系统。

（3）PLC 的概况及发展趋势

1）PLC 的发展概况。

PLC 自问世以来，经过 40 多年的发展，在机械、冶金、化工、轻工、纺织等行业得到了广泛的应用，在美、德、日等工业发达的国家已成为重要的产业之一。

目前，世界上有 200 多个生产 PLC 的厂家，比较有名的厂家有：美国的 AB 公司、通用电气（GE）公司等；日本的三菱（MITSUBISHI）公司、富士（FUJI）公司、欧姆龙（OMRON）公司、松下电工公司等；德国的西门子（SIEMENS）公司等；法国的 TE 公司、施耐德（SCHNEIDER）公司等；韩国的三星（SAMSUNG）公司、LG 公司等；中国的中国科学院自动化研究所的 PLC-008、北京联想计算机集团公司的 GK-40、上海机床电器厂的 CKY-40、上海香岛机电制造有限公司的 ACMY-S80 和 ACMY-S256、无锡华光电子工业有限公司（合资）的 SR-10 和 SR-20/21 等。

2）PLC 的发展趋势

① 产品规模向大、小两个方向发展。中、高档 PLC 向大型、高速、多功能方向发展；低档 PLC 向小型、模块化结构发展，增加了配置的灵活性，降低了成本。

② PLC 在闭环过程控制中应用日益广泛。

③ 集中控制与网络连接能力加强。

④ 不断开发适应各种不同控制要求的特殊 PLC 控制模块。

⑤ 编程语言趋向标准化。

⑥ 发展容错技术，不断提高可靠性。

⑦ 追求软硬件的标准化。

2．PLC 的特点与应用领域

（1）PLC 的特点

1）编程简单，容易掌握。

梯形图是使用最多的 PLC 的编程语言，其电路符号和表达式与继电器电路原理图相似。梯形图语言形象直观，易学易懂，熟悉继电器电路图的电气技术人员很快就能学会用梯形图语言，并用来编制用户程序。

2）功能强，性价比高。

一台小型的 PLC 内有成百上千个可供用户使用的编程元件，有很强的功能，可以实现非常复杂的控制功能。与相同功能的继电器控制系统相比，具有很高的性价比。PLC 可以通过联网，实现分散控制、集中管理。

3）硬件配套齐全，用户使用方便，适应性强。

PLC 产品已经标准化、系列化、模块化，配备有品种齐全的各种硬件装置供用户选用，用户能灵活方便地进行系统配置，组成不同功能、不同规模的系统。PLC 的安装接线也很方便，一般用接线端子连接外部接线。PLC 有较强的带负载能力，可以直接驱动一般的电磁阀和小型交流接触器等。

硬件配置确定后，可以通过修改用户程序，方便快速地适应工艺条件的变化。

4）可靠性高，抗干扰能力强。

传统的继电器控制系统使用了大量的中间继电器、时间继电器。由于触点接触不良，容易出现故障。PLC 用软件代替大量的中间继电器和时间继电器，PLC 外部仅剩下与输入和输出有关的少量硬件元件，接线可减少到继电器控制系统的 1%～10%，因触点接触不良造成的故障大为减少。

5）系统的设计、安装、调试及维护工作量少。

用 PLC 组成的控制系统，在设计、安装、调试和维护方面，具有明显的优越性。由于 PLC 采用了软件来取代继电器控制系统中大量的中间继电器、时间继电器等器件，控制柜的设计安装接线工作量大为减少。同时，PLC 的用户程序可以在实验室模拟调试，模拟调试通过后再到生产现场进行联机调试，减少了现场的调试工作量，缩短了设计、调试周期，由于 PLC 的低故障率及很强的监视功能、模块化等，使维护也极为方便。

6）体积小、重量轻、功耗低。

复杂的控制系统使用 PLC 后，可以减少大量的中间继电器和时间继电器，小型 PLC 的体积仅相当于几个继电器的大小，其结构紧凑，坚固，重量轻，功耗低。由于 PLC 的抗干扰能力强，易于装入设备内部，是实现机电一体化的理想控制设备。

（2）PLC 的应用领域

1）数字量控制。

PLC 用"与"、"或"、"非"等逻辑控制指令来实现触点和电路的串、并联，代替继电器进行组合逻辑控制、定时控制与顺序逻辑控制。数字量逻辑控制可以用于单台设备，也可用于自动化生产线，其应用领域已遍及各行各业，甚至深入到家庭。

2）运动量控制。

PLC 使用专用的运动控制模块，对直线运行或圆周运动的位置、速度和加速度进行控制，可以实现单轴、双轴、三轴和多轴位置控制，使运动控制与顺序控制有机地结合在一起。

3）闭环过程控制。

过程控制是指对温度、压力、流量等连续变化的模拟量的闭环控制。PLC 通过模拟量 I/O 模块，实现模拟量和数字量之间的 A/D 转换和 D/A 转换，并对模拟量实行闭环的 PID（比例—积分—微分）控制。

4）数据处理。

现代的 PLC 具有数学运算、数据传送、转换、排序、查表和位操作等功能，可以完成数据的采集、分析与处理。这些数据可以与储存在存储器中的参考值进行比较，也可以用通信功能传送到其他智能装置，或者将它们打印制表。

5）通信联网。

PLC 可以实现 PLC 与外设、PLC 与 PLC、PLC 与其他工业控制设备、PLC 与上位机、PLC 与工业网络等之间的通信，实现远程的 I/O 控制。PLC 与其他智能控制设备一起，可以组成"集中管理、分散控制"的分布式控制系统。

1.1.6　项目交流——电源使用、软件中文界面

1. 电源使用

目前很多 PLC 内部都有 DC 24V 电源可供输入或外部检测等装置使用，如图 1-10 所示。在内部电源容量不足时，必须使用外部电源，如图 1-16 所示，以保证系统工作的可靠性。

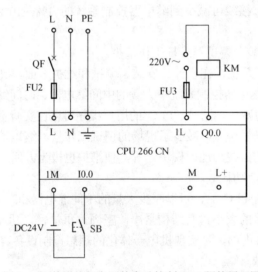

图 1-16　使用外部电源的点动控制 PLC 硬件原理图

2. 中文编程界面

很多软件在安装时都是英文版界面，然而中国用户都比较习惯使用中文界面，因此

STEP 7-Micro/WIN 软件为用户提供多种语言界面。实现中文界面的方法如下：首先单击菜单栏中"工具"选项，然后选择其中的"选项"命令，再选择"选项"中的"常规"命令，单击"常规"栏下的"语言"栏中的"中文"，单击"确定"按钮即可。

1.1.7 技能训练——信号灯的亮、灭控制

应用 PLC 控制 AC 6.3V 信号灯的通断。

训练点：外接电源的选择与连接；信号灯的电源选用；编程软件的初步使用；装载及驱动指令的熟练运用。

项目 1.2 电动机的连续运行控制

知识目标

- 掌握 PLC 的工作原理
- 掌握 S7-200 PLC 的基本指令（A、AN、O、ON）
- 掌握起/保/停电路的程序设计方法
- 掌握常闭触点输入信号的处理方法

能力目标

- 正确创建项目，进行符号表的编辑
- 正确应用梯形图语言进行编程操作
- 正确下载、调试及运行程序

1.2.1 项目引入

使用 S7-200 PLC 实现三相异步电动机的连续运行控制，即按下起动按钮，电动机起动并单向运转，按下停止按钮，电动机停止运转。该电路必须具有短路保护、过载保护等功能。

1.2.2 项目分析

三相异步电动机的连续运行传统的继电器控制的电路如图 1-17 所示。起动时，闭合空气开关 QF，当按下起动按钮 SB2 时，交流接触器 KM 线圈得电，其主触点闭合，电动机接入三相电源而起动。同时与 SB2 并联的接触器常开辅助触点闭合形成自锁使接触器线圈有两条路通电，这样即使松开按钮 SB2，接触器 KM 的线圈仍可通过自身的辅助触点继续通电，保持电动机的连续运行。

当按下停止按钮 SB1 时，KM 线圈失电，其主触点和常开触点复位断开，电动机因无电源而停止运行。

在 PLC 的控制电路中，起动按钮、停止按钮和热继电器触点的闭合或断开属于控制信号，应作为输入量分配到 PLC 的输入接线端子；而接触器线圈属于被控对象，应作为输出量分配到 PLC 的输出接线端子；而电路的逻辑控制则由控制器 PLC 来完成。对于 PLC 的输出端子来说，允许额定电压为 220V，故需要将原电路图中的接触器的线圈电压由 380V 改为 220V，以适应 PLC 的输出端子电压的需要。对于电路图中的触点串并联接线，应根据逻辑关系采用 PLC 的基本位逻辑指令进行程序设计，本项目主要应用 A，AN，O，ON 等指令实现。

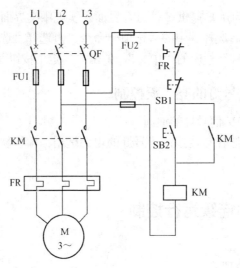

图 1-17 三相异步电动机连续运行控制电路

1.2.3 相关知识——A、AN、O、ON 指令及编程软件

1. A、AN、O、ON 指令

（1）A 指令

A（And）指令又称为"与"指令，其梯形图如图 1-18a 所示，由串联常开触点和其位地址组成。语句表如图 1-18b 所示，由操作码 A 和位地址构成。

当 I0.0 和 I0.1 常开触点都接通时，线圈 Q0.0 才有信号流流过；当 I0.0 或 I0.1 常开触点有一个不接通或都不接通时，线圈 Q0.0 就没有信号流流过，即线圈 Q0.0 是否有信号流流过取决于 I0.0 和 I0.1 的触点状态"与"关系的结果。

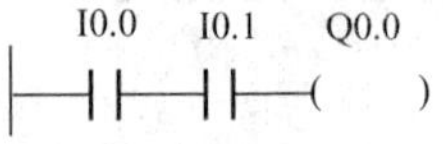

图 1-18 "与"指令

a）梯形图　b）语句表

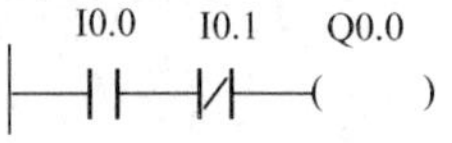

```
    I0.0  I0.1  Q0.0        LD   I0.0
    ─┤ ├──┤ ├──( )          A    I0.1
                            =    Q0.0
         a)                    b)
```

图 1-19 "与非"指令

a）梯形图　b）语句表

```
    I0.0  I0.1  Q0.0        LD   I0.0
    ─┤ ├──┤/├──( )          AN   I0.1
                            =    Q0.0
         a)                    b)
```

（2）AN 指令

AN（And Not）指令又称为"与非"指令，其梯形图如图 1-19a 所示，由串联常闭触点和其位地址组成。语句表如图 1-19b 所示，由操作码 AN 和位地址构成。AN 指令和 A 指令的区别为串联的是常闭触点。

（3）O 指令

O（Or）指令又称为"或"指令，其梯形图如图 1-20a 所示，由并联常开触点和其位地址组成。语句表如图 1-20b 所示，由操作码 O 和位地址构成。

当 I0.0 和 I0.1 常开触点有一个或都接通时，线圈 Q0.0 就有信号流流过；当 I0.0 和 I0.1 常开触点都未接通时，线圈 Q0.0 则没有信号流流过，即线圈 Q0.0 是否有信号流流过取决于 I0.0 和 I0.1 的触点状态"或"关系的结果。

（4）ON 指令

ON（Or Not）指令又称为"或非"指令，其梯形图如图 1-21a 所示，由并联常闭触点和其位地址组成。语句表如图 1-21b 所示，由操作码 ON 和位地址构成。ON 指令和 O 指令的区别为并联的是常闭触点。

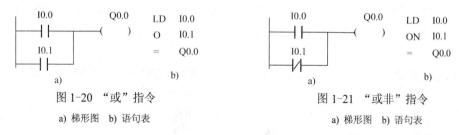

图 1-20 "或"指令
a) 梯形图 b) 语句表

图 1-21 "或非"指令
a) 梯形图 b) 语句表

2. STEP 7-Micro/WIN 编程软件的简介

（1）软件的安装

安装编程软件的计算机使用 Windows 操作系统，为了实现 PLC 与计算机的通信，必须配备下列设备中的一种。

1）一条 PC/PPI 电缆或 PPI 多主站电缆，它们因价格便宜，使用最多。

2）一块插在个人计算机中的通信处理器（CP）卡和多点接口（MPI）电缆。

双击安装文件夹中的"STEP 7-Micro/WIN-V4.0.exe"，开始安装编程软件，使用默认安装语言（英语），在安装过程中按照提示完成安装。

（2）软件的编程窗口

安装完成后，双击 STEP 7-Micro/WIN 图标即可打开该软件，STEP 7-Micro/WIN 编程软件的中文界面窗口如图 1-22 所示。

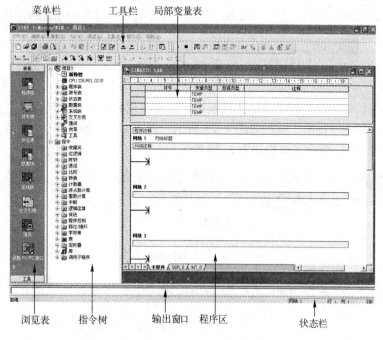

图 1-22 STEP 7-Micro/WIN 软件的编程窗口

1）浏览表

浏览表显示常用编程视图及工具。

查看：显示程序块、符号表、状态表、数据块、系统块、交叉引用、通用、设置 PG/PC 接口等图标。

工具：显示指令向导、文本显示向导、位置控制向导、EM253 控制面板、以太网向导、AS-i 向导、配方向导及 PID 调节控制面板等工具。

2）指令树

提供所有项目对象和当前程序编辑器（LAD、FBD 或 STL）需要的所有编程指令。

3）输出窗口

在编译程序或指令库时提供信息。当输出窗口列出程序错误时，双击错误信息，会自动在程序编辑器窗口中显示相应的程序网络。

4）程序区

是用户编程程序的区域，由可执行代码和注释组成。可执行的代码由主程序（OB1）、可选子程序和中断程序组成（S7-200 工程项目中规定的主程序只有一个，子程序有 64 个；用 SBR_0～SBR_63 表示；中断程序有 128 个，用 INT_0～INT_127 表示）。代码被编译并下载到 PLC 中时，程序注释被忽略。

5）状态栏

提供在 STEP7-Micro/WIN 软件中操作时的操作状态信息。

6）局部变量表

包含对局部变量所作的定义赋值（即子程序和中断服务程序使用的变量）。

7）菜单栏

STEP 7-Micro/WIN 编程软件允许使用鼠标或键盘在菜单栏中执行操作各种命令和工具，其菜单栏如图 1-23 所示，此外，还可以定制"工具"菜单，在该菜单中增加命令和工具。

图 1-23 菜单栏

工具栏中提供常用命令和工具的快捷按钮，如图 1-24 所示，用户可以定制每个工具栏的内容和外观。其中，标准工具栏如图 1-25 所示，调试工具栏如图 1-26 所示，常用工具栏如图 1-27 所示，LAD 指令工具栏如图 1-28 所示。

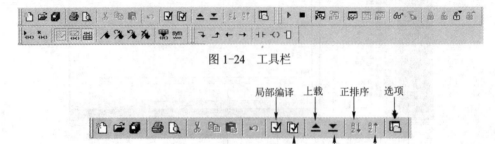

图 1-24 工具栏

图 1-25 标准工具栏

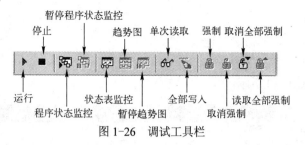

图 1-26　调试工具栏

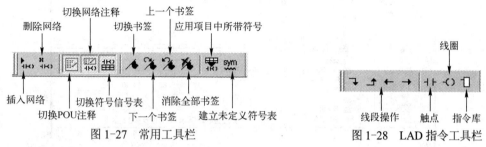

图 1-27　常用工具栏　　　　图 1-28　LAD 指令工具栏

1.2.4　项目实施——电动机的连续运行控制

1. I/O 分配

根据项目分析可知，对输入、输出量进行分配如表 1-4 所示。

表 1-4　连续运行控制 I/O 分配表

输　入		输　出	
输入继电器	元　件	输出继电器	元　件
I0.0	起动按钮 SB1	Q0.0	接触器 KM 线圈
I0.1	停止按钮 SB2		
I0.2	热继电器 FR		

2. PLC 硬件原理图

根据如图 1-17 所示的控制电路图及表 1-4 所示的 I/O 分配表，电动机的连续运行控制 PLC 硬件原理图如图 1-29 所示。

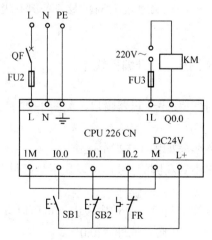

图 1-29　连续运行控制 PLC 硬件原理图

3．创建工程项目

创建一个工程项目，并命名为连续控制电路。

4．编辑符号表

编辑符号表如图 1-30 所示。

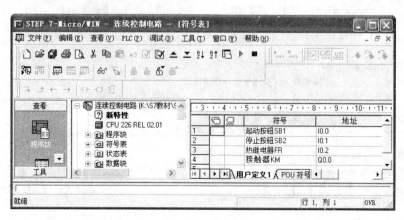

图 1-30　编辑符号表

5．设计梯形图程序

用梯形图编辑器来输入程序，图 1-31 给出了使用起/保/停电路设计的三相异步电动机连续运行控制电路梯形图。

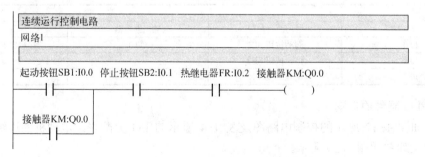

图 1-31　连续运行控制电路的梯形图程序

（1）打开编程软件

双击 STEP 7-Micro/WIN 图标，打开编程软件。

（2）打开程序编辑器

单击"程序块"图标，打开程序编辑器窗口，如图 1-22 所示。

（3）输入程序段

1）常开触点 I0.0 的输入步骤如图 1-32 所示。

① 双击位逻辑图标或单击其左侧的+号，可以显示全部位逻辑指令。

② 选择常开触点。

③ 按住鼠标左键将触点拖曳到第一个程序段中，也可以双击常开触点图标。

④ 单击触点上方的"??.?"并输入地址"I0.0"。

⑤ 按〈Enter〉键确认。如果已经建立了符号表，则物理地址左侧会再显示地址相应的

符号。

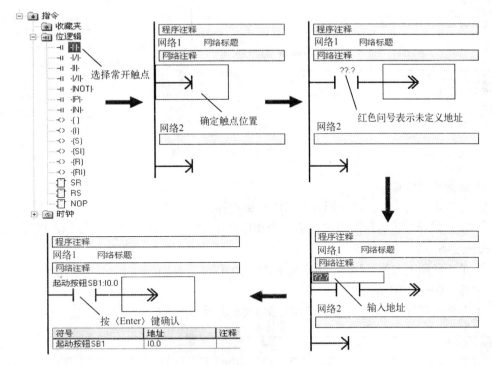

图 1-32　常开触点 I0.0 的输入步骤

2）串联常开触点 I0.1 的输入步骤如图 1-33 所示。

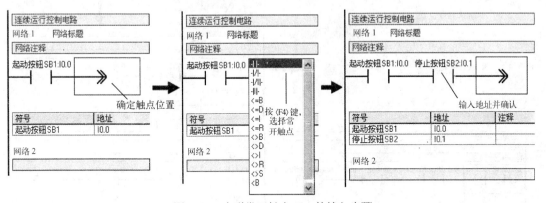

图 1-33　串联常开触点 I0.1 的输入步骤

① 选择触点位置。

② 用上述方法或利用功能键〈F4〉选择常开触点。

③ 双击常开触点图标。

④ 输入地址"I0.1"。

⑤ 按〈Enter〉键确认。

3）串联常开触点 I0.2 的输入步骤同 2）。

4）线圈 Q0.0 的输入步骤如图 1-34 所示。

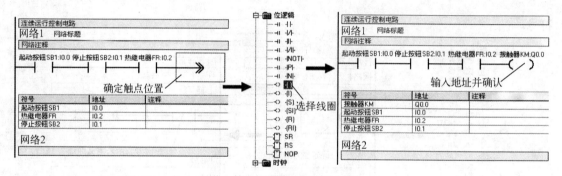

图 1-34　线圈 Q0.0 的输入步骤

① 选择线圈位置。

② 在位逻辑指令中选择线圈或按〈F6〉键选择。

③ 按住鼠标左键将线圈拖曳到第一个程序段中指定位置或双击线圈图标，或按〈F6〉键后选择线圈并单击左键即可。

④ 单击线圈上方的"??.?"并输入地址"Q0.0"。

⑤ 按〈Enter〉键确认。

5）并联常开触点 Q0.0 的输入步骤如图 1-35 所示。

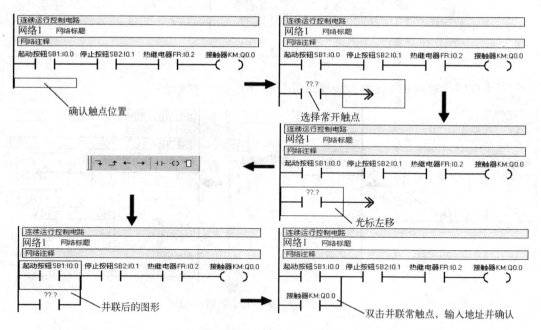

图 1-35　并联常开触点 Q0.0 的输入步骤

① 选择触点位置。

② 在位逻辑指令中或按〈F4〉键后选择常开触点。

③ 双击常开触点图标。

④ 输入地址"Q0.0"。

⑤ 按〈Enter〉键确认。

6. 存储工程项目

在程序编制结束后，需要存储程序。存储程序是将一个包括 S7-200 PLC CPU 类型及其他参数在内的一个项目存储在一个指定的地方，便于修改和使用，如图 1-36 所示。存储项目的步骤如下。

1）选择菜单栏命令"文件"→"保存/另存为"，也可以单击工具栏中的"保存项目"按钮 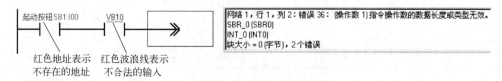。

2）在"另存为"对话中输入工程项目名（如：连续运行控制程序）。

3）单击"保存"按钮，存储工程项目。

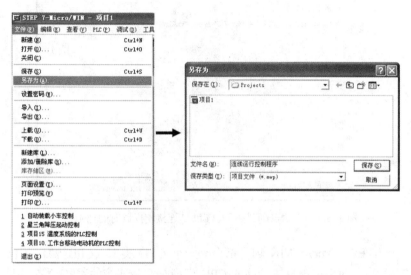

图 1-36　存储工程项目

7. 运行及调试程序

（1）编译程序

程序在下载之前，要经过编译才能转换为 PLC 能够执行的机器代码，同时可以检查程序是否存在违反编程规则的错误，如图 1-37 所示。编译程序的步骤如下。

1）单击工具栏中的"编译" ☑ 或"全部编译" ☑，或使用菜单命令"PLC/编译"或"PLC/全部编译"，即可编译程序。

2）如程序中存在错误，编译后，状态栏中将显示程序中语法错误的数量、各条错误的原因和错误在程序中的位置等信息。

3）双击状态栏中的某一条错误，程序编辑器中的矩形光标将会移到程序中该错误所在的位置。

4）必须改正程序中的所有错误，编译成功后才能下载程序到 PLC 中。

图 1-37　编译程序时的错误提示

（2）程序下载

1）单击工具栏中的"下载"图标 <u></u> 或者在"命令"菜单中选择"PLC/下载"，可将程序下载至 PLC 中。

2）在下载程序时，如果连接电缆未插好或连接电缆已损坏或 PLC 未通电，则会出现如图 1-38 所示的窗口，这时则需要检查连接电缆，解决问题后再下载。

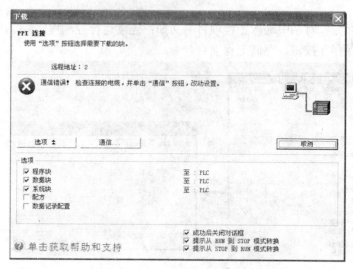

图 1-38　下载程序时计算机与 PLC 连接出问题时的显示窗口

3）每一个 STEP 7-Micro/WIN 项目都会有一个 CPU 类型（CPU 221、CPU 222、CPU 224、CPU 226 等），如果在项目中选择的 CPU 类型与实际连接的 CPU 类型不匹配，则在下载时 STEP 7-Micro/WIN 会提示做出选择，如图 1-39 所示。单击界面上的"改动项目"按钮，这时 CPU 的类型会自动地跟实际的 PLC 匹配，并出现如图 1-40 所示的下载程序窗口。这时单击"下载"按钮进行程序下载，又出现是否要设置 PLC 为停止模式对话框，如图 1-41 所示。单击"确定"按钮，开始程序下载。

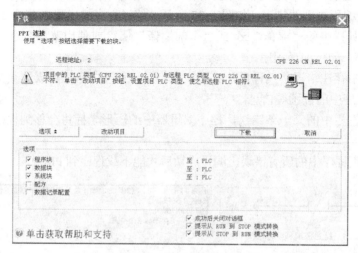

图 1-39　下载程序时所选 PLC 与实际不一致的显示窗口

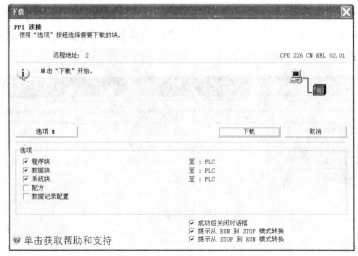

图 1-40　下载程序显示窗口

（3）运行程序

如果想通过 STEP 7-Micro/WIN 软件将 S7-200 PLC 转入运行模式，则 S7-200 PLC 的模式开关必须设置为 TERM 或 RUN。当 S7-200 PLC 转入运行模式后，程序开始运行。

1）单击工具栏中的"运行"图标 ▶ 或者在"命令"菜单中选择"PLC/运行"，会弹出如图 1-42 所示的对话框。

图 1-41　设置 PLC 停止模式对话框

图 1-42　设置 PLC 为运行模式对话框

2）单击"确定"按钮，切换到运行模式。

（4）在线监控

1）PLC 采用程序监控方式监控程序运行。如果想观察程序执行情况，可以单击工具栏中的"程序监控"图标 🖳 或者在"命令"菜单中选择"调试/开始程序状态监控"来监控程序，其程序监控方式如图 1-43 所示。

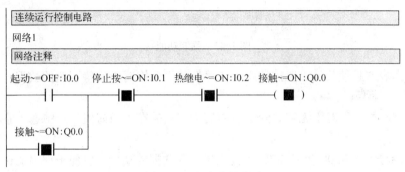

图 1-43　程序监控方式

2）PLC 采用状态表监控方式监控程序的运行。可以单击工具栏中的"状态表监控"图标🖼️或者在"命令"菜单中选择"调试/开始状态表监控"来监控程序，状态表监控方式如图 1-44 所示。

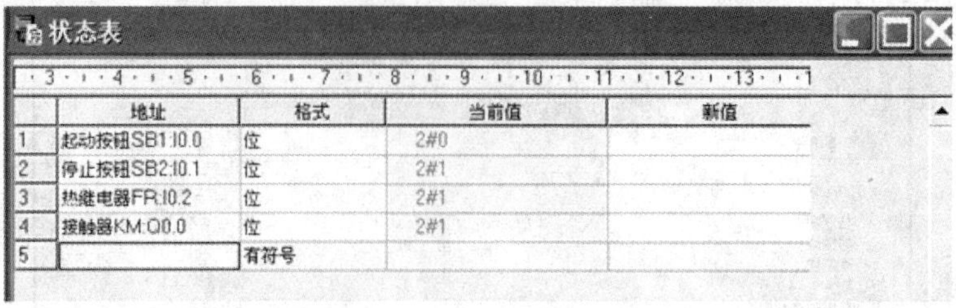

	地址	格式	当前值	新值
1	起动按钮SB1:I0.0	位	2#0	
2	停止按钮SB2:I0.1	位	2#1	
3	热继电器FR:I0.2	位	2#1	
4	接触器KM:Q0.0	位	2#1	
5		有符号		

图 1-44　状态表监控方式

（5）调试程序

1）强制功能。S7-200 PLC CPU 提供了强制调试程序功能，以方便程序调试工作。例如，在现场不具备某些外部条件的情况下模拟工艺状态。用户可以对所有的数字量 I/O 以及多达 16 个内部存储器数据或模拟量 I/O 进行强制调试。

如果没有实际的 I/O 接线，也可以用强制功能调试程序，如图 1-45 所示。

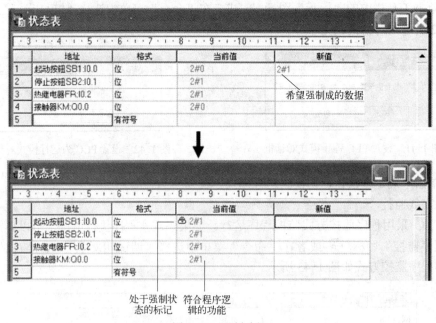

图 1-45　强制功能

显示状态表并且使其处于监控状态，在"新值"列中写入希望强制的数据，然后单击工具栏"强制"图标🖱️。

如图 1-46 所示，对于无需改变数值的变量，只需在"当前值"列中选中它，然后使用强制命令。

2）写入数据。S7-200 PLC CPU 还提供了写入数据的功能，以便于程序调试。在状态表表格中写入 Q0.0 的新值"1"，如图 1-47 所示。

26

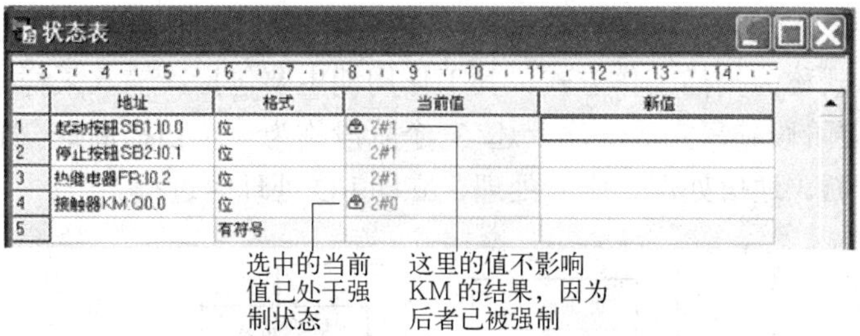

状态表

	地址	格式	当前值	新值
1	起动按钮SB1:I0.0	位	2#1	
2	停止按钮SB2:I0.1	位	2#1	
3	热继电器FR:I0.2	位	2#1	
4	接触器KM:Q0.0	位	2#0	
5		有符号		

选中的当前　　　这里的值不影响
值已处于强　　　KM的结果，因为
制状态　　　　　后者已被强制

图 1-46　使用强制命令

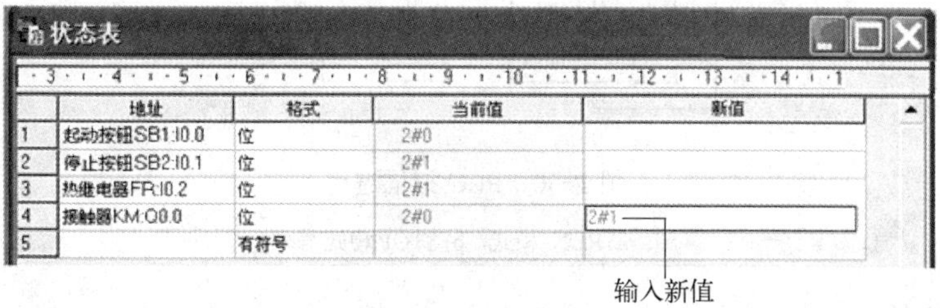

状态表

	地址	格式	当前值	新值
1	起动按钮SB1:I0.0	位	2#0	
2	停止按钮SB2:I0.1	位	2#1	
3	热继电器FR:I0.2	位	2#1	
4	接触器KM:Q0.0	位	2#0	2#1
5		有符号		

输入新值

图 1-47　对状态表中的 Q0.0 写入新值

写入新值后，单击工具栏"写入"图标，写入数据。应用写入命令可以同时写入几个数值，如图 1-48 所示。

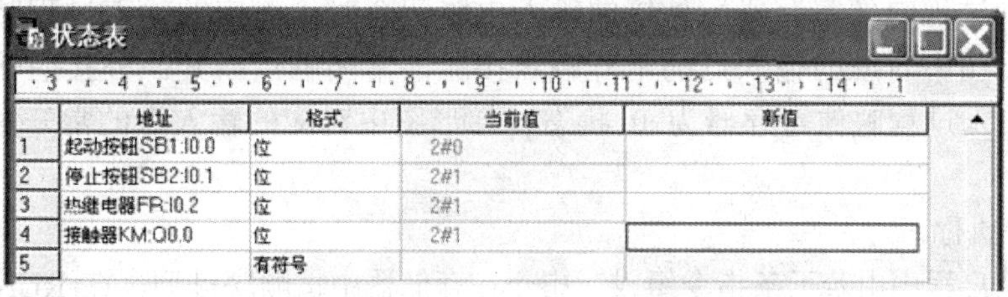

状态表

	地址	格式	当前值	新值
1	起动按钮SB1:I0.0	位	2#0	
2	停止按钮SB2:I0.1	位	2#1	
3	热继电器FR:I0.2	位	2#1	
4	接触器KM:Q0.0	位	2#1	
5		有符号		

图 1-48　同时写入多个新值

（6）停止程序

如果想停止程序，可以单击工具栏中的"停止"图标 ■ 或者在"命令"菜单中选择"PLC/停止"，然后单击"是"按钮切换到停止模式，如图 1-49 所示。

STOP（停止）

❓ 设置 PLC 为 STOP 模式吗？

是　　　否

图 1-49　停止程序对话框

1.2.5　知识链接——PLC 的工作原理、PLC 与继电器常闭触点输入信号的处理

1. PLC 的工作原理

PLC 通电后，需要对硬件和软件进行初始化。为了使 PLC 的输出及时地响应各种输入

信号，初始化后的 PLC 要反复不停地分阶段处理各种不同任务，如图 1-50 所示。这种周而复始的循环工作方式称为扫描工作方式。其工作周期主要包括：输入采样，用户程序执行，输出刷新 3 个主要阶段。每完成一次上述 3 个阶段称为一个扫描周期。而在执行用户程序时，还有系统自诊断、通信处理、中断处理、立即 I/O 处理等过程。

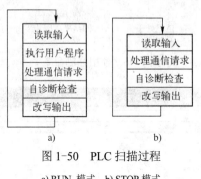

图 1-50　PLC 扫描过程

a) RUN 模式　b) STOP 模式

（1）读取输入

读取输入即输入采样。在 PLC 的存储器中，设置了一片区域来存放输入信号和输出信号的状态，它们分别称为输入过程映像寄存器和输出过程映像寄存器。

在读取输入阶段，PLC 把所有外部数字量输入电路的 1/0 状态（或称 ON/OFF 状态）读入输入过程映像寄存器。外接的输入电路闭合时，对应的输入过程映像寄存器为 1 状态，梯形图中对应的输入点的常开触点接通，常闭触点断开。外接的输入电路断开时，对应的输入过程映像寄存器为 0 状态，梯形图中对应的输入点的常开触点断开，常闭触点接通。

（2）程序执行

PLC 的用户程序由若干条指令组成，指令在存储器中按顺序排列。在 RUN 模式的程序执行阶段，如果没有跳转指令，CPU 从第一条指令开始，逐条顺序地执行用户程序。

在执行指令时，从 I/O 映像寄存器或别的位元件的映像寄存器读出其 1/0 状态，并根据指令的要求执行相应的逻辑运算，运算的结果写入到相应的寄存器中。因此，各映像寄存器（只读的输入过程映像寄存器除外）的内容随着程序的执行而变化。

在程序执行阶段，即使外部输入信号的状态发生了变化，输入过程映像寄存器的状态也不会随之改变，输入信号变化了的状态只能在下一个扫描周期的读取输入阶段被读入。执行程序时，对输入/输出的状态存取通常是通过映像寄存器，而不是实际的 I/O 点，这样做有以下好处。

1）在整个程序执行阶段，各输入点的状态是固定不变的，程序执行完后再用输出过程映像寄存器的值更新输出点，使系统的运行稳定。

2）用户程序读写 I/O 映像寄存器比读写 I/O 点快得多，这样可以提高程序的执行速度。

（3）通信处理

在处理通信请求阶段，CPU 处理从通信接口和智能模块接收到的信息。

（4）CPU 自诊断测试

自诊断测试包括定期检查 CPU 模块的操作和扩展模块的状态是否正常，将监控定时器复位，以及完成一些其他的内部工作。

（5）改写输出

改写输出，即输出刷新。CPU 执行完用户程序后，将输出过程映像寄存器的 I/O 状态传送到输出模块并锁存起来。梯形图中某一输出位的线圈"通电"时，对应的输出过程映像寄存器为 1 状态。信号经输出模块隔离和功率放大后，继电器型输出模块中对应的硬件继电器的线圈通电，其常开触点闭合，使外部负载通电工作。若梯形图中输出点的线圈"断电"，对应的输出过程映像寄存器为 0 状态，将它送到继电器型输出模块，对应的硬件继电器的线圈断电，其常开触点断开，外部负载断电，停止工作。

当 CPU 的操作模式从 RUN 变为 STOP 时，数字量输出被置为系统块中的输出表定义的状态，或保持当时的状态，默认的设置是将所有的数字量输出清零。

（6）中断程序的处理

如果在程序中使用了中断，中断事件发生时，CPU 停止正常的扫描工作方式，立即执行中断程序，中断功能可以提高 PLC 对某些事件的响应速度。

（7）立即 I/O 处理

在程序执行过程中使用立即 I/O 指令可以直接存取 I/O 点。用立即 I/O 指令读输入点的值时，相应的输入过程映像寄存器的值未被更新。用立即 I/O 指令来改写输出点时，相应的输出过程映像寄存器的值被更新。

2. PLC 与继电器

PLC 控制系统与继电器控制系统相比，既有许多相似之处，也有许多不同。传统的继电器控制系统被 PLC 控制系统取代已是必然趋势，从适应性、可靠性、方便性及设计、安装、调试、维护等各方面比较，PLC 都有显著的优势。

（1）适应性

继电器控制系统采用硬件接线方式，针对固定的生产工艺设计，系统只能完成固定的功能。系统构成后，若想改变或增加功能较为困难，一旦工艺过程改变，系统则需要重新设计，PLC 采用计算机技术，其控制逻辑通过软件实现，要改变控制逻辑只需改变程序，因而很容易改变或增加系统功能。PLC 系统的灵活性和可扩展性较好。

（2）可靠性和可维护性

继电器控制系统使用了大量的机械触点，连线较多。触点开闭会受到电弧的损坏，并有机械磨损，寿命短，因此可靠性和可维护性差。而 PLC 采用微电子技术，大量的开关动作由无触点的半导体电路完成，它体积小，寿命长，可靠性高。PLC 还配有自检和监视功能，能检查出自身的故障，并随时显示给操作人员，还能动态地监视控制程序的执行情况，为现场调试和维护提供了方便。

（3）设计和施工

使用继电器控制系统完成一项控制工程，其设计、施工、调试必须依次进行，周期长，而且维护困难。工程越大，这一问题就越突出。而 PLC 完成一项控制工程，在系统设计完成以后，现场施工和控制逻辑的设计（包括梯形图设计）可以同时进行，周期短，且调试和维护都比较方便。

3. 常闭触点输入信号的处理

在设计梯形图时，输入的数字量信号均由外部触点提供，主要以常开触点为主，但也有些输入信号只能由常闭触点提供。在继电器电路中，热继电器 FR 的常闭触点必须与接触器 KM 的线圈串联，系统方能工作。若电动机长期过载时，FR 的常闭触点断开，使 KM 的线圈断电，从而起到保护电动机的目的。假设在图 1-29 中热继电器的常闭触点接在 PLC 的 I0.2 处，热继电器的常闭触点断开时，I0.2 在梯形图中的常开触点也断开。显然，为了过载时断开 Q0.0 的线圈，应将 I0.2 的常开触点而不是常闭触点与 Q0.0 的线圈串联。这样继电器电路图中热继电器的常闭触点和梯形图中对应的 I0.2 的常开触点刚好相反。图 1-29 中接在 I0.1 处的停止按钮触点类型与 PLC 中梯形图的触点类型也是如此。

1.2.6 项目交流——FR 与 PLC 的连接

1. FR 与 PLC 的连接

在工程项目实际应用中，经常遇到很多工程技术人员将热继电器 FR 的常闭触点接到 PLC 的输出端，如图 1-51 所示。

这样编写梯形图时，只需要将图 1-29 中 FR 的常开触点 I0.2 删除即可，从程序上好像变得简单明了，但在实际运行过程中会出现电动机二次起动现象。图 1-51 中若电动机长期过载时，FR 常闭触点会断开，电动机则停止运行，保护了电动机。但随着 FR 热元件的热量散发而冷却后，常闭触点又会恢复，这样由于 PLC 内部 Q0.0 的线圈依然处于"通电"状态，KM 的线圈会再次得电，这样电动机将在无人操作的情况下再次起动，这会给机床设备或操作人员带来危害或灾难。而 FR 的常闭触点或常开触点作为 PLC 的输入信号时，不会发生上述现象。一般情况下在 PLC 输入点容量充足的情况下不建议将 FR 的常闭触点接在 PLC 的输出端使用。

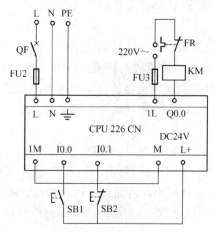

图 1-51　连续运行控制 PLC 硬件原理图 2

2. 起动和停止按钮的常用触点

很多工程技术人员在设计梯形图时都比较习惯将按钮常开触点作为起动，将常闭触点作为停止使用，这样看起来就和继电器系统差不多，如图 1-52 所示，便于工程技术人员维护和检修设备。若将图 1-31 改为图 1-52，只需将图 1-29 中 I0.1 和 I0.2 的外接常闭触点换成常开触点即可。

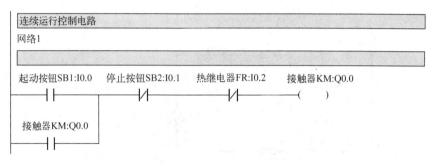

图 1-52　连续运行控制电路的梯形图程序 2

1.2.7　技能训练——电动机的点动、连续控制

应用 PLC 设计三相异步电动机的点动、连续控制电路。要求：用点动/连续转换开关实现电动机点动或连续运行的工作方式选择，用按钮实现相应的操作功能。

训练点：电气电路的连接；编程软件的使用；"与"、"或"指令的灵活运用。

项目 1.3　电动机的正、反转控制

知识目标
- 掌握 S7-200 PLC 的基本指令（S、R）
- 掌握互锁控制的实现方法
- 掌握梯形图的编程规则

能力目标
- 熟练应用 S、R 指令编写控制程序
- 掌握电气互锁接线方法
- 掌握起/保/停电路与使用 S、R 指令编写程序的对应关系

1.3.1　项目引入

使用 S7-200 PLC 实现三相异步电动机的正、反转控制，即按下正向起动按钮，电动机正向起动并运行；按下反向起动按钮，电动机反向起动并运行；若按下停止按钮，电动机停止运转。该电路必须具有短路保护、过载保护、互锁保护等功能。

1.3.2　项目分析

图 1-53 为三相异步电动机双重互锁的正反转控制电路。起动时，闭合空气开关 QF 后，当按下正向起动按钮 SB2 时，交流接触器 KM1 线圈得电，其主触点闭合为电动机引入三相正相电源，电动机 M 正向起动，KM1 辅助常开触点闭合实现自锁，同时其辅助常闭触点断开实现互锁。当需要反转时，按下反向起动按钮 SB3，KM1 线圈断电，KM2 线圈得电，KM2 主触点闭合为电动机引入三相反相电源，电动机反向起动，同样 KM2 辅助常开触点闭合，实现自锁，同时其辅助常闭触点断开实现互锁。无论电动机处于正转或反转状态，按下停止按钮 SB1 时，电动机将停止运行。

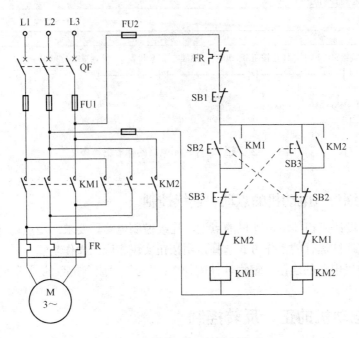

图 1-53 电动机正反转控制电路

从图 1-53 可以看出，接触器 KM1 和 KM2 线圈不能同时得电，否则三相电源短路。为此，电路中采用常闭触点串连在对方线圈回路作为电气互锁，使电路工作可靠。采用按钮 SB1 和 SB2 的常闭触点，目的是为了让电动机正、反转能直接切换，操作方便，并能起到机械互锁的目的。这些控制要求都应在梯形图程序中予以体现。

完成此任务可以用起/保/停程序设计方法，也可以使用 S、R 指令实现。

1.3.3 相关知识——S、R 指令及优先级

1. S、R 指令

（1）S 指令

S（Set）指令也称为置位指令，其梯形图如图 1-54a 所示，由置位线圈、置位线圈的位地址（bit）和置位线圈数目（n）构成。语句表如图 1-54b 所示，由置位操作码、置位线圈的位地址（bit）和置位线圈数目（n）构成。

置位指令的应用如图 1-55 所示，当图中置位信号 I0.0 接通时，置位线圈 Q0.0 有信号流流过。当置位信号 I0.0 断开以后，置位线圈 Q0.0 的状态继续保持不变，直到线圈 Q0.0 的复位信号的到来，线圈 Q0.0 才恢复初始状态。

置位线圈数目是从指令中指定的位元件开始，共有 n 个。如在图 1-55 中位地址为 Q0.0，n 为 3，则置位线圈为 Q0.0、Q0.1、Q0.2，即线圈 Q0.0、Q0.1、Q0.2 中同时有信号流流过。因此，这可用于数台电动机同时起动运行的控制要求，使控制程序大大简化。

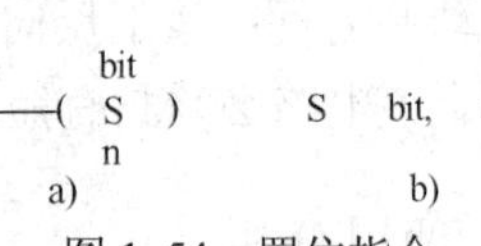

图 1-54 置位指令

a）梯形图 b）语句表

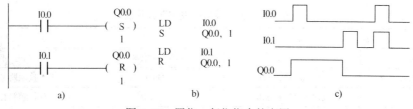

图 1-55　置位、复位指令的应用

a) 梯形图　b) 语句表　c) 指令功能图

（2）R 指令

R（Reset）指令又称为复位指令，其梯形图如图 1-56a 所示，由复位线圈、复位线圈的位地址（bit）和复位线圈数目（n）构成。语句表如图 1-56b 所示，由复位操作码、复位线圈的位地址（bit）和复位线圈数目（n）构成。

复位指令的应用如图 1-55 所示，当图中复位信号 I0.1 接通时，复位线圈 Q0.0 恢复初始状态。当复位信号 I0.1 断开以后，复位线圈 Q0.0 的状态继续保持不变，直到使线圈 Q0.0 的置位信号到来，线圈 Q0.0 才有信号流流过。

$$—(\, R \,)^{\text{bit}}_{\text{n}} \qquad R \quad bit, \ n$$

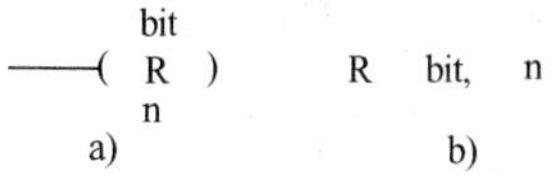

a)　　　　b)

图 1-56　复位指令

a) 梯形图　b) 语句表

复位线圈数目是从指令中指定的位元件开始，共有 n 个。如在图 1-55 中若位地址为 Q0.3，n 为 5，则复位线圈为 Q0.3、Q0.4、Q0.5、Q0.6、Q0.7，即线圈 Q0.3～Q0.7 同时恢复初始状态。因此，这可用于数台电动机同时停止运行以及急停情况的控制要求，使控制程序大大简化。

2．S、R 指令的优先级

在程序中同时使用 S 和 R 指令，应注意两条指令的先后顺序，使用不当有可能导致程序控制结果错误。在图 1-55 中，置位指令在前，复位指令在后，当 I0.0 和 I0.1 同时接通时，复位指令优先级高，Q0.0 中没有信号流流过。相反，在图 1-57 中将置位与复位指令的先后顺序对调，当 I0.0 和 I0.1 同时接通时，置位优先级高，Q0.0 中有信号流流过。因此，使用置位和复位指令编程时，哪条指令在后面，则该指令的优先级高，这一点在编程时应引起注意。

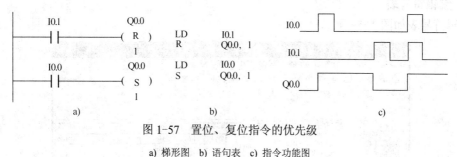

a)　　　　　　　　b)　　　　　　　　c)

图 1-57　置位、复位指令的优先级

a) 梯形图　b) 语句表　c) 指令功能图

1.3.4　项目实施——电动机的正、反转控制

1．I/O 分配

由项目分析可知，对输入、输出量进行分配如表 1-5 所示。

表 1-5　正、反转控制 I/O 分配表

输　入		输　出	
输入继电器	元　件	输出继电器	元　件
I0.0	正向起动按钮 SB1	Q0.0	正转接触器 KM1 线圈
I0.1	反向起动按钮 SB2	Q0.1	反转接触器 KM2 线圈
I0.2	停止按钮 SB3		
I0.3	热继电器 FR		

2．PLC 硬件原理图

根据图 1-53 所示的控制电路及表 1-5 所示的 I/O 分配表，正、反转控制 PLC 硬件原理图如图 1-58 所示。

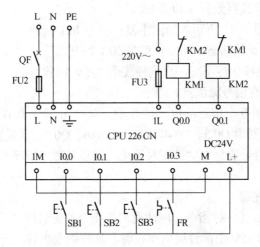

图 1-58　正、反转控制的 PLC 硬件原理图

3．创建工程项目

创建一个工程项目，并命名为正、反转控制。

4．编辑符号表

编辑符号表如图 1-59 所示。

图 1-59　编辑符号表

5．设计梯形图程序

（1）采用起/保/停方法设计的梯形图程序

其梯形图程序如图 1-60a 所示。

（2）采用 S、R 指令设计的梯形图程序

其梯形图程序如图 1-60b 所示。

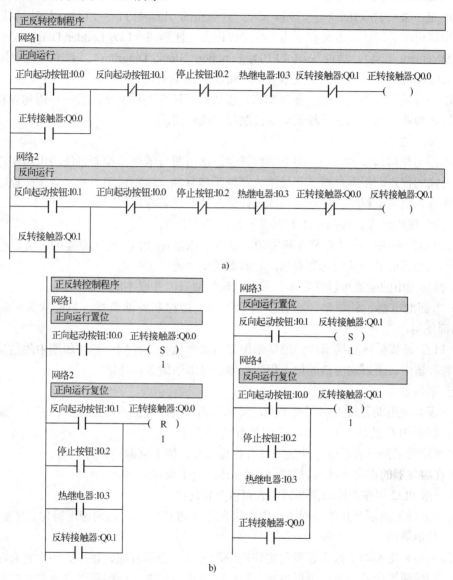

图 1-60　设计梯形图程序

a) 采用起保停方法设计的梯形图程序　b) 采用 S、R 指令设计的梯形图程序

6．运行并调试程序

1）下载程序，按下 SB1 按钮，在线监控程序的运行。

2）在正转的情况下，按下 SB2 按钮，在线监控程序的运行。

3）在反转的情况下，按下 SB1 按钮，观察程序运行状态。

4）无论工作在正转还是反转状态下，按下 SB3 按钮，观察程序运行状态。

5）分析程序运行结果是否与控制要求一致，并编写语句表。

1.3.5　知识链接——PLC 的编程语言及编程规则

1. PLC 的主要编程语言

国际电工委员会（IEC）于 1994 年 5 月颁布的 IEC61131-3（可编程序控制器语言标准）详细地说明了句法、语义和下述 5 种编程语言：梯形图（LD, Ladder Diagram）、语句表（STL, Statement List）、功能块图（FBD, Function Block Diagram）、顺序功能表图（SFC, Sequential Function Chart）、结构文本（ST , Structured Text）。

标准中有两种图形语言——梯形图和功能块图，还有两种文字语言——语句表和结构文本，可以认为顺序功能图是一种结构块控制程序流程图。

（1）梯形图

梯形图是使用最多的 PLC 图形编程语言。梯形图与继电器控制系统的电路图相似，具有直观易懂的优点，很容易被工程技术人员熟悉和掌握，特别适用于数字量逻辑控制，有时把梯形图称为电路或程序。梯形图程序设计语言具有以下特点。

1）梯形图由触点、线圈和用方框表示的功能块组成。

2）梯形图中的触点只有常开和常闭，触点可以是在 PLC 输入点接的开关，也可以是 PLC 内部继电器的触点或内部寄存器、计数器等的状态。

3）梯形图中的触点可以任意串、并联、但线圈只能并联不能串联。

4）内部继电器、计数器、寄存器等均不能直接控制外部负载，只能作为中间结果供 CPU 内部使用。

5）PLC 是按循环扫描事件，沿梯形图先后顺序执行，在同一扫描周期中的结果留在输出状态寄存器中，所以输出点的值在用户程序中可以当做条件使用。

（2）语句表

语句表是使用助记符来书写程序的，又称为指令表，类似于汇编语言，但比汇编语言通俗易懂，属于 PLC 的基本编程语言。它具有以下特点。

1）利用助记符号表示操作功能，具有容易记忆，便于掌握的特点。

2）在编程器的键盘上就可以进行编程设计，便于操作。

3）一般 PLC 程序的梯形图和语句表可以互相转换。

4）部分梯形图以及其他编程语言中无法表达的 PLC 程序，必须使用语句表才能编程。

（3）功能块图

功能块图采用类似于数学逻辑门电路的图形符号，逻辑直观、使用方便，它有与梯形图中的触点和线圈等价的指令，可以解决范围广泛的逻辑问题。该编程语言中的方框左侧为逻辑运算的输入变量，右侧为输出变量，输入、输出端的小圆圈表示"非"运算，方框被"导线"连接在一起，信号从左向右流动，图 1-61 中的控制逻辑与图 1-62 相同。功能块图程序设计语言有如下特点。

1）以功能模块为单位，从控制功能入手，使控制方案的分析和理解变得容易。

2）功能模块用图形化的方法描述功能，它的直观性大大方便了设计人员的编程和组态，有较好的易操作性。

3）对控制规模较大、控制关系较复杂的系统，由于功能块图可以较清楚地表达控制功能的关系，因此，编程和组态时间可以缩短，调试时间也能减少。

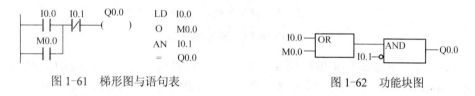

图 1-61　梯形图与语句表　　　　　　　图 1-62　功能块图

（4）顺序功能图

顺序功能图也称为流程图或状态转移图，是一种图形化的功能性说明语言，专用于描述工业顺序控制程序，使用它可以对具有并行、选择等复杂结构的系统进行编程。顺序功能图程序设计语言有如下特点。

1）以功能为主线，条理清楚，便于对程序操作的理解和沟通。

2）对大型的程序，可分工设计，采用较为灵活的程序结构，可节省程序设计时间和调试时间。

3）常用于系统的规模较大，程序关系较复杂的场合。

4）整个程序的扫描时间较其他程序设计语言编制的程序扫描时间大大缩短。

（5）结构文本

结构文本是一种高级的文本语言，可以用来描述功能、功能块和程序的行为，还可以在顺序功能流程图中描述步、动作和转变的行为。结构文本语言表面上和 PASCAL 语言很相似，但它是一个专门为工业控制应用开发的编程语言，具有很强的编程能力，用于对变量赋值、回调功能和功能块、创建表达式、编写条件语句和迭代程序等。结构文本程序设计语言有如下特点。

1）采用高级语言进行编程，可以完成较复杂的控制运算。

2）需要有一定的计算机高级程序设计语言的知识和编程技巧，对编程人员的技能要求较高。

3）直观性和易操作性等性能较差。

4）常用于采用功能模块等其他语言较难实现的一些控制功能的实施。

绝大多数 PLC 都使用梯形图和语句表进行编程。西门子公司生产的 S7-200 PLC 支持梯形图、语句表和功能块图编程语言，在编程软件 STEP 7-Micro/WIN 中，单击相应的菜单命令，可以切换不同的编程语言。

2．梯形图的编程规则

梯形图与继电器控制电路图相近，结构形式、元件符号及逻辑控制功能是类似的，但梯形图具有自己的编程规则。

1）输入/输出继电器、内部辅助继电器、定时器等元件的触点可多次重复使用，无须用复杂的程序结构来减少触点的使用次数。

2）梯形图按自上而下、从左到右的顺序排列。每个继电器线圈为一个逻辑行，即一层阶梯。每一逻辑行开始于左母线，然后是触点的连接，最后终止于继电器线圈，触点不能放在线圈的右边，如图 1-63 所示。

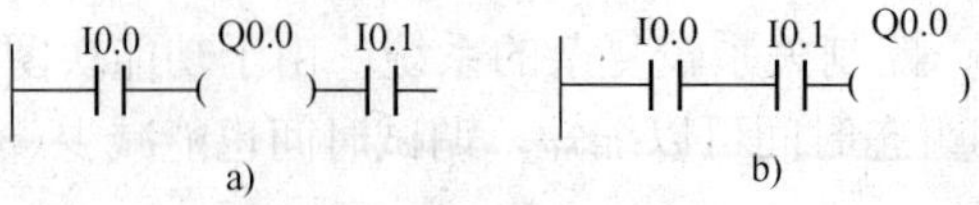

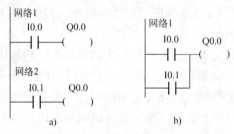

图 1-63　线圈与触点的位置

a) 不正确梯形图　b) 正确梯形图

3）线圈也不能直接与左母线相连。若需要，可以通过专用内部辅助继电器 SM0.0（SM0.0 为 S7-200 PLC 中常接通辅助继电器）的常开触点连接，如图 1-64 所示。

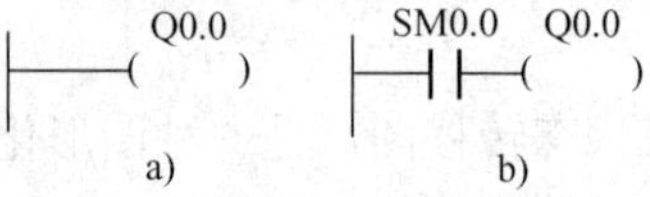

图 1-64　SM0.0 常开触点的应用

a) 不正确梯形图　b) 正确梯形图

4）同一编号的线圈在一个程序中使用两次及以上，则为双线圈输出，双线圈输出容易引起误操作，应避免线圈的重复使用（前面的线圈输出无效，只有最后一个线圈输出有效），如图 1-65 所示。

图 1-65　双线圈输出的程序图

a) 不正确梯形图　b) 正确梯形图

5）在梯形图中，串联触点和并联触点可无限制使用。串联触点多的应放在程序的上面，并联触点多的应放在程序的左面，以减少指令条数，缩短扫描周期，如图 1-66 所示。

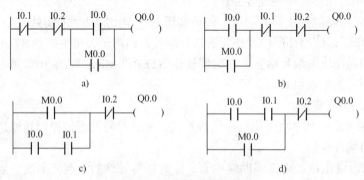

图 1-66　合理化程序设计图

a) 串联触点放置不当　b) 串联触点放置正确　c) 并联触点放置不当　d) 并联触点放置正确

6）遇到不可编程的梯形图时，可根据信号流的流向规则，即自左而右、自上而下，对原梯形图重新设计，以便程序的执行，如图 1-67 所示。

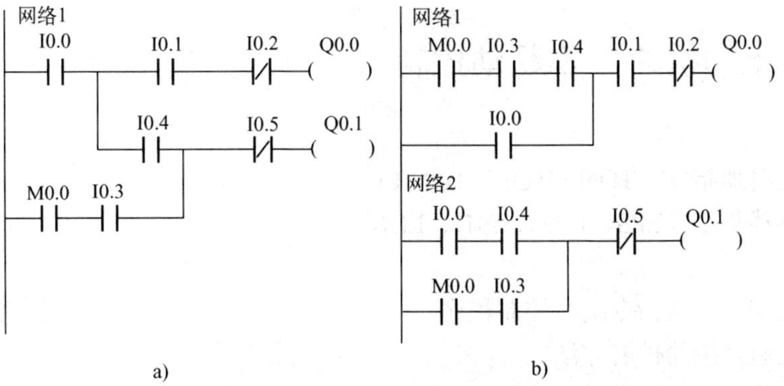

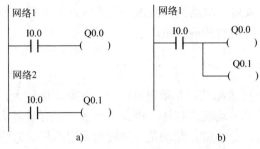

图 1-67　不符合编程规则的程序图

a) 不正确梯形图　b) 正确梯形图

7）两个或两个以上的线圈可以并联输出，如图 1-68 所示。

图 1-68　多线圈并联输出程序图

a) 复杂的梯形图　b) 简化的梯形图

1.3.6　项目交流——电气互锁及 S、R 指令使用注意事项

1. 电气互锁

在很多工程应用中，经常需要电动机可逆运行，即正、反转，这则需要正转时不能反转，反转时不能正转，否则会造成电源短路。在继电器控制系统中通过使用机械和电气互锁来解决此问题。在 PLC 控制系统中，虽然可通过软件实现互锁，即正反两输出线圈不能同时得电，但不能从根本上杜绝电源短路现象的发生（如一个接触器线圈虽失电，但其触点因熔焊不能分离，此时另一个接触器线圈再得电，就会发生电源短路现象），所以必须在接触器的线圈回路中串联对方的辅助常闭触点，如图 1-58 所示。

2. S、R 指令使用注意事项

在使用 S 指令或 R 指令时，数值 n 的范围为 1~255，置位或复位的所有线圈编号必须连续，否则必须多次使用 S 指令或 R 指令。

1.3.7　技能训练——工作台自动往复控制

用 PLC 实现工作台自动往复循环运行的控制电路。

训练点：起/保/停程序设计方法的应用；S、R 指令的使用；自动往复控制的实现；电气互锁的应用；超行程保护的使用。

项目 1.4 电动机的Y-△起动控制

知识目标
- 掌握定时器指令（TON、TOF、TONR）
- 掌握堆栈指令（LPS、LPP、LRD、LDS）

能力目标
- 熟练选用定时器指令编写控制程序
- 掌握定时范围的扩展方法
- 掌握Y-△起动的电路连接方法

1.4.1 项目引入

使用 S7-200 PLC 实现三相异步电动机的Y-△降压起动控制，即按下起动按钮，电动机星（Y）形起动；起动结束后，电动机切换成三角形（△）运行；若按下停止按钮，电动机停止运转。要求起动和运行时有相应指示。

1.4.2 项目分析

由于交流异步电动机直接起动时起动电流很大，线路压降较大，会影响同一电网中其他设备的正常运行，还易造成电动机的损坏。因此，一般对于容量较大的异步电动机应采用降压起动，以限制起动电流。Y-△降压起动是一种较为常用的起动方法。

图 1-69 为三相异步电动机Y-△降压起动原理图。KM1 为电源接触器，KM2 为△联结接触器，KM3 为Y联结接触器，KT 为起动时间继电器。其工作原理是：起动时闭合电源开关QF，按下起动按钮 SB2，则 KM1、KM3 和 KT 线圈同时得电并自锁，这时电动机接成星形起动。随着转速提高，电动机电流下降，KT 延时达到设定值，其延时断开的常闭触点断开，延时闭合的常开触点闭合，从而使 KM3 断电释放，KM2 通电吸合自锁，这时电动机换接成三角形正常运行。停止时只要按下停止按钮 SB1，KM1 和 KM2 线圈相继断电，电动机停止。

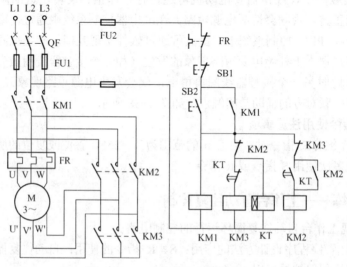

图 1-69 Y-△降压起动控制电路

从图 1-69 可以看出，接触器 KM2 和 KM3 线圈不能同时得电，否则三相电源短路。为此，电路中采用常闭触点串接在对方线圈回路作为电气互锁，使电路工作可靠。PLC 内部资源有大量的时间继电器，无需外接定时信号。完成此任务首先要掌握 PLC 内部定时器资源及其指令的应用，本项目需要的定时器为接通延时型。

1.4.3 相关知识——TON 指令、堆栈指令

1. S7-200 PLC 定时器分类

定时器指令是 PLC 的重要基本指令。S7-200 PLC 中共有 3 种定时器指令，即接通延时定时器指令（TON）、断开延时定时器指令（TOF）和带有记忆接通延时定时器指令（TONR）。S7-200 PLC 提供了 256 个定时器，定时器编号为 T0~T255，各定时器的特性如表 1-6 所示。

表 1-6　定时器的分类

指 令 类 型	分辨率/ms	定时范围/s	定时器编号
TONR	1	32.767（0.546min）	T0、T64
	10	327.67（5.46min）	T1~T4、T65~T68
	100	3276.7（54.6min）	T5~T31、T69~T95
TON、TOF	1	32.767（0.546min）	T32、T96
	10	327.67（5.46min）	T33~T36、T97~T100
	100	3276.7（54.6min）	T37~T63、T101~T255

2. 接通延时定时器指令

接通延时定时器指令（TON, On-Delay Timer）的梯形图如图 1-70a 所示。由定时器助记符 TON、定时器的起动信号输入端 IN、时间设定值输入端 PT 和 TON 定时器编号 Tn 构成。其语句表如图 1-70b 所示，由定时器助记符 TON、定时器编号 Tn 和时间设定值 PT 构成。

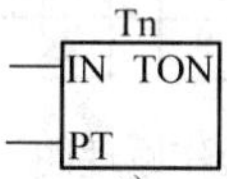

图 1-70　接通延时定时器指令

a) 梯形图　b) 语句表

其应用如图 1-71 所示。定时器的设定值为 16 位有符号整数（INT），允许的最大值为 32 767。延时定时器的输入端 I0.0 接通时开始定时，每过一个时基时间（100ms），定时器的当前值 SV=SV+1，当定时器的当前值大于等于预置时间（PT, Preset Time）端指定的设定值（1~32 767）时，定时器的位变为 ON，梯形图中该定时器的常开触点闭合，常闭触点断开，这时线圈 Q0.0 中就有信号流流过。达到设定值后，当前值仍然继续增大，直到最大值 32 767。输入端 I0.0 断开时，定时器自动复位，当前值被清零，定时器的位变为 OFF，这时线圈 Q0.0 中就没有信号流流过。CPU 第一次扫描时，定时器位清零。定时器的设定时间等于设定值与分辨率的乘积。

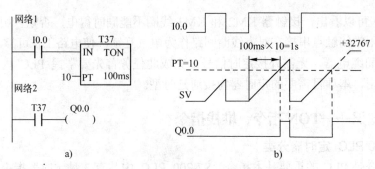

图 1-71 接通延时定时器指令应用

a) 梯形图 b) 指令功能图

3. 堆栈指令

堆栈在计算机中使用较为广泛。堆栈是一个特殊的数据存储区，底部的数据叫栈底数据，顶部的数据叫栈顶数据，如图 1-72 所示。PLC 有些操作往往需要把当前的一些数据送到堆栈中保存，待需要的时候再把存入的数据取出来，这就是常说的入栈和出栈（也叫压栈和弹栈）。S7-200 PLC 在指令表编程时就可能会用到堆栈指令，比如逻辑操作中块与或块或操作、子程序操作、高速计数器操作和中断操作等都会接触到堆栈。堆栈操作指令只能用指令表表示，且没有操作数。S7-200 PLC 堆栈有 9 层，如图 1-72 所示，其中 IV1～IV8 用于存放中间运算结果，IV0 为栈顶数据，用于存放逻辑运算的结果。

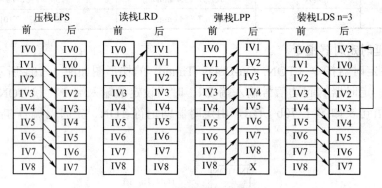

图 1-72 堆栈操作原理图

（1）压栈指令

压栈指令（LPS，Logic Push）由压栈指令助记符 LPS 表示。

压栈指令的功能：复制堆栈顶部的数据并将其入栈。堆栈底部的值被推出丢掉。

（2）读栈指令

读栈指令（LRD，Logic Read）由读栈指令助记符 LRD 表示。

读栈指令的功能：使堆栈顶部的数据被推出。堆栈第一层数据成为堆栈新栈顶值。堆栈没有入栈或出栈的操作，但是旧的栈顶值被新的复制值取代。

（3）弹栈指令

弹栈指令（LPP，Logic Pop）由弹栈指令助记符 LPP 表示。

弹栈指令的功能：弹出堆栈顶部的数据，堆栈第一层数值成为新堆栈新顶值。

（4）装栈指令

装栈指令（LDS，Load Stack）由装栈指令助记符 LDS 和操作数 n 构成。该指令的操作数 n 只能取 1～8。

装栈指令的功能：复制堆栈上的堆栈位 n，并将此数值置于堆栈顶部。堆栈底值被推出丢掉。

通过如图 1-72 所示说明压栈、读栈、弹栈和装栈的过程：在执行堆栈指令之前，图中堆栈的数据有 9 项（IV0～IV8）。执行压栈指令，则栈顶数据 IV0 进栈。执行读栈指令，则把 IV1 读出。执行弹栈指令，则 IV1 出栈。执行装栈指令，则 IV3 进入栈顶。

1.4.4 项目实施——电动机的丫-△起动控制

1．I/O 分配

根据项目分析可知，对输入、输出量进行分配如表 1-7 所示。

表 1-7　丫-△降压起动控制 I/O 分配表

输　　入		输　　出	
输入继电器	元　件	输出继电器	元　件
I0.0	停止按钮 SB1	Q0.0	电源接触器 KM1 线圈
I0.1	起动按钮 SB2	Q0.1	△形联结接触器 KM2 线圈
I0.2	热继电器 FR	Q0.2	丫形联结接触器 KM3 线圈
		Q0.3	丫形起动指示
		Q0.4	△形运行指示

2．PLC 硬件原理图

根据如图 1-69 所示的控制电路图、项目控制要求及表 1-7 所示的 I/O 分配表，丫-△降压起动控制的 PLC 硬件原理图如图 1-73 所示。

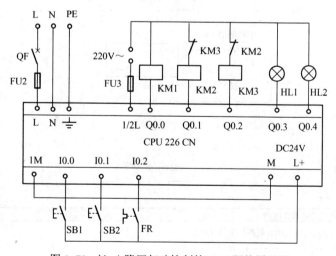

图 1-73　丫-△降压起动控制的 PLC 硬件原理图

3．创建工程项目

创建一个工程项目，并命名为丫-△降压起动控制。

4．编辑符号表

编辑符号表如图 1-74 所示。

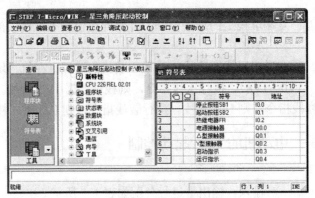

图 1-74　编辑符号表

5．设计梯形图程序

采用 S、R 指令编制的梯形图程序如图 1-75 所示。

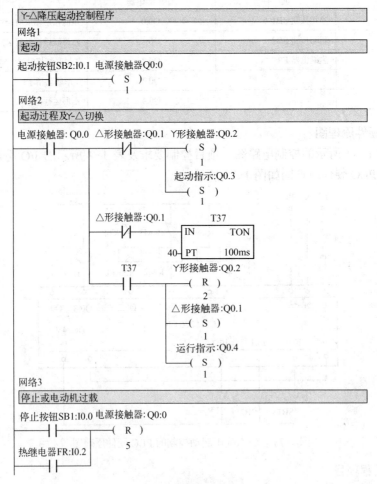

图 1-75　Y-△降压起动控制程序梯形图

6. 运行并调试程序

1）下载程序，按下 SB2 按钮，在线监控程序的运行，观察 HL1 指示灯亮否，起动结束后，HL2 指示灯亮否。

2）按下 SB1 按钮，观察程序运行状态。

3）分析程序运行结果是否与控制要求一致。

4）根据图 1-75，可编制如图 1-76 所示的语句表，请注意堆栈指令的正确使用。

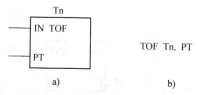

```
网络1                    TON   T37, 40
LD    I0.1              LPP
S     Q0.0, 1           A     T37
网络2                    R     Q0.2, 2
LD    Q0.0              S     Q0.1, 1
LPS                     S     Q0.4, 1
AN    Q0.1             网络3
S     Q0.2, 1          LD    I0.0
S     Q0.3, 1          O     I0.2
LRD                    R     Q0.0, 5
AN    Q0.1
```

图 1-76 丫-△降压起动控制程序语句表

1.4.5 知识链接——TOF、TONR 指令及定时范围扩展方法

1. 断开延时定时器指令

断开延时定时器指令（TOF，OFF-Delay Timer）的梯形图如图 1-77a 所示。由定时器助记符 TOF、定时器的起动信号输入端 IN、时间设定值输入端 PT 和 TOF 定时器编号 Tn 构成。其语句表如图 1-77b 所示，由定时器助记符 TOF、定时器编号 Tn 和时间设定值 PT 构成。

图 1-77 断开延时定时器指令

a) 梯形图　　b) 语句表

其应用如图 1-78 所示，当接在断开延时定时器的输入端起动信号 I0.0 接通时，定时器的位变成 ON，当前值清零，此时线圈 Q0.0 中有信号流流过。当 I0.0 断开后，开始定时，当前值从 0 开始增大，每过一个时基时间（10ms），定时器的当前值 SV=SV+1，当定时器的当前值等于预置值 PT 时，定时器延时时间到，定时器停止计时，输出位变为 OFF，线圈 Q0.0 中则没有信号流流过，此时定时器的当前值保持不变，直到输入端再次接通。

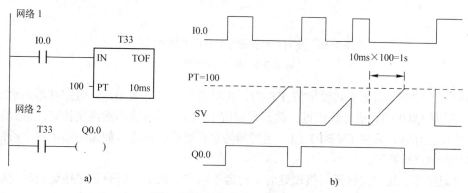

图 1-78 断开延时定时器指令应用

a) 梯形图　b) 指令功能图

2. 带有记忆接通延时定时器指令

带有记忆接通延时定时器（TONR，Retentive On-Delay Timer）指令的梯形图如图 1-79a 所示。由定时器助记符 TONR、定时器的起动信号输入端 IN、时间设定值输入端 PT 和 TONR 定时器编号 Tn 构成。其语句表如图 1-79b 所示，由定时器助记符 TONR、定时器编号 Tn 和时间设定值 PT 构成。

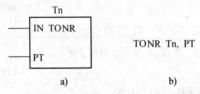

TONR Tn, PT

a)   b)

图 1-79　带有记忆接通延时定时器指令

a) 梯形图　b) 语句表

其应用如图 1-80 所示，其工作原理与接通延时定时器大致相同。当定时器的起动信号 I0.0 断开时，定时器的当前值 SV=0，定时器没有信号流流过，不工作。当起动信号 I0.0 由断开变为接通时，定时器开始定时，每过一个时基时间（10ms），定时器的当前值 SV=SV+1。

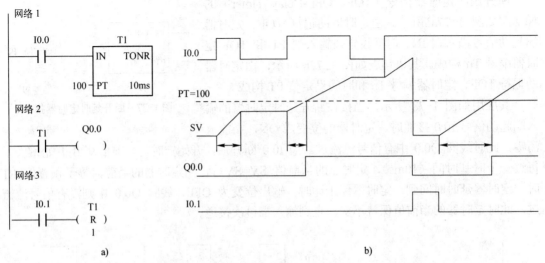

图 1-80　带有记忆接通延时定时器指令的应用

a) 梯形图　b) 指令功能图

当定时器的当前值等于其设定值 PT 时，定时器的延时时间到，这时定时器的输出位变为 ON，线圈 Q0.0 中有信号流流过。达到设定值 PT 后，当前值仍然继续计时，直到最大值 32 767 才停止计时。只要 SV≥PT 值，定时器的常开触点就接通，如果不满足这个条件，定时器的常开触点应断开。

带有记忆接通延时定时器与接通延时定时器不同之处在于，带有记忆接通延时定时器的 SV 值是可以记忆的。当 I0.0 从断开变为接通后，维持的时间不足以使得 SV 达到 PT 值时，I0.0 又从接通变为断开，这时 SV 可以保持当前值不变；当 I0.0 再次接通时，SV 在保持值的基础上累计，当 SV=PT 值时，定时器输出位变为 ON。

只有复位信号 I0.1 接通时，带有记忆接通延时定时器才能停止计时，其当前值 SV 被复位清零，常开触点复位断开，线圈 Q0.0 中没有信号流流过。

3．分辨率对定时器的影响

1ms 分辨率定时器的定时器位和当前值的更新与扫描周期不同步。扫描周期大于 1ms

时，定时器位和当前值在一个扫描周期内被多次刷新。

10ms 分辨率定时器的定时器位和当前值在每个周期开始时被刷新。定时器位和当前值在整个周期中不变。在每个扫描周期开始时将一个扫描周期累计的时间间隔加到定时器当前值上。

100ms 分辨率定时器的定时器位和当前值在执行该定时器指令时被刷新。为了使定时器正确地定时，要确保在一个扫描周期中只执行一次 100ms 定时器指令。

4．定时器指令使用注意事项

1）定时器的作用是进行精确定时，应用时要注意恰当地使用不同时基的定时器，以提高定时器的时间精度。

2）定时器指令与其编号应保证一致，符合表 1-6 的规定，否则会显示编译错误。

3）在同一个程序中，不能使用两个相同的定时器编号，否则会导致程序执行时出错，无法实现控制目的。

5．定时范围的扩展方法

S7-200 PLC 中定时器的最长定时时间为 3276.7s，如果需要更长的定时时间，可以采用多个定时器来延长定时范围。

如图 1-81 所示的梯形图中，当 I0.0 接通时，定时器 T37 中有信号流流过，定时器开始定时。当 SV=18 000 时，定时器 T37 的延时时间 0.5h 到，T37 的常开触点由断开变为接通，定时器 T38 中有信号流流过，开始计时。当 SV=18 000 时，定时器 T38 延时时间 0.5h 到，T38 的常开触点由断开变为接通，线圈 Q0.0 有信号流流过。当 I0.0 断开时，T37、T38 的常开触点立即复位断开。这种延长定时范围的方法形象地称为接力定时法。

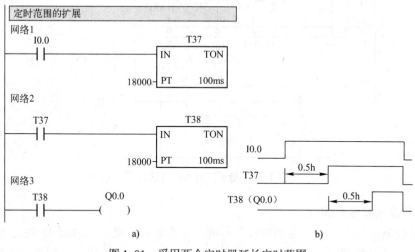

图 1-81 采用两个定时器延长定时范围
a) 梯形图 b) 指令功能图

1.4.6 项目交流——指示灯的连接、不同电压等级的输出

1．指示灯的连接

在较大型工程应用中，经常要求指示运动状态。如果合理连接各种指示灯，则可节省很

多输出点，减少系统扩展模块的数量，从而可提高系统运行的可靠性并节约系统硬件成本。如本项目中两个状态指示灯可并联在Y形和△形的接触器线圈上，如图1-82所示，也可以通过接触器的常开触点点亮，如图1-83所示。

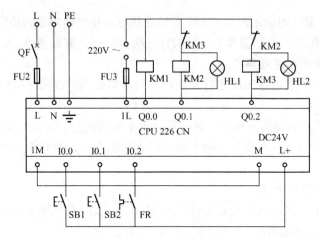

图1-82　指示灯的连接方法之一

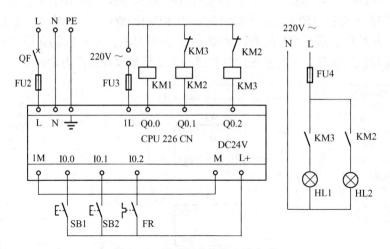

图1-83　指示灯的连接方法之二

2. 不同电压等级的输出

在很多控制系统中，经常遇到有多种不同的电压等级负载，这就要求PLC的输出点不能任意安排，必须做到同一电源使用一组PLC的输出，不能混用，否则会有事故发生。如本项目中，接触器线圈电压为AC 220V，而从安全用电角度考虑，作为指示或监控用的指示灯电压大多数情况下取AC 6.3V，所以本项目的PLC硬件接线可如图1-84所示。对于西门子CPU 226型的PLC输出端子来说，Q0.0～Q0.3为一组、Q0.4～Q1.0为一组、Q1.1～Q1.7为一组，使用时应特别注意。

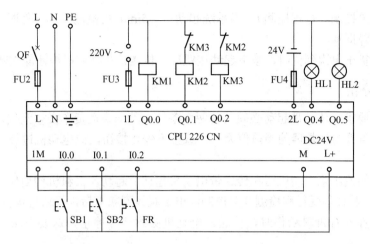

图 1-84　不同电压等级输出的 PLC 硬件接线图

3．堆栈指令的使用

使用堆栈指令可以减少程序编写的工作量，其梯形图一目了然，建议初学者使用，但其语句表初学者不易掌握。本项目若以语句表编程实现，建议初学者不要用堆栈指令实现，不要忘记在每个逻辑行程序中添加停止信号和热过载信号。

1.4.7　技能训练——可提前切换的丫-Δ起动控制

用 PLC 实现具有提前切换功能的丫-△降压起动控制电路，要求防止因三角形电路中的接触器触点熔焊而造成起动时三相电源短路现象的发生，并要求使用断开延时定时器实现延时功能。

训练点：S、R 指令的熟练使用；堆栈指令的熟练使用；定时器指令的熟练使用。

项目 1.5　自动装载小车控制

知识目标
- 掌握计数器指令（CTU、CTD、CTUD）
- 掌握边沿触发指令（EU、ED）
- 掌握电路块连接指令（OLD、ALD）

能力目标
- 熟练选用计数器指令编写控制程序
- 掌握计数器范围的扩展方法
- 掌握较为简单的报警方法

1.5.1　项目引入

小车自动装载控制过程如下。在运货车到位的情况下，按下传送带起动按钮，传送带开始传送工件。工件检测装置检测在有工件通过，且当工件数达到 3 个时，推料机构推动工件到运货车，传送带停止传送。推料机构由电动机带动液压泵驱动电磁阀完成，推料机构行程由感应接近开关控制（行程检测）。当系统起动后，5min 内检测不到工件时，传送带停止传送，并发出报警指示。

只有当运货车再次到位时，按下起动按钮后，传送带和推料机构才能重新开始工作。

1.5.2 项目分析

根据控制要求，传送带起动必须具备两个条件，其一为运货车必须到位，其二要按下起动按钮。停止条件为计数器的当前值为 3，或按下停止按钮，或电动机过载，或在 5min 内检测不到工件。

推料机构的液压泵电动机可在传送带电动机起动后起动，推料机构动作的条件为计数器的当前值为 3，其行程受行程检测开关控制，电磁阀线圈断电后，推料机构自动缩回。

推料机构在执行推料动作时，传送带电动机必须已经停止，这要求两者之间要有互锁功能。

计数器的计数脉冲为工件检测信号由 0 变为 1，推料机构的运行信号作为计数器的复位信号。计数器使用增计数器，设定值为 3。

若完成此项目必须学习 S7-200 PLC 的计数器等相关指令。

1.5.3 相关知识——CTU、EU、ED、OLD 及 ALD 指令

1. CTU 指令

增计数器（CTU，Counter Up）指令的梯形图如图 1-85a 所示，由增计数器助记符 CTU、计数脉冲输入端 CU、复位信号输入端 R、设定值 PV 和计数器编号 Cn 构成，编号范围为 0～255。增计数器指令的语句表如图 1-85b 所示，由增计数器操作码 CTU、计数器编号 Cn 和设定值 PV 构成。

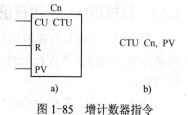

图 1-85 增计数器指令

a) 梯形图 b) 语句表

增计数器的应用如图 1-86 所示。增计数器的复位信号 I0.1 接通时，计数器 C0 的当前值 SV=0，计数器不工作。当复位信号 I0.1 断开时，计数器 C0 可以工作。每当一个计数脉冲的上升沿到来时（I0.0 接通一次），计数器的当前值 SV=SV+1。当 SV 等于设定值 PV 时，计数器的输出位变为 ON，线圈 Q0.0 中有信号流流过。若计数脉冲仍然继续，计数器的当前值仍不断累加，直到

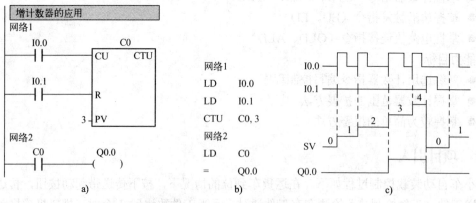

图 1-86 增计数器指令应用

a) 梯形图 b) 语句表 c) 指令功能图

SV=32 767（最大）时，才停止计数。只要 SV≥PV，计数器的常开触点接通，常闭触点则断开。直到复位信号 I0.1 接通时，计数器的 SV 复位清零，计数器停止工作，其常开触点断开，线圈 Q0.0 没有信号流流过。

2. 边沿触发指令

（1）EU 指令

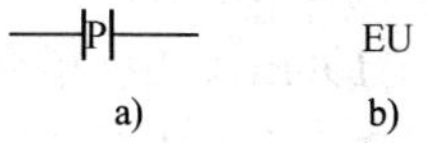

EU（Edge Up）指令也称为上升沿检测指令或称为正跳变指令，其梯形图如图 1-87a 所示，由常开触点加上升沿检测指令助记符 P 构成。其语句表如图 1-87b 所示，由上升沿检测指令操作码 EU 构成。

图 1-87　上升沿检测指令

a）梯形图　b）语句表

上升沿检测指令的应用如图 1-88 所示。所谓上升沿检测指令是指当 I0.0 的状态由断开变为接通时（即出现上升沿的过程），上升沿检测指令对应的常开触点接通一个扫描周期（T），使得线圈 Q0.1 仅得电一个扫描周期。若 I0.0 的状态一直接通或断开，则线圈 Q0.1 也不得电。

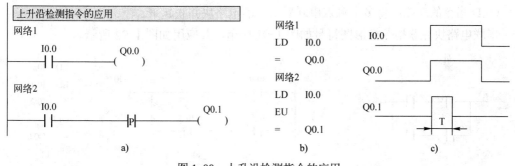

图 1-88　上升沿检测指令的应用

a）梯形图　b）语句表　c）指令功能图

（2）ED 指令

ED（Edge Down）指令也称为下降沿检测指令或称为负跳变指令，其梯形图如图 1-89a 所示，由常开触点加下降沿检测指令助记符 N 构成。其语句表如图 1-89b 所示，由下降沿检测指令操作码 ED 构成。

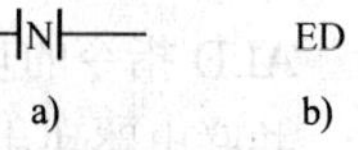

图 1-89　下降沿检测指令

a）梯形图　b）语句表

下降沿检测指令的应用如图 1-90 所示。所谓下降沿检测指令是指当 I0.0 的状态由接通变为断开时（即出现下降沿的过程），下降沿检测指令对应的常开触点接通一个扫描周期（T），使得线圈 Q0.1 仅得电一个扫描周期。

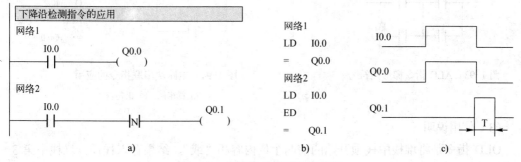

图 1-90　下降沿检测指令的应用

a）梯形图　b）语句表　c）指令功能图

上升沿和下降沿检测指令用来检测状态的变化，可以用来起动一个控制程序、起动一个运算过程、结束一段控制等。

（3）使用注意事项

1）EU、ED 指令后无操作数。

2）上升沿和下降沿检测指令不能直接与左母线相连，必须接在常开或常闭触点之后。

3）当条件满足时，上升沿和下降沿检测指令的常开触点只接通一个扫描周期，接受控制的元件应接在这一触点之后。

3．电路块连接指令

触点的串联或并联指令只能用于单个触点的串联或并联，若想将多个触点并联后进行串联或将多个触点串联后进行并联则需要用逻辑电路块的连接指令。

（1）OLD 指令

OLD（Or Load）指令又称为串联电路块并联指令，由助记符 OLD 表示。

OLD 指令的功能：将多个触点串联后形成的电路块并联起来。

串联电路块并联指令梯形图符号如图 1-91 所示，其应用如图 1-92 所示。

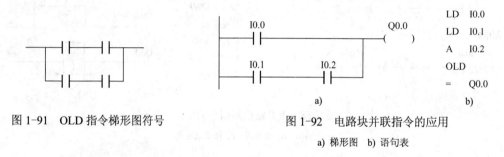

图 1-91　OLD 指令梯形图符号

a)

LD　I0.0
LD　I0.1
A　I0.2
OLD
=　Q0.0

b)

图 1-92　电路块并联指令的应用

a) 梯形图　b) 语句表

（2）ALD 指令

ALD（And Load）指令又称为并联电路块串联指令，由助记符 ALD 表示。

ALD 指令的功能：将多个触点并联后形成的电路块串联起来。

并联电路块串联指令梯形图符号如图 1-93 所示，其应用如图 1-94 所示。

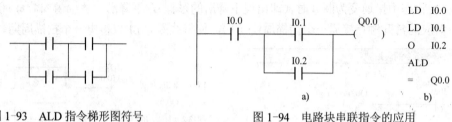

图 1-93　ALD 指令梯形图符号

a)

LD　I0.0
LD　I0.1
O　I0.2
ALD
=　Q0.0

b)

图 1-94　电路块串联指令的应用

a) 梯形图　b) 语句表

（3）使用说明

OLD 指令是将堆栈中栈顶开始的前两个位内容相“或”，结果存入栈顶，堆栈中第 3～9 位的内容依次向上移动 1 位，移动后第 9 位的值不确定。

ALD 指令将堆栈中栈顶开始的前两个位内容相"与"，结果存入栈顶，堆栈中第 3~9 位的内容依次向上移动 1 位，移动后第 9 位的值不确定。

1.5.4 项目实施——自动装载小车控制

1. I/O 分配

根据项目分析可知，对输入、输出量进行分配如表 1-8 所示。

表 1-8 自动装载小车控制 I/O 分配表

输 入		输 出	
输入继电器	元 件	输出继电器	元 件
I0.0	传送带停止按钮 SB1	Q0.0	传送带接触器 KM1 线圈
I0.1	传送带起动按钮 SB2	Q0.1	液压泵接触器 KM2 线圈
I0.2	液压泵停止按钮 SB3	Q0.2	驱动电磁阀的 KM3 线圈
I0.3	液压泵起动按钮 SB4	Q0.4	传送带运行指示 HL1
I0.4	运货车检测 SQ1	Q0.5	推料机构动作指示 HL2
I0.5	工件检测 SQ2	Q0.6	报警指示 HL3
I0.6	行程检测 SQ3		
I0.7	热继电器 FR1		
I1.0	热继电器 FR2		

2. PLC 硬件原理图

根据项目控制要求及表 1-8 所示的 I/O 分配表，自动装载小车控制 PLC 硬件原理图如图 1-95 所示。

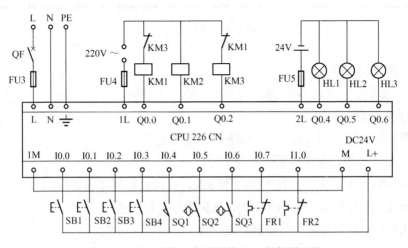

图 1-95 自动装载小车控制的 PLC 硬件原理图

传送带电动机和液压泵电动机主电路为直接起动电路，在此省略。

3. 创建工程项目

创建一个工程项目，并命名为自动装载小车控制。

4. 编辑符号表

编辑符号表如图 1-96 所示。

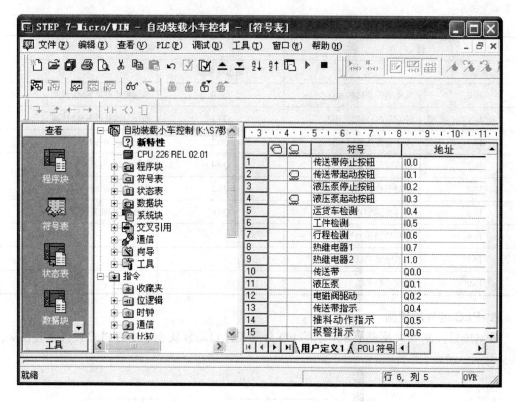

图 1-96　编辑符号表

5. 设计梯形图程序

根据控制要求编写的起/保/停梯形图程序如图 1-97 所示。

6. 运行并调试程序

1）下载程序，按下 SB4 按钮，观察液压泵是否运行。

2）按下 SB2 按钮，观察传送带是否运行。

3）按下 SQ1 行程开关，再按下 SB2 和 SB4，在线监控程序的运行。

4）人为接通工件检测信号 I0.5 三次，观察程序运行状态。

5）分析程序运行结果是否与控制要求一致，并编写语句表。

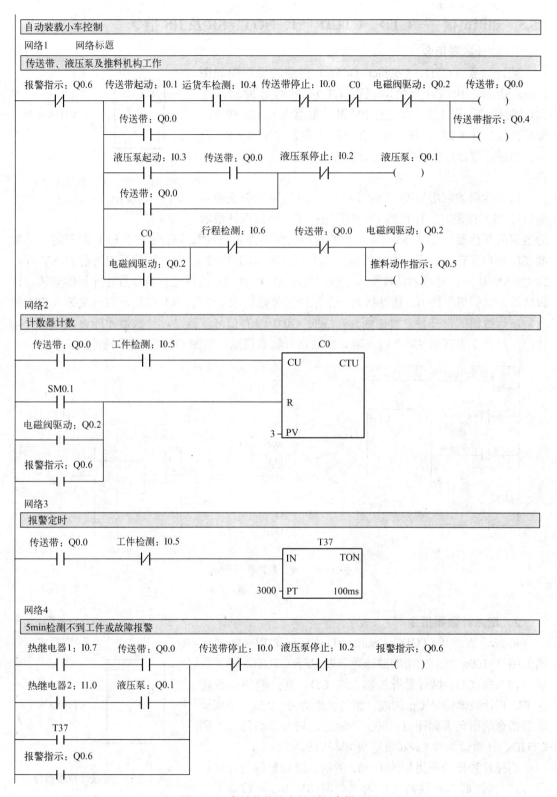

图 1-97　自动装载小车控制程序梯形图

1.5.5 知识链接——CTD、CTUD、*I、NOT、SR及RS指令

1．减计数器指令

减计数器（CTD，Counter Down）指令的梯形图如图 1-98a 所示，由减计数器助记符 CTD、计数脉冲输入端 CD、装载输入端 LD、设定值 PV 和计数器编号 Cn 构成，编号范围为 0～255。减计数器指令的语句表如图 1-98b 所示，由减计数器操作码 CTD、计数器编号 Cn 和设定值 PV 构成。

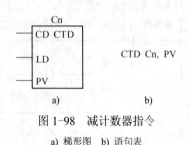

图 1-98 减计数器指令

a) 梯形图 b) 语句表

减计数器的应用如图 1-99 所示。减计数器的装载输入端信号 I0.1 接通时，计数器 C0 的设定值 PV 被装入计数器的当前值寄存器，此时 SV=PV，计数器不工作。当装载输入信号端信号 I0.1 断开时，计数器 C0 可以工作。每当一个计数脉冲到来时（即 I0.0 接通一次），计数器的当前值 SV=SV-1。当 SV=0 时，计数器的位变为 ON，线圈 Q0.0 有信号流流过。若计数脉冲仍然继续，计数器的当前值仍保持 0。这种状态一直保持到装载输入端信号 I0.1 接通，再一次装入 PV 值之后，计数器的常开触点复位断开，线圈 Q0.0 没有信号流流过，计数器才能再次重新开始计数。只有在当前值 SV=0 时，减计数的常开触点接通，线圈 Q0.0 有信号流流过。

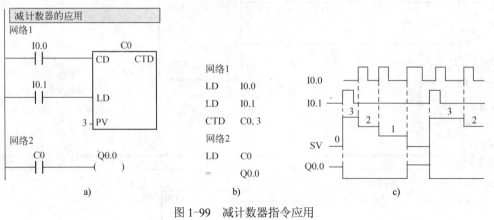

图 1-99 减计数器指令应用

a) 梯形图 b) 语句表 c) 指令功能图

2．增减计数器指令

增减计数器（CTUD，Counter Up/Down）指令的梯形图如图 1-100a 所示，由增减计数器助记符 CTUD、增计数脉冲输入端 CU、减计数脉冲输入端 CD、复位端 R、设定值 PV 和计数器编号 Cn 构成，编号范围为 0～255。增减计数器指令的语句表如图 1-100b 所示，由增减计数器操作码 CTUD、计数器编号 Cn 和设定值 PV 构成。

增减计数器的应用如图 1-101 所示。增计数器的复位信号 I0.2 接通时，计数器 C0 的当前值 SV=0，计数器不工作。当复位信号断开时，计数器 C0 可以工作。

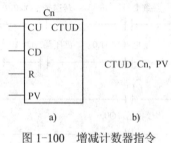

图 1-100 增减计数器指令

a) 梯形图 b) 语句表

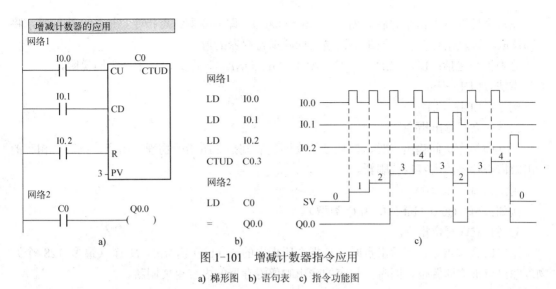

图 1-101 增减计数器指令应用

a) 梯形图 b) 语句表 c) 指令功能图

每当一个增计数脉冲到来时，计数器的当前值 SV=SV+1。当 SV≥PV 时，计数器的常开触点接通，线圈 Q0.0 有信号流流过。这时若再来增计数器脉冲，计数器的当前值仍不断地累加，直到 SV=+32 767（最大值），若再有增计数脉冲到来，当前值变为-32 768，再继续进行加计数。

每当一个减计数脉冲到来时，计数器的当前值 SV=SV-1。当 SV< PV 时，计数器的常开触点复位断开，线圈 Q0.0 没有信号流流过。这时若再来减计数器脉冲，计数器的当前值仍不断地递减，直到 SV=-32 767（最小值），若再有减计数脉冲到来，当前值变为+32 767，再继续进行减计数。

复位信号 I0.2 接通时，计数器的 SV 复位清零，计数器停止工作，其常开触点复位断开，线圈 Q0.0 没有信号流流过。

3．使用计数器指令的注意事项

1）增计数器指令用语句表示时，要注意计数输入（第一个 LD）、复位信号输入（第二个 LD）和增计数器指令的先后顺序不能颠倒。

2）减计数器指令用语句表示时，要注意计数输入（第一个 LD）、装载信号输入（第二个 LD）和减计数器指令的先后顺序不能颠倒。

3）增减计数器指令用语句表示时，要注意增计数输入（第一个 LD）、减计数输入（第二个 LD）、复位信号输入（第三个 LD）和增减计数器指令的先后顺序不能颠倒。

4）在同一个程序中，虽然 3 种计数器的编号范围都为 0～255，但不能使用两个相同的计数器编号，否则会导致程序执行时出错，无法实现控制目的。

5）计数器的输入端为上升沿有效。

4．其他基本逻辑指令

（1）立即指令

立即指令允许对输入和输出点进行快速和直接存取。当用立即指令读取输入点的状态时，相应的输入映像寄存器中的值并未发生更新；用立即指令访问输出点时，访问的同时，相应的输出寄存器的内容也被刷新。只有输入继电器 I 和输出继电器 Q 可以使用立即指令。

1）立即触点指令。

在每个标准触点指令的后面加"I（Immediate）"即为立即触点指令。该指令执行时，将立即读取物理输出点的值，但是不刷新对应映像寄存器的值。

这类指令包括：LDI、LDNI、AI、ANI、OI、ONI。下面以 LDI 指令为例说明。

用法：LDI　bit

例如：LDI　I0.1

2）=I 立即输出指令。

用立即指令访问输出点时，把栈顶值立即复制到指令所指的物理输出点，同时，相应的输出映像寄存器的内容也被刷新。

用法：=I　bit

例如：=I　Q0.0（bit 只能为 Q 类型）

3）SI 立即置位指令。

用立即置位指令访问输出点时，从指令所指出的位（bit）开始的 N 个（最多 128 个）物理输出点被立即置位，同时，相应的输出映像寄存器的内容也被刷新。

用法：SI　bit，N

例如：SI　Q0.0，2（bit 只能为 Q 类型）

N 可以为 VB、IB、QB、MB、SMB、LB、SB、AC、*VD、*AC、*LD 或常数。

4）RI 立即复位指令。

用立即复位指令访问输出点时，从指令所指出的位（bit）开始的 N 个（最多 128 个）物理输出点被立即复位，同时，相应的输出映像寄存器的内容也被刷新。

用法：RI　bit，N

例如：RI　Q0.0，2（bit 只能为 Q 类型）

N 可以为 VB、IB、QB、MB、SMB、LB、SB、AC、*VD、*AC、*LD 或常数。

（2）NOT 指令

NOT 指令为触点取反指令（输出反相），在梯形图中用来改变能流的状态。取反触点左端逻辑运算结果为 1 时（即有能流），触点断开能流，反之能流可以通过。其梯形图如图 1-102 所示。

用法：NOT　　（NOT 指令无操作数）

（3）SR、RS 指令

1）SR 指令。

SR 指令也称置位/复位触发器（SR）指令，其梯形图如图 1-103 所示，由置位/复位触发器助记符 SR、置位信号输入端 S1、复位信号输入端 R、输出端 OUT 和线圈的位地址 bit 构成。

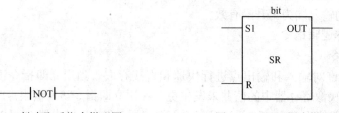

图 1-102　触点取反指令梯形图　　　　图 1-103　SR 指令梯形图

置位/复位触发器指令的应用如图 1-104 所示，当置位信号 I0.0 接通时，线圈 Q0.0 有信号流流过。当置位信号 I0.0 断开时，线圈 Q0.0 的状态继续保持不变，直到复位信号 I0.1 接通时，线圈 Q0.0 没有信号流流过。

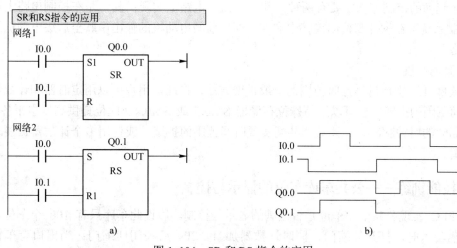

图 1-104 SR 和 RS 指令的应用

a) 梯形图 b) 指令功能图

如果置位信号 I0.0 和复位信号 I0.1 同时接通，则置位信号优先，线圈 Q0.0 有信号流流过。

2) RS 指令

RS 指令也称复位/置位触发器（RS）指令，其梯形图如图 1-105 所示，由复位/置位触发器助记符 RS、置位信号输入端 S、复位信号输入端 R1、输出端 OUT 和线圈的位地址 bit 构成。

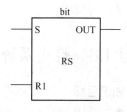

图 1-105 RS 指令梯形图

置位/复位触发器指令的应用如图 1-104 所示，当置位信号 I0.0 接通时，线圈 Q0.0 有信号流流过。当置位信号 I0.0 断开时，线圈 Q0.0 的状态继续保持不变，直到复位信号 I0.1 接通时，线圈 Q0.0 没有信号流流过。

如果置位信号 I0.0 和复位信号 I0.1 同时接通，则复位信号优先，线圈 Q0.0 无信号流流过。

1.5.6 项目交流——报警功能及顺序控制

1. 报警

在很多工程应用中，控制系统经常设置故障报警指示（一般为红色）。本项目中虽然设置报警，但报警指示灯一直处于点亮状态，不易提醒操作者。解决方法：可让其闪烁或与声音报警共同使用。

西门子 S7-200 PLC 中有一个特殊位存储器 SM0.5，此位提供高低电平各 0.5s，周期为 1s 的时钟脉冲。若在图 1-97 的报警输出逻辑行中串联 SM0.5 触点（常开或常闭）可使报警指示灯闪烁起来。

2．顺序控制

在工程实践中，经常要求两台及以上电动机顺序起动，即前级电动机未起动时，后级电动机不能起动。

顺序起动的控制方法主要有两种，其一是在主电路上实现；其二是在控制电路上实现。PLC 控制系统可在软件和输出连接中实现，即将前级电动机的输出串联至后级电动机的输入控制回路上。

3．延时扩展

在项目 1.4 中已讲过定时范围的一般扩展方法，在此，用户可以用定时器和计数器共同实现时间范围的扩展，也可以用特殊位存储器 SM0.5 或 SM0.4（此位提供高低电平各 30s，周期 1min 的时钟脉冲）和计数器共同实现时间范围的扩展，或使用多个计数器扩展时间或计数范围。

1.5.7　技能训练——公共车库车位的显示与控制

用 PLC 实现公共车库车位是否已满的显示与控制。假设此车库只有 100 个车位，当进口有车辆驶入时，打开伸缩门，同时计数器加 1，20s 后关闭伸缩门；当出口有车辆驶出时，打开伸缩门，同时计数器减 1，20s 后关闭伸缩门。当车位未停满时，显示绿灯，表示尚有车位；若车位占满时，红灯秒级闪烁，表示车位已满。

训练点：RS 和 SR 指令的应用；电路块连接指令的应用；计数器的使用；振荡电路（闪烁电路）的实现。

项目 1.6　灯光系统的 PLC 控制

知识目标
- 掌握传送指令（MOVB、MOVW、MOVD、MOVR）
- 掌握移位及循环移位指令（SHL、SHR、ROL、ROR）
- 掌握跳转指令（JMP、LBL）

能力目标
- 熟练使用传送类指令
- 熟练使用移位类指令
- 熟练使用跳转类指令

1.6.1　项目引入

图 1-106 为某一长方形广告牌霓虹灯，它通过 8 盏彩灯不同的亮、灭组合形式，让广告牌展现出不同的视觉艺术效果。

灯光系统控制要求为：按下起动按钮，按跑马式点亮；按下另一个起动按钮，按流水式点亮，任何时刻按下停止按钮，所有灯全部熄灭。

跑马式：从灯 HL1 开始顺时针方向每隔 1s 点亮下一盏，前一盏熄灭。当灯 HL8 点亮后，再逆时针方向每隔 1s 点亮下一盏，前一盏熄灭，如此重复。

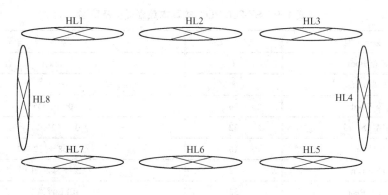

图 1-106　灯光系统示意图

流水式：从灯 HL1 开始顺时针方向每隔 1s 点亮下一盏，前一盏依然点亮，直至点亮灯 HL8，然后开始逆时针方向每隔 1s 逐一熄灭前一盏，直至全部熄灭，如此重复。

1.6.2　项目分析

完成上述控制要求的方法有很多，本项目重点使用数据传送指令、移位指令、循环移位指令和跳转指令来设计程序。另外，在使用上述指令时，还需要对 S7-200 PLC 的常用数据类型和寻址方式有所了解。

1.6.3　相关知识——S7-200 PLC 基本数据类型、传送、移位、循环移位及跳转指令

1. S7-200 PLC 的基本数据类型

在 S7-200 PLC 的编程语言中，大多数指令要同具有一定大小的数据对象一起进行操作。不同的数据对象具有不同的数据类型，不同的数据类型具有不同的数制和格式选择。程序中所用的数据可指定一种数据类型。在指定数据类型时，要确定数据大小和数据位结构。

S7-200 PLC 的数据类型有以下几种：字符串、布尔型（0 或 1）、整型和实型（浮点数）等。任何类型的数据都是以一定格式采用二进制的形式保存在存储器内。一位二进制数称为 1 位（bit），包括"0"或"1"两种状态，表示处理数据的最小单位。可以用一位二进制数的两种不同取值（"0"或"1"）来表示开关量的两种不同状态。对应于 PLC 中的编程元件，如果该位为"1"，则表示梯形图中对应编程元件的线圈有信号流流过，其常开触点接通，常闭触点断开。如果该位为"0"，则表示梯形图中对应编程元件的线圈没有信号流流过，其常开触点断开，常闭触点接通。

数据从数据长度上可分为位、字节、字或双字等。8 位二进制数组成 1 个字节（Byte），其中第 0 位为最低位（LSB），第 7 位为最高位（MSB）。两个字节组成 1 个字（Word），两个字组成 1 个双字（Double Word）。一般用二进制补码形式表示有符号数，其最高位为符号位。最高位为 0 时表示正数，为 1 时表示负数，最大的 16 位正数为 16#7FFF，16#表示十六进制数。

S7-200 PLC 的基本数据类型及范围如表 1-9 所示。

表 1-9 S7-200 PLC 的基本数据类型及范围

基本数据类型	位 数	范 围
布尔型 Bool	1	0 或 1
字节型 Byte	8	0～255
字型 Word	16	0～65 535
双字型 Dword	32	0～(2^{32}-1)
整型 Int	16	-32 768～+32 767
双整型 Dint	32	-2^{31}～(2^{31}-1)
实数型 Real	32	IEEE 浮点数

2．数据传送指令

（1）数据传送指令的梯形图及语句表

数据传送指令包括字节、字、双字和实数传送指令，其梯形图及语句表如表 1-10 所示。

表 1-10 数据传送指令的梯形图及语句表

梯 形 图	语 句 表	指 令 名 称
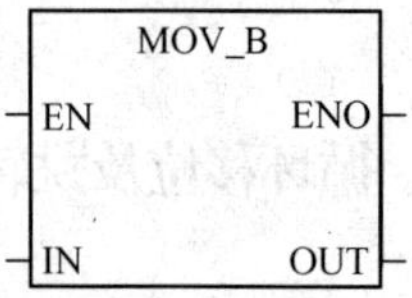 MOV_B EN ENO IN OUT	MOVB IN，OUT	字节传送指令
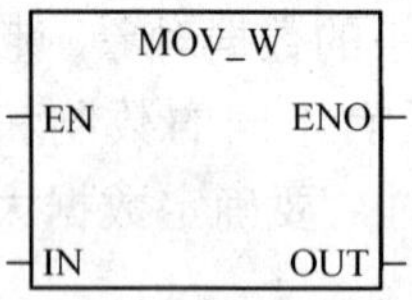 MOV_W EN ENO IN OUT	MOVW IN，OUT	字传送指令
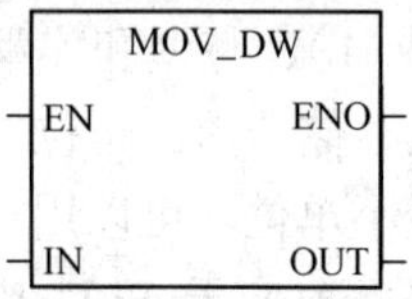 MOV_DW EN ENO IN OUT	MOVD IN，OUT	双字传送指令
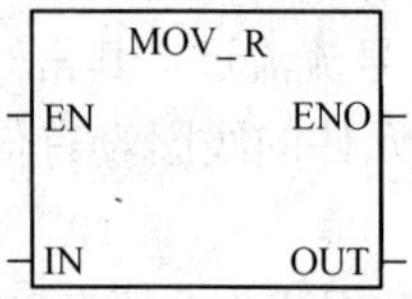 MOV_R EN ENO IN OUT	MOVR IN，OUT	实数传送指令

字节传送（MOVB）、字传送（MOVW）、双字传送（MOVD）和实数传送（MOVR）指令在不改变原值的情况下，将 IN 中的值传送到 OUT 中。

其中字传送指令的应用如图 1-107 所示。当常开触点 I0.0 接通时，有信号流流入 MOVW 指令的使用输入端 EN，字传送指令将十六进制数 C0F2 不经过任何改变传送到输出过程映像寄存器 QW0 中。

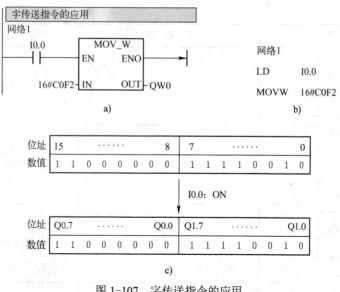

图 1-107 字传送指令的应用

a)梯形图 b)语句表 c) 指令功能图

（2）数据传送指令的操作数范围

数据传送指令的操作数范围如表 1-11 所示。

表 1-11　数据传送指令的操作数范围

指　　令	输入或输出	操　作　数
字节传送指令	IN	IB、QB、VB、MB、SMB、SB、LB、AC、*VD、*LD、*AC、常数
	OUT	IB、QB、VB、MB、SMB、SB、LB、AC、*VD、*LD、*AC
字传送指令	IN	IW、QW、VW、MW、SMW、SW、T、C、LW、AC、AIW、*VD、*AC、*LD、常数
	OUT	IW、QW、VW、MW、SMW、SW、T、C、LW、AC、AQW、*VD、*AC、*LD
双字传送指令	IN	ID、QD、VD、MD、SMD、SD、LD、HC、&IB、&QB、&VB、&MB、&SMB、&SB、&T、&C、&AIW、&AQW、AC、*VD、*AC、*LD、常数
	OUT	ID、QD、SD、MD、SMD、VD、LD、AC、*VD、*LD、*AC
实数传送指令	IN	ID、QD、SD、MD、SMD、VD、LD、AC、*VD、*LD、*AC、常数
	OUT	ID、QD、SD、MD、SMD、VD、LD、AC、*VD、*LD、*AC

3．移位指令

移位指令包括左移位（SHL，Shift Left）和右移位（SHR，Shift Right）指令，其梯形图及语句表如表 1-12 所示。

表 1-12　移位指令的梯形图及语句表

梯　形　图	语　句　表	指　令　名　称
SHL_B EN　ENO IN　OUT N	SLB　OUT，N	字节左移位指令

(续)

梯　形　图	语　句　表	指　令　名　称
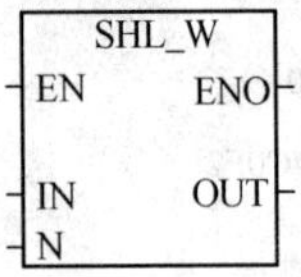 SHL_W EN　ENO IN　OUT N	SLW　OUT，N	字左移位指令
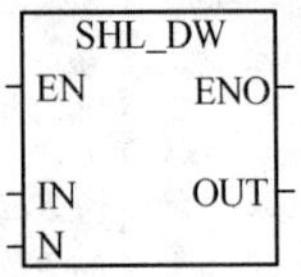 SHL_DW EN　ENO IN　OUT N	SLD　OUT，N	双字左移位指令
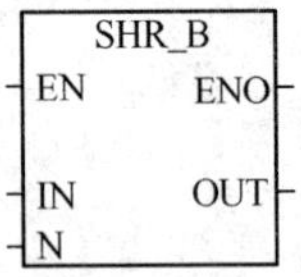 SHR_B EN　ENO IN　OUT N	SRB　OUT，N	字节右移位指令
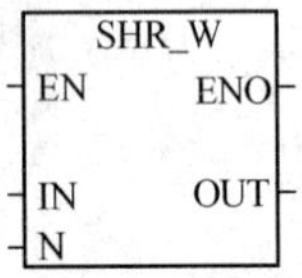 SHR_W EN　ENO IN　OUT N	SRW　OUT，N	字右移位指令
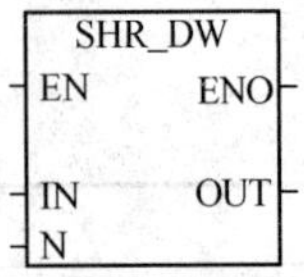 SHR_DW EN　ENO IN　OUT N	SRD　OUT，N	双字右移位指令

　　移位指令是将输入 IN 中的各位数值向左或向右移动 N 位后，将结果送到输出 OUT 中。移位指令对移出的位自动补 0，如果移动的位数 N 大于或等于最大允许值（对于字节操作为 8 位，对于字操作为 16 位，对于双字操作为 32 位），实际移动的位数为最大允许值。如果移位次数大于 0，则溢出标志位（SM1.1）中就是最后一次移出位的值；如果移位操作的结果为 0，则零标志位（SM1.0）被置为 1。

　　另外，字节操作是无符号的。对于字和双字操作，当使用符号数据类型时，符号位也被移位。

4．循环移位指令

　　循环移位指令包括循环左移位（ROL，Rotate Left）和循环右移位（ROR，Rotate Right）指令，其梯形图及语句表如表 1-13 所示。

表 1-13　循环移位指令的梯形图及语句表

梯　形　图	语　句　表	指　令　名　称
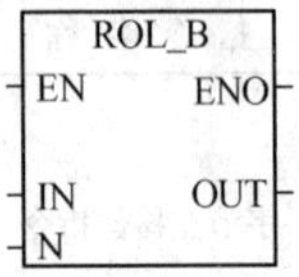 ROL_B EN　ENO IN　OUT N	RLB　OUT，N	字节循环左移位指令

梯 形 图	语 句 表	指 令 名 称
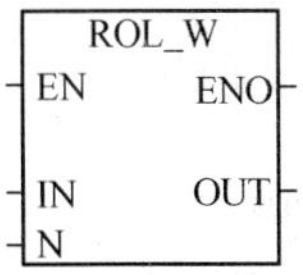 ROL_W EN　ENO IN　　OUT N	RLW　OUT, N	字循环左移位指令
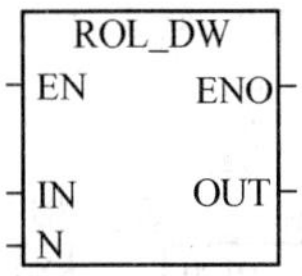 ROL_DW EN　ENO IN　　OUT N	RLD　OUT, N	双字循环左移位指令
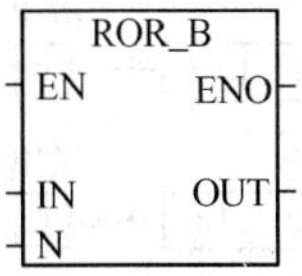 ROR_B EN　ENO IN　　OUT N	RRB　OUT, N	字节循环右移位指令
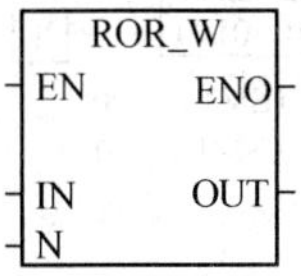 ROR_W EN　ENO IN　　OUT N	RRW　OUT, N	字循环右移位指令
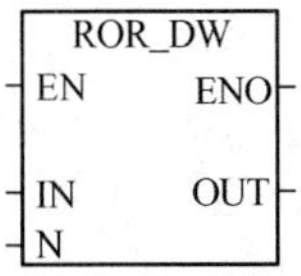 ROR_DW EN　ENO IN　　OUT N	RRD　OUT, N	双字循环右移位指令

　　循环移位指令将输入值 IN 中的各位数向左或向右循环移动 N 位后，将结果送到输出 OUT 中。循环移位是环形的，即被移出来的位将返回到另一端空出来的位置。如果移动的位数 N 大于或等于最大允许值（对于字节操作为 8 位，对于字操作为 16 位，对于双字操作为 32 位），执行循环移位之前先对 N 进行取模操作（如对于字移位，将 N 除以 16 后取余数），从而得到一个有效的移位位数。移位位数的取模操作结果，对于字节操作是 0～7，对于字操作为 0～15，对于双字操作为 0～31。如果取模操作的结果为 0，不进行循环移位操作。

　　如果循环移位指令被执行，移出的最后一位的数值会被复制到溢出标志位（SM1.1）中。如果实际移位次数为 0 时，零标志位（SM1.0）被置为 1。

　　另外，字节操作是无符号的，对于字和双字操作，当使用有符号数据类型时，符号位也被移位。

　　移位和循环移位指令的应用如图 1-108 所示。当 I0.0 接通时，将累加器 AC0 中的数据 0100 0010 0001 1000 向左移动 2 位变成 0000 1000 0110 0000，同时将变量存储器 VW100 中的数据 1101 1100 0011 0100 向右循环移动 3 位变为 1001 1011 1000 0110。

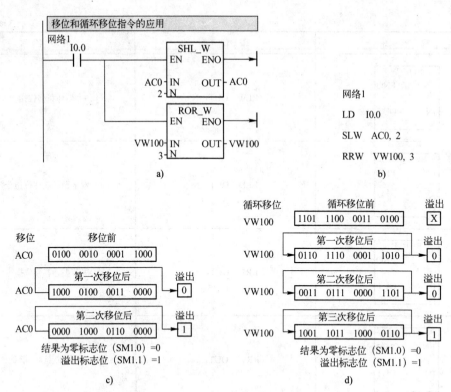

图 1-108　移位和循环移位指令的应用

a) 梯形图　b)语句表　c) 左移位指令功能图　d) 右循环移位功能图

移位和循环移位指令的操作数范围如表 1-14 所示。

表 1-14　移位和循环移位指令的操作数范围

指　　令	输入或输出	操　作　数
字节左或右移位指令 字节循环左或右移位指令	IN	IB、QB、VB、MB、SMB、SB、LB、AC、*VD、*LD、*AC、常数
	OUT	IB、QB、VB、MB、SMB、SB、LB、AC、*VD、*LD、*AC
	N	IB、QB、VB、MB、SMB、SB、LB、AC、*VD、*LD、*AC、常数
字左或右移位指令 字循环左或右移位指令	IN	IW、QW、VW、MW、SMW、SW、T、C、LW、AC、AIW、*VD、*AC、*LD、常数
	OUT	IW、QW、VW、MW、SMW、SW、T、C、LW、AC、*VD、*AC、*LD
	N	IB、QB、VB、MB、SMB、SB、LB、AC、*VD、*LD、*AC、常数
双字左或右移位指令 双字循环左或右移位指令	IN	ID、QD、VD、MD、SMD、SD、LD、AC、HC、*VD、*AC、*LD、常数
	OUT	ID、QD、VD、MD、SMD、SD、LD、AC、HC、*VD、*AC、*LD
	N	IB、QB、VB、MB、SMB、SB、LB、AC、*VD、*LD、*AC、常数

5. 跳转指令

跳转的实现使 PLC 的程序灵活性和智能性大大提高，可以使主机根据对不同条件的判断，选择不同的程序段执行。

跳转指令的实现是由跳转指令和标号指令配合实现的。跳转及标号指令的梯形图和语句表如表 1-15 所示，操作数 N 的范围为 0～255。

表 1-15 跳转及标号指令的梯形图及语句表

梯 形 图	语 句 表	指 令 名 称
N ——（ JMP ） N LBL	JMP N LBL N	跳转与标号指令

跳转及标号指令的应用如图 1-109 所示。当触发信号接通时，跳转指令 JMP 线圈有信号流流过，跳转指令使程序流程跳转到与 JMP 指令编号相同的标号 LBL 处，顺序执行标号指令以下的程序，而跳转指令与标号指令之间的程序不执行。若触发信号断开时，跳转指令 JMP 线圈没有信号流流过，顺序执行跳转指令与标号指令之间的程序。

编号相同的两个或多个 JMP 指令可以在同一程序里。但在同一程序中，不可以使用相同编号的两个或多个 LBL 指令。

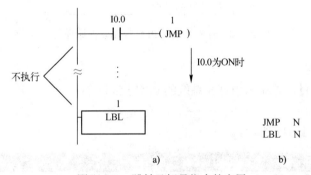

图 1-109 跳转及标号指令的应用

a) 梯形图 b) 语句表

1.6.4 项目实施——灯光系统的 PLC 控制

1. I/O 分配

根据项目分析可知，对输入、输出量进行分配如表 1-16 所示。

表 1-16 灯光系统的 PLC 控制 I/O 分配表

输　　入		输　　出	
输入继电器	元件	输出继电器	元件
I0.0	停止按钮 SB1	Q0.0	灯 HL1
I0.1	起动按钮 SB2	Q0.1	灯 HL2
I0.2	起动按钮 SB3	Q0.2	灯 HL3
		Q0.3	灯 HL4
		Q0.4	灯 HL5
		Q0.5	灯 HL6
		Q0.6	灯 HL7
		Q0.7	灯 HL8

2．PLC 硬件原理图

根据图 1-106 所示的示意图及表 1-16 所示的 I/O 分配表，灯光系统的 PLC 控制硬件原理图如图 1-110 所示。

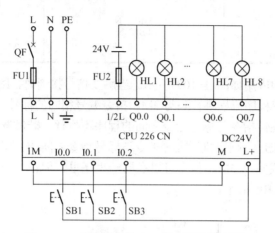

图 1-110 灯光系统的 PLC 控制硬件原理图

3．创建工程项目

创建一个工程项目，并命名为灯光系统的 PLC 控制。

4．编辑符号表

编辑符号表如图 1-111 所示。

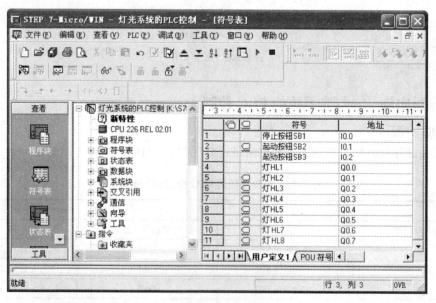

图 1-111 编辑符号表

5．设计梯形图程序

根据要求，并使用移位指令、循环移位指令和跳转及标号指令设计的梯形图如图 1-112 所示。

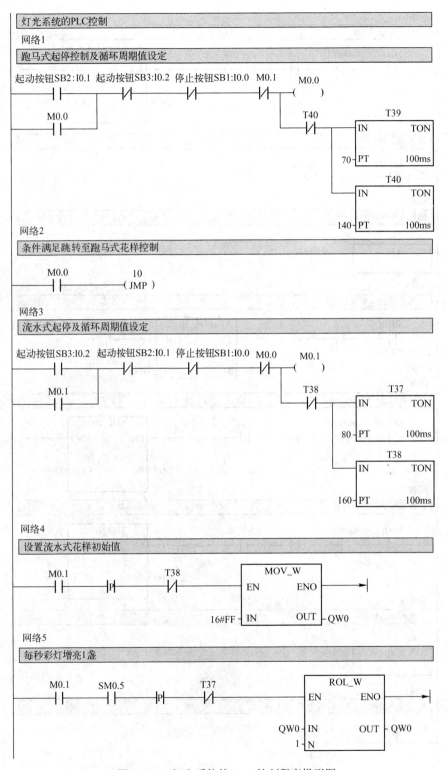

图 1-112　灯光系统的 PLC 控制程序梯形图

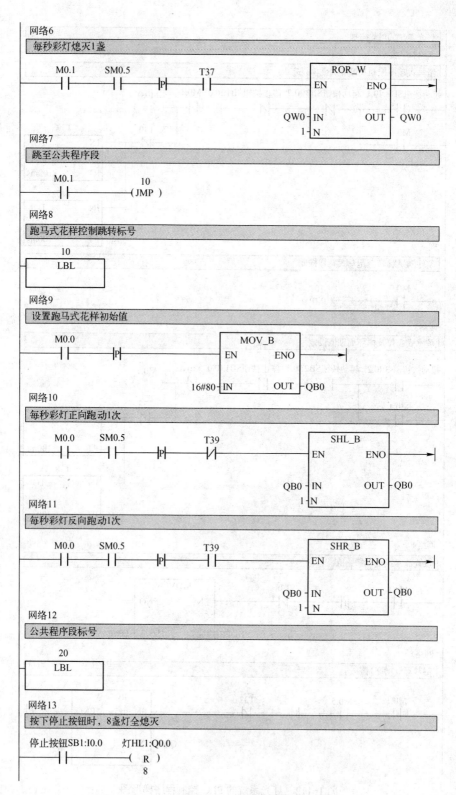

图 1-112 灯光系统的 PLC 控制程序梯形图（续）

6. 运行与调试程序

1）下载程序并运行。

2）分析程序运行的过程和结果，并编写语句表。

1.6.5 知识链接——PLC 寻址方式、字节立即传送、块传送、移位寄存器及字节交换指令

1. S7-200 PLC 的寻址方式

S7-200 PLC 每条指令由两部分组成：一部分为操作码，另一部分为操作数。操作码指出指令的功能，操作数则指明操作码操作的对象。所谓寻址，就是寻找操作数的过程。S7-200 PLC CPU 的寻址分为 3 种：立即寻址、直接寻址和间接寻址。

（1）立即寻址

在一条指令中，如果操作数本身就是操作码所需要处理的具体数据，这种操作的寻址方式就是立即寻址。

如：MOVW　16#1234，VW10

该指令为双操作数指令，第一个操作数称为源操作数，第二个操作数称为目的操作数。该指令的功能是将十六进制数 1234 传送到变量存储器 VW10 中，指令中的源操作数 16#1234 即为立即数，其寻址方式就是立即寻址方式。

（2）直接寻址

在一条指令中，如果操作数是以其所在地址形式出现的，这种指令的寻址方式就叫做直接寻址。

如：MOVB　VB40，VB50

该指令的功能是将 VB40 中的字节数据传给 VB50，指令中的源操作数的数值在指令中并未给出，只给出了存储操作数的地址 VB40，寻址时要到该地址中寻找操作数，这种以给出操作数地址形式的寻址方式是直接寻址。

1）位寻址方式。

位存储单元的地址由字节地址和位地址组成，如 I1.2，其中区域标识符"I"表示输入，字节地址为 1，位地址为 2，如图 1-113 所示。这种存取方式也称为"字节.位"寻址方式。

2）字节、字和双字寻址方式。

对字节、字和双字数据，直接寻址时需指明区域标识符、数据

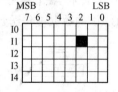

图 1-113　位数据的存放

类型和存储区域内的首字节地址。例如，输入字节 VB10，B 表示字节（B 是 Byte 的缩写），10 为起始字节地址。相邻的两个字节组成一个字，VW10 表示由 VB10 和 VB11 组成的 1 个字，VW10 中的 V 为变量存储区域标识符，W 表示字（W 是 Word 的缩写），10 为起始字的地址。VD10 表示由 VB10～VB13 组成的双字，V 为变量存储区域助记符，D 表示存取双字（D 是 Double Word 的缩写），10 为起始字节的地址。同一地址的字节、字和双字存取操作的比较如图 1-114 所示。

可以用直接方式进行寻址的存储区包括：输入映像存储区 I、输出映像存储区 Q、变量存储区 V、位存储 M、定时器存储区 T、计数器存储区 C、高速计数器 HC、累加器 AC、特殊存储器 SM、局部存储器 L、模拟量输入映像区 AI、模拟量输出映像区 AQ、顺序控制继电器 S。

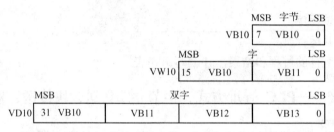

图 1-114　对同一地址进行字节、字和双字存取操作的比较

（3）间接寻址

在一条指令中，如果操作数是以操作数所在地址的地址形式出现的，这种指令的寻址方式就是间接寻址。操作数地址的地址也称为地址指针。地址指针前加"*"。

如：MOVW 2010, *VD20

该指令中，*VD20 就是地址指针，在 VD20 中存放的是一个地址值，而该地址值是源操作数 2010 存储的地址。如 VD20 中存入的是 VW0，则该指令的功能是将十进制数 2010 传送到 VW0 地址中。

可以用间接方式进行寻址的存储区包括：输入映像存储区 I、输出映像存储区 Q、变量存储区 V、位存储区 M、顺序控制继电器 S、定时器存储区 T、计数器存储区 C，其中 T 和 C 仅仅是对于当前值进行间接寻址，而对独立的位值和模拟量值是不能进行间接寻址的。

使用间接寻址对某个存储器单元读、写时，首先要建立地址指针。指针为双字长，用来存入另一个存储器的地址，只能用 V、L 或累加器 AC 做指针。建立指针必须用双字传送指令（MOVD）将需要间接寻址的存储器地址送到指针中，例如：MOVD &VB200, AC1。指针也可以为子程序传递参数。&VB200 表示 VB200 的地址，而不是 VB200 中的值。

1）用指针存取数据。

用指针存取数据时，操作数前加"*"号，表示该操作数为一个指针。图 1-115 中的 *AC1 表示 AC1 是一个指针，AC1 是 AC1 所指的地址中的数据。此例中，存于 VB200 和 VB201 的数据被传送到累加器 AC0 的低 16 位。

图 1-115　使用指针的间接寻址

2）修改指针。

在间接寻址方式中，指针指示了当前存取数据的地址。连续存取指针所指的数据时，当一个数据已经存入或取出，如果不及时修改指针会出现以后的存取仍使用已用过的地址，为了使存取地址不重复，必须修改指针。因为指针是 32 位的数据，应使用双字指令来修改指针值，例如双字加法或双字加 1 指令。修改时记住需要调整的存储器地址的字节数：存取字节时，指针值加 1；存取字时，指针值加 2；存取双字时，指针值加 4。

2. 字节立即传送（读和写）指令

字节立即传送（读和写）指令的梯形图及语句表如表 1-17 所示。

表 1-17　字节立即传送（读和写）指令的梯形图及语句表

梯 形 图	语 句 表	指 令 名 称
MOV_BIR EN　ENO IN　　OUT	BIR　IN, OUT	字节立即读指令
MOV_BIW EN　ENO IN　　OUT	BIW　IN, OUT	字节立即写指令

字节立即传送指令允许在物理 I/O 和存储器之间立即传送一个字节数据。

字节立即读指令读取物理输入（IN），并将结果存入内存地址（OUT），但相应的过程映像寄存器并不刷新。

字节立即写指令从内存地址（IN）中读取数据，写入物理输出（OUT），同时刷新相应的过程映像寄存器。

字节立即传送（读和写）指令的操作数范围如表 1-18 所示。

表 1-18　字节立即传送（读和写）指令的操作数范围

指　　　令	输入或输出	操　作　数
字节立即读指令	IN	IB、*VD、*LD、*AC
	OUT	IB、QB、VB、MB、SMB、SB、LB、AC、*VD、*LD、*AC
字节立即写指令	IN	IB、QB、VB、MB、SMB、SB、LB、AC、*VD、*LD、*AC、常数
	OUT	QB、*VD、*LD、*AC

3. 块传送指令

块传送指令的梯形图及语句表如表 1-19 所示。

表 1-19　块传送指令的梯形图及语句表

梯 形 图	语 句 表	指 令 名 称
BLKMOV_B EN　ENO IN　　OUT N	BMB　IN, OUT, N	字节块传送读指令
BLKMOV_W EN　ENO IN　　OUT N	BMW　IN, OUT, N	字块传送读指令
BLKMOV_D EN　ENO IN　　OUT N	BMD　IN, OUT, N	双字块传送读指令

字节块传送指令、字块传送指令和双字块传送指令传送指定数量的数据到一个新的存储区，IN 为数据的起始地址，数据的长度为 N 个字节、字或双字，OUT 为新存储区的起始地址。

块传送指令的操作数范围如表 1-20 所示。

表 1-20　块传送指令的操作数范围

指　　令	输入或输出	操　作　数
字节块传送指令	IN	IB、QB、VB、MB、SMB、SB、LB、AC、*VD、*LD、*AC
	OUT	
	N	IB、QB、VB、MB、SMB、SB、LB、AC、*VD、*LD、*AC、常数
字块传送指令	IN	IW、QW、VW、MW、SMW、SW、LW、AIW、AQW、AC、HC、T、C、*VD、*LD、*AC
	OUT	
	N	IB、QB、VB、MB、SMB、SB、LB、AC、*VD、*LD、*AC
双字块传送指令	IN	ID、QD、VD、MD、SMD、SD、LD、AC、*VD、*LD、*AC
	OUT	
	N	IB、QB、VB、MB、SMB、SB、LB、AC、*VD、*LD、*AC、常数

4．移位寄存器指令

移位寄存器指令 SHRB（Shift Register Bit）在顺序控制或步进控制中应用比较方便，其梯形图和语句表如图 1-116 所示。

在梯形图中，有 3 个数据输入端：DATA——移位寄存器的数据输入端；S_BIT——组成移位寄存器的最低位；N——移位寄存器的长度。

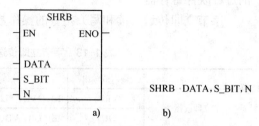

SHRB　DATA，S_BIT，N

a)　　　　　　b)

图 1-116　移位寄存器指令梯形图

a) 梯形图　b) 语句表

移位寄存器的数据类型有字节型、字型、双字型之分，移位寄存器的长度 N≤64，由程序指定。

移位寄存器的组成如下。

最低位：S_BIT。

最高位的计算方法为：MSB=（|N|-1+（S_BIT 的位号））/8。

最高位的字节号：MSB 的商+ S_BIT 的字节号。

最高位的位号：MSB 的余数。

例如：S_BIT=V33.4，N=14，则 MSB=（14-1+4）/8=17/8=2······1

最高位的字节号为 33+2=35，最高位的位号为 1，最高位为 V35.1。

移位寄存器的组成：V33.4～V33.7，V34.0～V34.7，V35.0～V35.1，共 14 位。

当 N>0 时，为正向移位，即从最低位向最高位移位；当 N<0 时，为反向移位，即从最高位向最低位移位。

移位寄存器指令的功能是：当允许输入端 EN 有效时，如果 N>0，则在每个 EN 的前沿，将数据输入 DATA 的状态移入移位寄存器的最低位 S_BIT；如果 N<0，则在每个 EN 的前沿，将数据输入 DATA 的状态移入移位寄存器的最高位，移位寄存器的其他位按照 N 指定的方向（正向或反向），依次串行移位。移位寄存器的移出端与 SM1.1（溢出标志位）连接。

如果移位寄存器指令被执行时，移出的最后一位的数值会被复制到溢出标志位（SM1.1）。如果移位结果为 0 时，零标志位（SM1.0）被置为 1。

移位寄存的应用如图 1-117 所示。

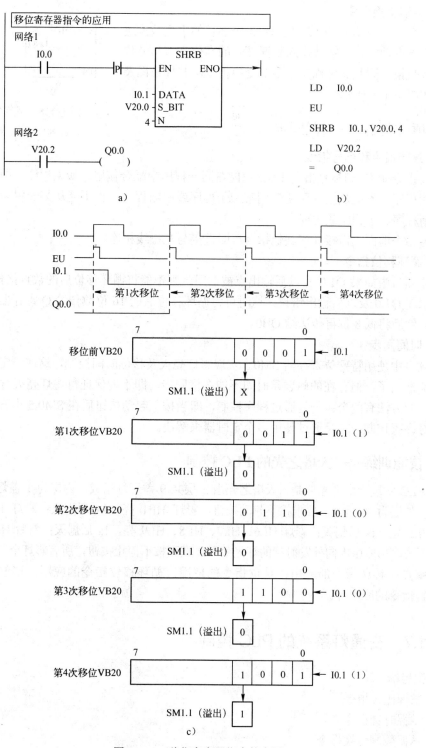

图 1-117 移位寄存器指令的应用

a) 梯形图   b) 语句表   c) 指令功能图

5．字节交换指令

字节交换指令 SWAP 专用于对 1 个字长的字型数据进行处理。指令功能是将字型输入数据 IN 的高位字节与低位字节进行交换，因此又可称为半字节交换指令，其梯形图及语句表如图 1-118 所示。

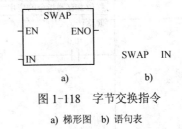

图 1-118 字节交换指令

a) 梯形图 b) 语句表

1.6.6 项目交流——时间同步

1．跳转指令和标号指令

跳转指令 JMP 和标号指令 LBL 只能在同一程序中配合使用，如主程序、同一子程序和同一中断程序。不能从主程序跳转到某一子程序或中断程序，也不能从某一中断程序跳转到其他中断程序、子程序或主程序。

标号指令前面无需接任何其他指令，即直接与左母线相连。

2．循环移位指令

在本项目中如果 Q1.0 及以后输出点被占用，则不能将循环移位后的数直接传给 QW0，否则会引起 Q1.0 及以后输出错误。这时可将循环移位后的 16 位数传给 Q 寄存器区外的其他寄存器，然后将低 8 位再传送给 QB0。

3．时间同步

本项目中使用特殊位寄存器 SM0.5 实现彩灯亮灭及移位时间控制，这在一定意义上使程序编写简洁明了，但存在的问题是时间不能严格同步，即不能保证每盏灯亮灭时间为 0.5s。解决问题的方法有两个：一是通过程序控制，即当按下起动按钮后在 SM0.5 上升沿到来时再起动彩灯亮灭控制；二是通过使用多个定时器来解决。

1.6.7 技能训练——天塔之光的 PLC 控制

用 PLC 实现天塔之光控制。天塔之光由 3 层共 9 盏彩灯组成，内层为 1 盏灯，中间层为 4 盏灯，外层为 4 盏灯。要求按下起动按钮，彩灯 HL1 亮，1s 后熄灭；彩灯 HL2、HL3、HL4、HL5 亮，1s 后熄灭；彩灯 HL6、HL7、HL8、HL9 亮，1s 后熄灭；然后 HL1 再亮，如此循环下去，形成由内向外发射型的灯光效果，直到按下停止按钮，所有彩灯全部熄灭。

训练点：传送指令的应用；移位指令的使用；循环移位指令的应用；移位寄存器的使用；跳转指令的应用等。

项目 1.7 交通灯系统的 PLC 控制

知识目标
- 掌握比较指令
- 掌握时钟指令
- 掌握数制转换指令
- 掌握子程序指令

能力目标
- 熟练使用比较指令

- 熟练使用时钟指令
- 掌握子程序的编写及调用

1.7.1 项目引入

图 1-119 为较为常见也比较简单的交通灯时序图。当按下起动按钮后，系统工作，按下停止按钮时，交通灯全灭。交通灯状态分两个时间段，第一个时间段为 6 点～23 点，第二个时间段为 23 点～6 点。

第一个时间段：东西方向绿灯亮 25s，闪动 3s，黄灯亮 3s，红灯亮 31s；南北方向红灯亮 31s，绿灯亮 25s，闪动 3s，黄灯亮 3s，如此循环。

第二个时间段：东西和南北方向黄灯均以秒级闪烁，以示行人及机动车确认安全后通过。

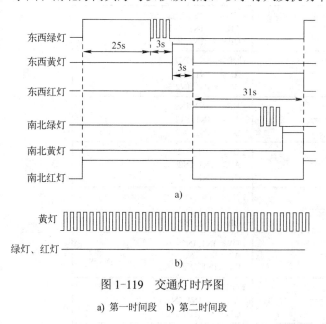

图 1-119 交通灯时序图

a) 第一时间段 b) 第二时间段

1.7.2 项目分析

根据上述控制要求，本项目的实现方法较多，最为常用的是用多个定时器实现，但编程较为复杂，如果用比较指令实现则较为容易。交通灯工作于何种状态则需要由 PLC 的内部时钟来决定。完成本项目首先要学习比较指令及时钟指令等有关知识。

1.7.3 相关知识——比较、时钟、数制转换及子程序指令

1. 比较指令

比较指令是用于比较两个相同数据类型的有符号或无符号数 IN1 和 IN2 之间的比较判断操作。字节比较操作是无符号的，整数、双字整数和实数比较操作都是有符号的。

比较运算符包括：等于（=）、大于等于（>=）、小于等于（<=）、大于（>）、小于（<）、不等于（<>）。

在梯形图中，比较指令是以常开触点的形式编程的，在常开触点的中间注明比较参数和

比较运算符。当比较的结果为真时，该常开触点闭合。

在功能块图中，比较指令以功能框的形式编程。当比较结果为真时，输出接通。

在语句表中，比较指令与基本逻辑指令 LD、A 和 O 进行组合编程。当比较结果为真时，PLC 将栈顶置 1。

比较指令的梯形图及语句表如表 1-21 所示。

表 1-21　比较指令的梯形图及语句表

梯　形　图	语　句　表	指　令　名　称
IN1 —| ==B |— IN2	LDB= IN1, IN2 AB= IN1, IN2 OB= IN1, IN2	字节比较指令
IN1 —| <>B |— IN2	LDB<> IN1, IN2 AB<> IN1, IN2 OB<> IN1, IN2	
IN1 —| >=B |— IN2	LDB>= IN1, IN2 AB>= IN1, IN2 OB>= IN1, IN2	
IN1 —| <=B |— IN2	LDB<= IN1, IN2 AB<= IN1, IN2 OB<= IN1, IN2	
IN1 —| >B |— IN2	LDB> IN1, IN2 AB> IN1, IN2 OB> IN1, IN2	
IN1 —| <B |— IN2	LDB< IN1, IN2 AB< IN1, IN2 OB< IN1, IN2	
IN1 —| ==I |— IN2	LDW= IN1, IN2 AW= IN1, IN2 OW= IN1, IN2	整数比较指令
IN1 —| <>I |— IN2	LDW<> IN1, IN2 AW<> IN1, IN2 OW<> IN1, IN2	
IN1 —| <=I |— IN2	LDW>= IN1, IN2 AW>= IN1, IN2 OW>= IN1, IN2	
IN1 —| <=I |— IN2	LDW<= IN1, IN2 AW<= IN1, IN2 OW<= IN1, IN2	
IN1 —| >I |— IN2	LDW> IN1, IN2 AW> IN1, IN2 OW> IN1, IN2	
IN1 —| <I |— IN2	LDW< IN1, IN2 AW< IN1, IN2 OW< IN1, IN2	
IN1 —| ==D |— IN2	LDD= IN1, IN2 AD= IN1, IN2 OD= IN1, IN2	双字整数比较指令
IN1 —| <>D |— IN2	LDD<> IN1, IN2 AD<> IN1, IN2 OD<> IN1, IN2	

梯　形　图	语　句　表	指　令　名　称
IN1 —| > =D |— IN2	LDD>= IN1, IN2 AD>= IN1, IN2 OD>= IN1, IN2	双字整数比较指令
IN1 —| < =D |— IN2	LDD<= IN1, IN2 AD<= IN1, IN2 OD<= IN1, IN2	
IN1 —| >D |— IN2	LDD> IN1, IN2 AD> IN1, IN2 OD> IN1, IN2	
IN1 —| <D |— IN2	LDD< IN1, IN2 AD< IN1, IN2 OD< IN1, IN2	
IN1 —| = =R |— IN2	LDR= IN1, IN2 AR= IN1, IN2 OR= IN1, IN2	实数比较指令
IN1 —| < >R |— IN2	LDR<> IN1, IN2 AR<> IN1, IN2 OR<> IN1, IN2	
IN1 —| > =R |— IN2	LDR>= IN1, IN2 AR>= IN1, IN2 OR>= IN1, IN2	
IN1 —| < =R |— IN2	LDR<= IN1, IN2 AR<= IN1, IN2 OR<= IN1, IN2	
IN1 —| >R |— IN2	LDR> IN1, IN2 AR> IN1, IN2 OR> IN1, IN2	
IN1 —| <R |— IN2	LDR< IN1, IN2 AR< IN1, IN2 OR< IN1, IN2	

比较指令的应用如图 1-120 所示，变量存储器 VW10 中的数值与十进制 30 相比较，当变量存储器 VW10 中的数值等于 30 时，常开触点接通，Q0.0 有信号流流过。

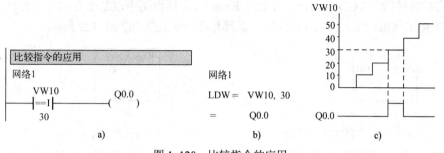

图 1-120　比较指令的应用

a) 梯形图　b) 语句表　c) 指令功能图

比较指令的操作数范围如表 1-22 所示。

表 1-22　比较指令的操作数范围

指　令	输入或输出	操　作　数
字节比较指令	IN1、IN2	IB、QB、VB、MB、SMB、SB、LB、AC、*VD、*LD、*AC、常数
	OUT	I、Q、V、M、SM、S、L、T、C、信号流
整数比较指令	IN1、IN2	IW、QW、VW、MW、SMW、SW、LW、AIW、AC、T、C、*VD、*LD、*AC、常数
	OUT	I、Q、V、M、SM、S、L、T、C、信号流
双字整数比较指令	IN1、IN2	ID、QD、VD、MD、SMD、SD、LD、AC、HC、*VD、*LD、*AC、常数
	OUT	I、Q、V、M、SM、S、L、T、C、信号流
实数比较指令	IN1、IN2	ID、QD、VD、MD、SMD、SD、LD、AC、*VD、*LD、*AC、常数
	OUT	I、Q、V、M、SM、S、L、T、C、信号流

2. 时钟指令

利用时钟指令可以实现调用系统实时时钟或根据需要设定时钟，这对于实现控制系统的运行监视、运行记录以及所有和实时时间有关的控制十分方便。实用的时钟操作指令有两种：写实时时钟和读实时时钟。

（1）写实时时钟指令

写实时时钟指令 TODW（Time of Day Write），在梯形图中以功能框的形式编程，指令名为 SET_RTC（Set Real-Time Clock），其梯形图及语句表如图 1-121 所示。

写实时时钟指令用来设定 PLC 系统实时时钟。当使能输入端 EN 有效时，系统将包含当前时间和日期，一共 8 个字节的缓冲区装入时钟。操作数 T 用来指定 8 个字节时钟缓冲区的起始地址，数据类型为字节型。

时钟缓冲区的格式如表 1-23 所示。

表 1-23　时钟缓冲区的格式

字节	T	T+1	T+2	T+3	T+4	T+5	T+6	T+7
含义	年	月	日	小时	分钟	秒	0	星期
范围	00～99	01～12	01～31	00～23	00～59	00～59	0	01～07

（2）读实时时钟指令

读实时时钟指令 TODR（Time of Day Read），在梯形图中以功能框的形式编程，指令名为 READ_RTC（Read Real-Time Clock），其梯形图及语句表如图 1-122 所示。

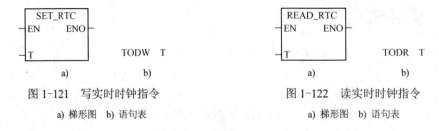

图 1-121　写实时时钟指令　　　　　图 1-122　读实时时钟指令

a) 梯形图　b) 语句表　　　　　　　a) 梯形图　b) 语句表

读实时时钟指令用来读出 PLC 系统实时时钟。当使能输入端 EN 有效时，系统读当前日期和时间，并把它们装入一个 8 个字节的缓冲区。操作数 T 用来指定 8 个字节时钟缓冲区的起始地址，数据类型为字节型。缓冲区格式与表 1-23 相同。

（3）实时时钟指令的应用

把时间 2010 年 10 月 8 日星期五上午 8 点 16 分 28 秒写入到 PLC 中，并把当前的时间以十六进制读出存在 VB100～VB107 中。编写程序如图 1-123 所示。

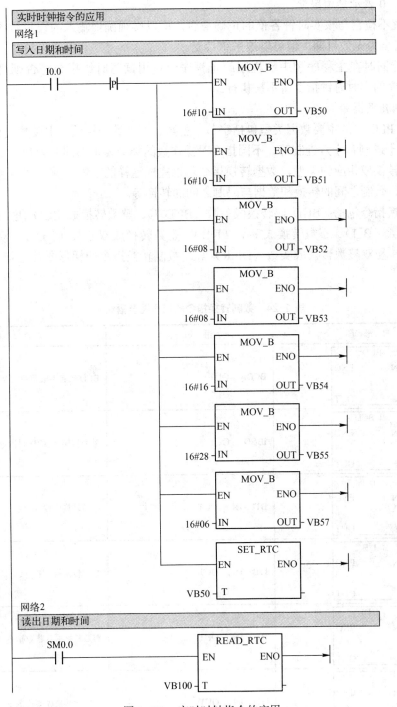

图 1-123　实时时钟指令的应用

（4）时钟指令的使用注意事项

1）所有日期和时间的值均要用 BCD 码表示。如对于年来说，16#08 表示 2008 年；对于小时来说，16#23 表示晚上 11 点。星期的表示范围是 1～7，1 表示星期日，依次类推，7 表示星期六，0 表示禁用星期。

2）系统不检查与核实时钟各值的正确与否，所以必须确保输入的设定数据是正确的。如 2 月 31 日虽为无效日期，但可以被系统接受。

3）不能同时在主程序和中断程序或子程序中使用读写时钟指令，否则会产生致命错误，中断程序的实时时钟指令将不被执行。

3. 数制转换指令

S7-200 PLC 中的主要数据类型包括字节、整数、双整数和实数。主要数制有 BCD 码、ASCII 码、十进制和十六进制等。不同指令对操作数的类型要求不同，因此在指令使用前需要将操作数转换成相应的类型，数据转换指令可以完成这样的功能。数据转换包括数据类型之间的转换、数制之间的转换和数据与码制之间的转换等。

数制转换指令包括：BCD 码转换成整数（BCD_I）、整数转换成 BCD 码（I_BCD）、字节转换成整数（B_I）、整数转换成字节（I_B）、整数转换成双整数（I_DI）、双整数转换成整数（DI_I）和双整数转换成实数（DI_R）等。数制转换指令的梯形图及语句表如表 1-24 所示。

表 1-24　数制转换指令的梯形图及语句表

梯　形　图	语　句　表	指　令　名　称
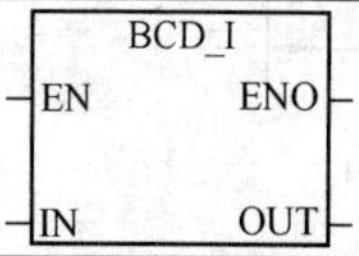 BCD_I EN　ENO IN　OUT	BCDI　OUT	BCD 码转换成整数指令
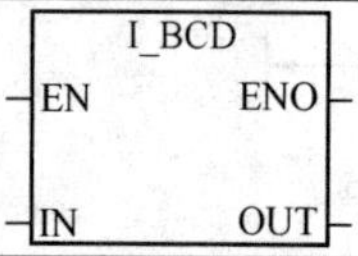 I_BCD EN　ENO IN　OUT	IBCD　OUT	整数转换成 BCD 码指令
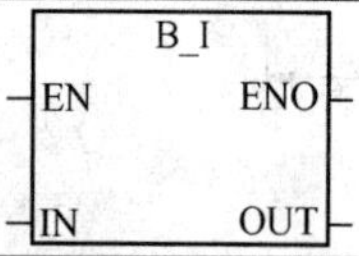 B_I EN　ENO IN　OUT	BTI　IN, OUT	字节转换成整数指令
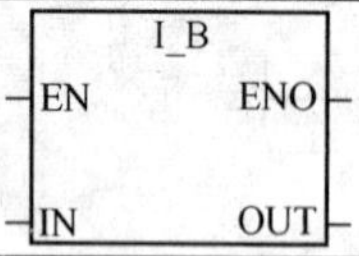 I_B EN　ENO IN　OUT	ITB　IN, OUT	整数转换成字节指令
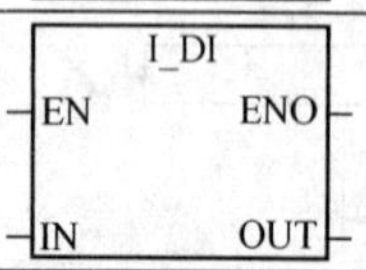 I_DI EN　ENO IN　OUT	ITD　IN, OUT	整数转换成双整数指令
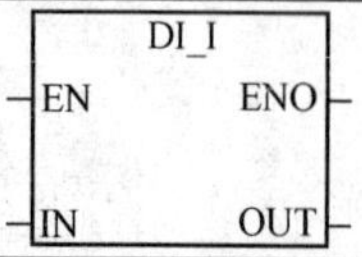 DI_I EN　ENO IN　OUT	DTI　IN, OUT	双整数转换成整数指令

梯 形 图	语 句 表	指 令 名 称
DI_R —EN　　ENO— —IN　　OUT—	DTR　IN，OUT	双整数转换成实数指令

（1）BCD 码转换成整数指令

BCD 码转换成整数指令是将输入 BCD 码形式的数据转换成整数类型，并且将结果存到输出指定的变量中。输入 BCD 码数据有效范围为 0～9 999。该指令输入和输出的数据类型均为字节型。

（2）整数转换成 BCD 码指令

整数转换成 BCD 码指令是将输入整数类型的数据转换成 BCD 码形式的数据，并且将结果存到输出指定的变量中。输入整数类型数据的有效范围是 0～9 999。该指令输入和输出的数据类型均为字节型。

（3）字节转换成整数指令

字节转换成整数指令是将输入字节型数据转换成整数型，并且将结果存到输出指定的变量中。字节型数据是无符号的，所以没有符号扩展位。

（4）整数转换成字节指令

整数转换成字节指令是将输入整数转换成字节型，并且将结果存到输出指定的变量中。只有 0～255 之间的输入数据才能被转换，超出字节范围会产生溢出。

（5）整数转换成双整数指令

整数转换成双整数指令是将输入整数转换成双整数类型，并且将结果存到输出指定的变量中。

（6）双整数转换成整数指令

双整数转换成整数指令是将输入双整数转换成整数类型，并且将结果存到输出指定的变量中。输出数据如果超出整数范围则产生溢出。

（7）双整数转换成实数指令

双整数转换成实数指令是将输入 32 位有符号整数转换成 32 位实数，并且将结果存到输出指定的变量中。

数制转换指令的操作数范围如表 1-25 所示。

表 1-25　数制转换指令的操作数范围

指　令	输入或输出	操　作　数
BCD 码转换成整数指令	IN	IW、QW、VW、MW、SMW、SW、LW、T、C、AIW、AC、*VD、*LD、*AC、常数
	OUT	IW、QW、VW、MW、SMW、SW、LW、T、C、AC、*VD、*LD、*AC
整数转换成 BCD 码指令	IN	IW、QW、VW、MW、SMW、SW、LW、T、C、AIW、AC、*VD、*LD、*AC、常数
	OUT	IW、QW、VW、MW、SMW、SW、LW、T、C、AC、*VD、*LD、*AC
字节转换成整数指令	IN	IB、QB、VB、MB、SMB、SB、LB、AC、*VD、*LD、*AC、常数
	OUT	IW、QW、VW、MW、SMW、SW、LW、T、C、AC、*VD、*LD、*AC

指 令	输入或输出	操 作 数
整数转换成字节指令	IN	IW、QW、VW、MW、SMW、SW、LW、T、C、AIW、AC、*VD、*LD、*AC、常数
	OUT	IB、QB、VB、MB、SMB、SB、LB、AC、*VD、*LD、*AC
整数转换成双整数指令	IN	IW、QW、VW、MW、SMW、SW、LW、T、C、AIW、AC、*VD、*LD、*AC、常数
	OUT	ID、QD、VD、MD、SMD、SD、LD、AC、*VD、*LD、*AC
双整数转换成整数指令	IN	ID、QD、VD、MD、SMD、SD、LD、HC、AC、*VD、*LD、*AC、常数
	OUT	IW、QW、VW、MW、SMW、SW、LW、T、C、AC、*VD、*LD、*AC
双整数转换成实数指令	IN	ID、QD、VD、MD、SMD、SD、LD、HC、AC、*VD、*LD、*AC、常数
	OUT	ID、QD、VD、MD、SMD、SD、LD、AC、*VD、*LD、*AC

4．子程序指令

S7-200 PLC 的控制程序由主程序、子程序和中断程序组成。STEP 7-Micro/WIN 在程序编辑窗口里为每个 POU（程序组成单元）提供一个独立的页。主程序总是第 1 页，后面是子程序和中断程序。

在程序设计时，经常需要多次反复执行同一段程序，或在其他程序中也同样需要这段程序，为了简化程序结构、减少程序编写工作量，在程序结构设计时常将需要反复执行的程序编写为一个子程序，以便调用程序多次反复调用。子程序的调用是有条件的，未调用它时不会执行子程序中的指令，因此使用子程序可以减少扫描时间。

在编写复杂的 PLC 程序时，最好把全部控制功能划分为几个符合工艺控制规律的子功能块，每个子功能块由一个或多个子程序组成。子程序使程序结构简单清晰，易于调试、查错和维护。在子程序中尽量使用局部变量，避免使用全局变量，这样可以很方便地将子程序移植到其他项目中。

（1）子程序调用指令

子程序调用指令 CALL。当使能输入端 EN 有效时，将程序执行转移至编号为 SBR_0 的子程序。子程序调用指令的梯形图和语句表如图 1-124 所示。

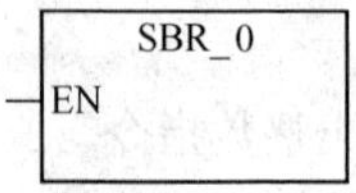

图 1-124　子程序调用指令

a) 梯形图　b) 语句表

（2）子程序返回指令

子程序返回指令分两种：无条件返回 RET 和有条件返回 CRET。子程序在执行完时必须返回到调用程序，如无条件返回则编程人员无需在子程序最后插入任何返回指令，由 STEP 7- Micro/WIN 软件自动在子程序结尾处插入返回指令 RET；若为有条件返回则必须在子程序的最后插入 CRET 指令。子程序有条件返回指令的梯形图和语句表如图 1-125 所示。

（3）子程序的创建

图 1-125　子程序有条件返回指令

a) 梯形图　b) 语句表

可以采用如下方法创建子程序：打开程序编辑器，在"编辑"菜单中执行命令"插入"→"子程序"；或在程序编辑器视窗中单击鼠标右键，从弹出的快捷菜单中选择命令"插入"→"子程序"，程序编辑器将自动生成和打开新的子程序。

S7-200 PLC CPU 226 的项目中最多可以创建 128 个子程序，其他 CPU 可以创建 64 个子程序。

（4）子程序的调用

可以在主程序、其他子程序或中断程序中调用子程序。调用子程序时将执行子程序中的指令，直至子程序结束，然后返回调用它的程序中该子程序调用指令的下一条指令处。

1.7.4 项目实施——交通灯系统的 PLC 控制

1. I/O 分配

根据项目分析可知，对输入、输出量进行分配如表 1-26 所示。

表 1-26　交通灯系统的 PLC 控制 I/O 分配表

输　入		输　出	
输入继电器	元　件	输出继电器	元　件
I0.0	停止按钮 SB1	Q0.0	东西方向绿灯 HL1
I0.1	起动按钮 SB2	Q0.1	东西方向黄灯 HL2
		Q0.2	东西方向红灯 HL3
		Q0.3	南北方向绿灯 HL4
		Q0.4	南北方向黄灯 HL5
		Q0.5	南北方向红灯 HL6

2. PLC 硬件原理图

根据图 1-119 所示的时序图及表 1-26 所示的 I/O 分配表，交通灯系统的 PLC 控制硬件原理图可绘制如图 1-126 所示。

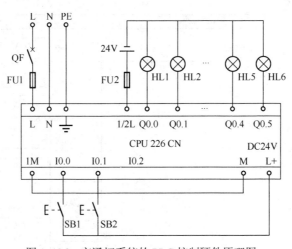

图 1-126　交通灯系统的 PLC 控制硬件原理图

3. 创建工程项目

创建一个工程项目，并命名为交通灯系统的 PLC 控制。

4. 编辑符号表

编辑符号表如图 1-127 所示。

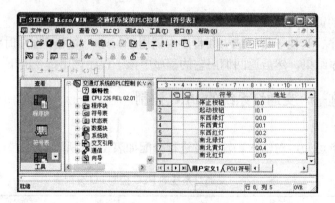

图 1-127　编辑符号表

5．设计梯形图程序

根据要求，使用比较指令、时钟指令、转换指令和子程序指令设计的梯形图如图 1-128、图 1-129 所示。

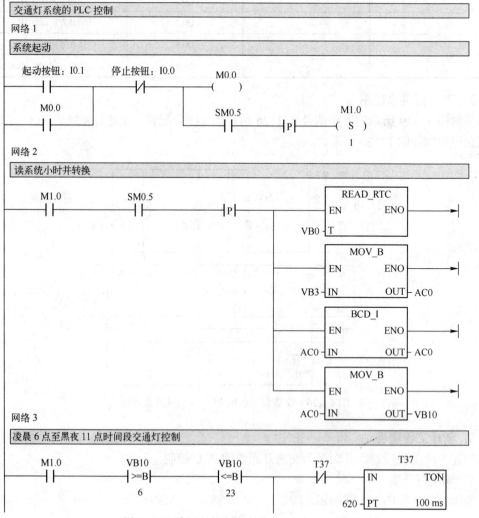

图 1-128　交通灯控制程序梯形图——主程序

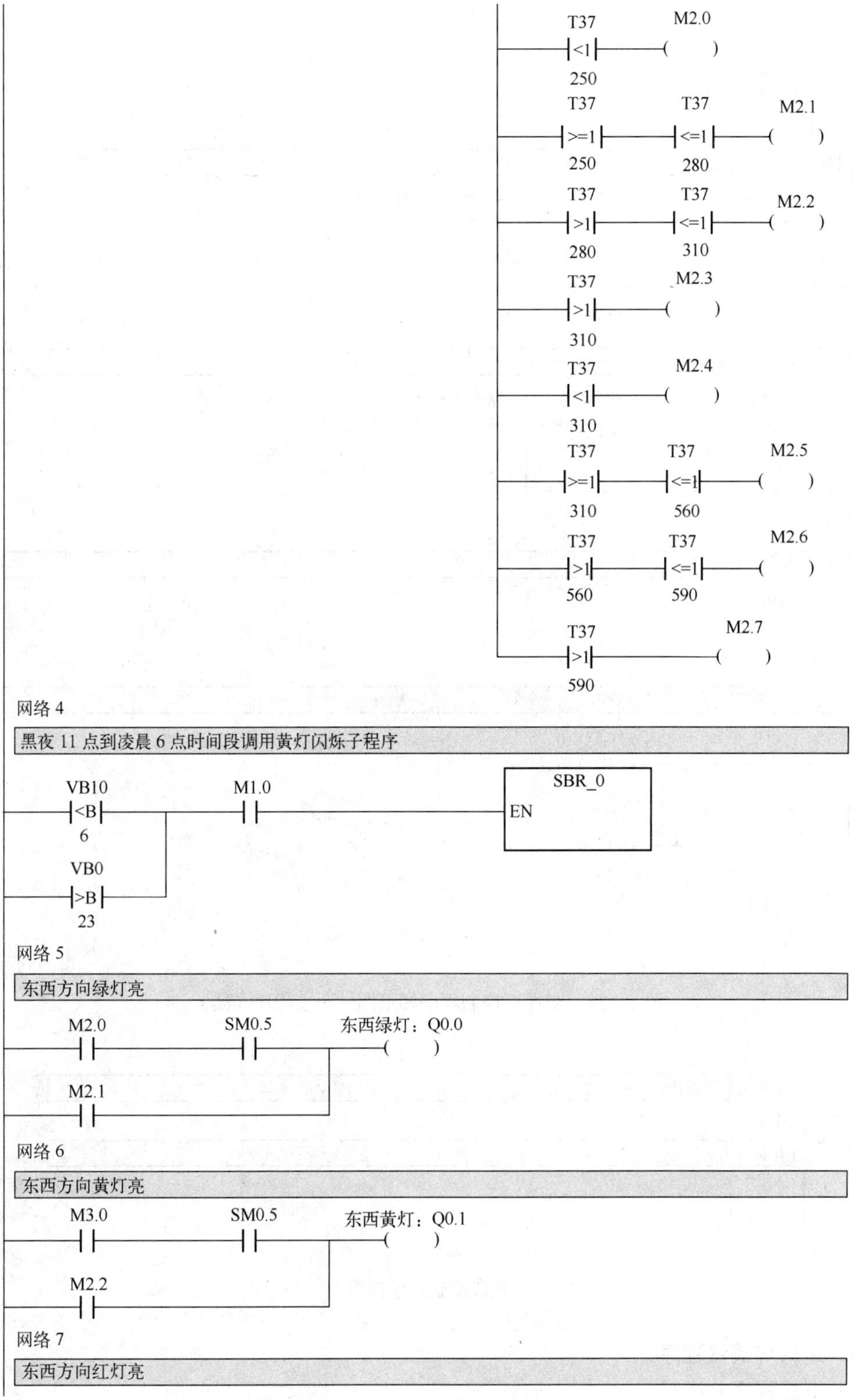

```
                                          T37          M2.0
                                         ┤<├          (   )
                                          250
                                          T37          T37        M2.1
                                         ┤>=├         ┤<=├       (   )
                                          250          280
                                          T37          T37        M2.2
                                         ┤>├          ┤<=├       (   )
                                          280          310
                                          T37          M2.3
                                         ┤>├          (   )
                                          310
                                          T37          M2.4
                                         ┤<├          (   )
                                          310
                                          T37          T37        M2.5
                                         ┤>=├         ┤<=├       (   )
                                          310          560
                                          T37          T37        M2.6
                                         ┤>├          ┤<=├       (   )
                                          560          590
                                          T37          M2.7
                                         ┤>├          (   )
                                          590
```

网络 4

黑夜 11 点到凌晨 6 点时间段调用黄灯闪烁子程序

```
   VB10              M1.0                ┌──────────────┐
  ┤<B├              ┤ ├                  │     SBR_0    │
    6                                    │ EN           │
   VB0                                   │              │
  ┤>B├                                   └──────────────┘
   23
```

网络 5

东西方向绿灯亮

```
   M2.0              SM0.5          东西绿灯：Q0.0
  ┤ ├              ┤ ├              (   )
   M2.1
  ┤ ├
```

网络 6

东西方向黄灯亮

```
   M3.0              SM0.5          东西黄灯：Q0.1
  ┤ ├              ┤ ├              (   )
   M2.2
  ┤ ├
```

网络 7

东西方向红灯亮

图 1-128 交通灯控制程序梯形图——主程序（续）

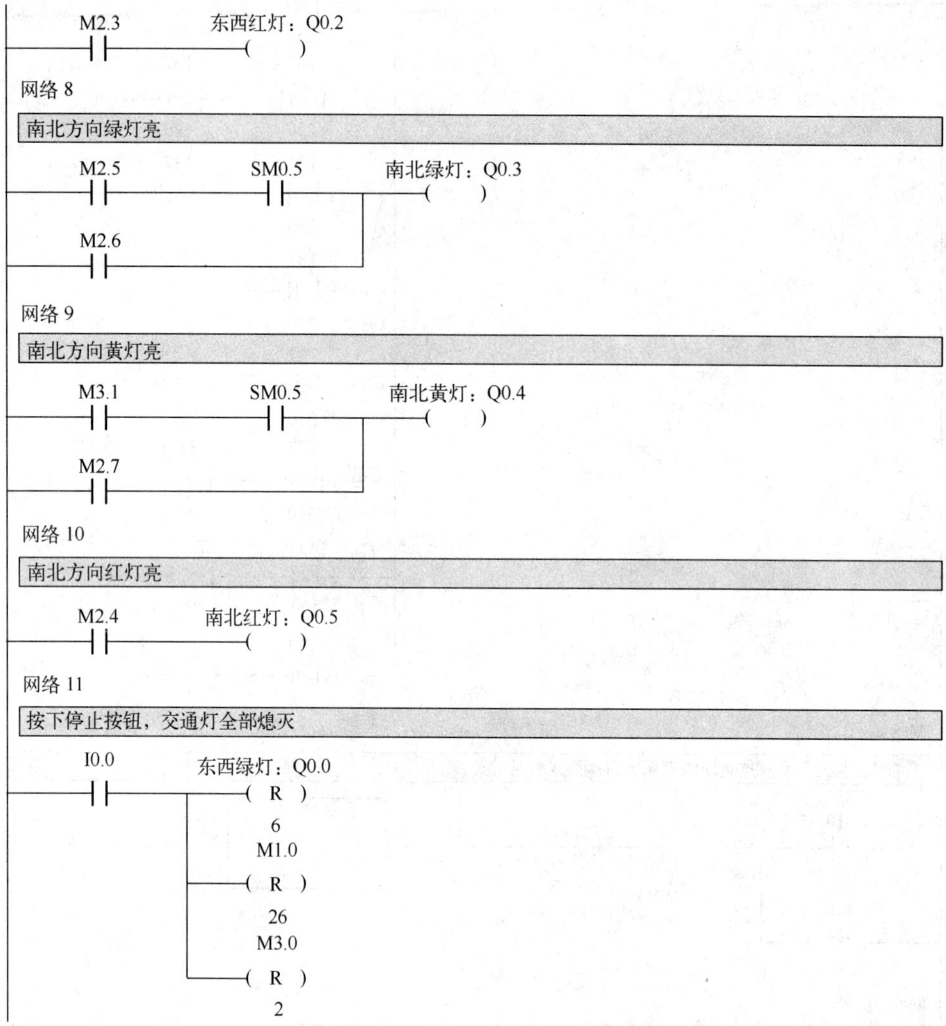

```
        M2.3              东西红灯：Q0.2
        ┤├                  ─( )
```

网络 8

南北方向绿灯亮

```
        M2.5        SM0.5       南北绿灯：Q0.3
        ┤├          ┤├           ─( )
        M2.6
        ┤├
```

网络 9

南北方向黄灯亮

```
        M3.1        SM0.5       南北黄灯：Q0.4
        ┤├          ┤├           ─( )
        M2.7
        ┤├
```

网络 10

南北方向红灯亮

```
        M2.4              南北红灯：Q0.5
        ┤├                  ─( )
```

网络 11

按下停止按钮，交通灯全部熄灭

```
        I0.0              东西绿灯：Q0.0
        ┤├                  ─( R )
                             6
                            M1.0
                          ─( R )
                            26
                            M3.0
                          ─( R )
                            2
```

图 1-128 交通灯控制程序梯形图——主程序（续）

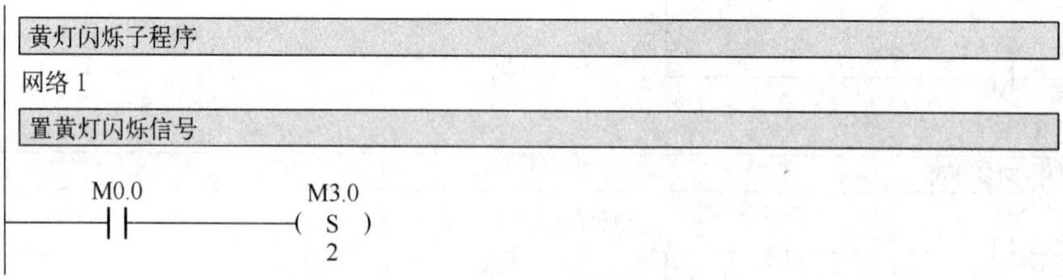

黄灯闪烁子程序

网络 1

置黄灯闪烁信号

```
        M0.0              M3.0
        ┤├                  ─( S )
                             2
```

图 1-129 交通灯控制程序梯形图——子程序

6. 运行与调试程序

1）下载程序并运行。

2）分析程序运行的过程和结果，并编写语句表。

1.7.5 知识链接——ASCII 码及字符串转换指令、四舍五入及截位取整指令

1．ASCII 码转换指令

ASCII 码转换指令用于标准字符 ASCII 码与十六进制数、整数、双整数及实数之间的转换。ASCII 码转换指令的梯形图及语句表如表 1-27 所示。

表 1-27　ASCII 码转换指令的梯形图及语句表

梯 形 图	语 句 表	指 令 名 称
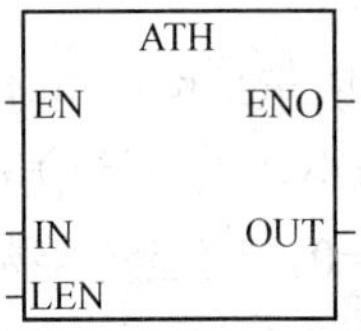 ATH EN　ENO IN　OUT LEN	ATH　IN，OUT，LEN	ASCII 码转换成十六进制数指令
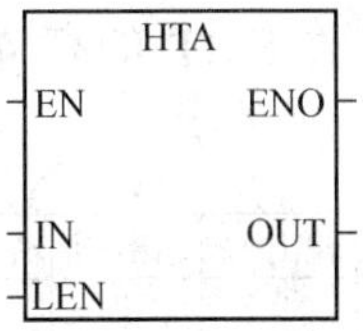 HTA EN　ENO IN　OUT LEN	HTA　IN，OUT，LEN	十六进制数转换成 ASCII 码指令
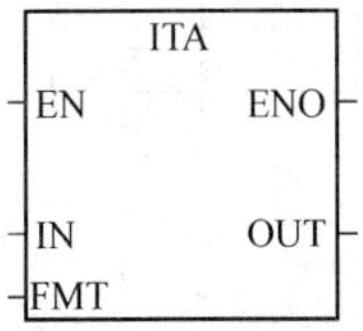 ITA EN　ENO IN　OUT FMT	ITA　IN，OUT，FMT	整数转换成 ASCII 码指令
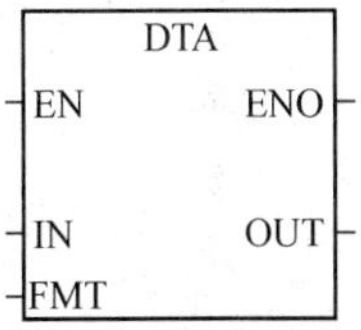 DTA EN　ENO IN　OUT FMT	DTA　IN，OUT，FMT	双整数转换成 ASCII 码指令
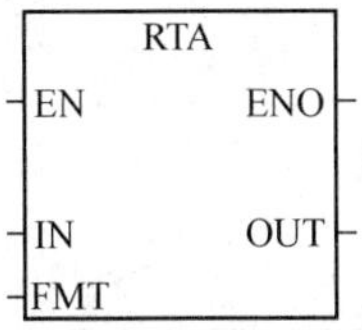 RTA EN　ENO IN　OUT FMT	RTA　IN，OUT，FMT	实数转换成 ASCII 码指令

（1）ASCII 码和十六进制数之间的转换

该指令的作用就是将从输入指定的地址单元开始，长度为 LEN（字节型，最大长度为 255）的一个 ASCII 码字符串（或十六进制数）转换成十六进制数（或 ASCII 码），并且存入到以输出指定的地址开始的变量中。

可进行转换的 ASCII 码为 30～39 和 41～46，对应的十六进制数为 0～9 和 A～F。

如果输入数据中有非法的 ASCII 字符，则终止转换操作，特殊继电器 SM1.7 置 1。

ATH 的指令应用如表 1-28 所示：ATH　VB10，VB20，3。

表 1-28 ATH 指令的执行结果

首 地 址	字节 1	字节 2	字节 3	说 明
VB10	0011 0010(2)	0011 0100(4)	0101 0101(E)	原信息的存储形式及 ASCII 码
VB20	24	EX	XX	转换结果信息编码，X 表示原内容不变

（2）数值和 ASCII 码之间的转换

该指令的作用就是将输入的一个整数（或双整数、实数）转换成 ASCII 码字符串，并且存放到以输出指定的地址开始的 8 个（或 12 个、3～5 个）连续的字节变量中，格式操作数 FMT 指定小数点部分的位数和小数点的表示方法。

整数转换成 ASCII 码指令的格式操作数 FMT 的说明如图 1-130 所示，图中 FMT=16#03（即二进制数 0000 0011），即小数部分有 3 位，小数部分的分隔符为小数点。其中 nnn 表示输出缓冲区中小数部分的位数，nnn 的合理数为 0～5。如果 nnn=0，则显示整数；如果 nnn>5，则输出缓冲区会被空格键的 ASCII 码（空格键的 ASCII 码为 20）填充。c 指定用逗号（c=1）或小数点（c=0）作为整数和小数部分的分隔符。格式操作数 FMT 的高 4 位必须为 0。

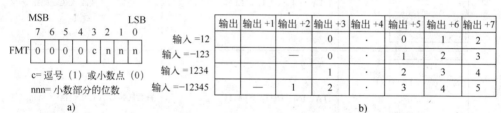

图 1-130 整数转换成 ASCII 码指令的格式操作数 FMT 说明

a) 指令格式　b) 缓冲区格式

输入缓冲区的格式符合以下规则。

1）正数小数点输出缓冲区没有符号位。

2）负数写入输出缓冲区时带负号。

3）小数点左侧开头的 0（靠近小数点的除外）被隐藏。

4）输出缓冲区中的数值右对齐。

ASCII 码转换指令的操作数范围如表 1-29 所示。

表 1-29 ASCII 码转换指令的操作数范围

指 令	输入或输出	操 作 数
ASCII 码转换成 十六进制数指令	IN	IB、QB、VB、MB、SMB、SB、LB、*VD、*LD、*AC
	OUT	IB、QB、VB、MB、SMB、SB、LB、*VD、*LD、*AC
	LEN	IB、QB、VB、MB、SMB、SB、LB、AC、*VD、*LD、*AC、常数
十六进制数转换 成 ASCII 码指令	IN	IB、QB、VB、MB、SMB、SB、LB、*VD、*LD、*AC
	OUT	IB、QB、VB、MB、SMB、SB、LB、*VD、*LD、*AC
	LEN	IB、QB、VB、MB、SMB、SB、LB、AC、*VD、*LD、*AC、常数

指　　令	输入或输出	操　作　数
整数转换成 ASCII 码指令	IN	IW、QW、VW、MW、SMW、SW、LW、AIW、T、C、AC、*VD、*LD、*AC、常数
整数转换成 ASCII 码指令	OUT	IB、QB、VB、MB、SMB、SB、LB、*VD、*LD、*AC
	FMT	IB、QB、VB、MB、SMB、SB、LB、AC、*VD、*LD、*AC、常数
双整数转换成 ASCII 码指令	IN	ID、QD、VD、MD、SMD、SD、LD、HC、AC、*VD、*LD、*AC、常数
双整数转换成 ASCII 码指令	OUT	IB、QB、VB、MB、SMB、SB、LB、*VD、*LD、*AC
	FMT	IB、QB、VB、MB、SMB、SB、LB、AC、*VD、*LD、*AC、常数
实数转换成 ASCII 码指令	IN	ID、QD、VD、MD、SMD、SD、LD、AC、*VD、*LD、*AC、常数
实数转换成 ASCII 码指令	OUT	IB、QB、VB、MB、SMB、SB、LB、*VD、*LD、*AC
	FMT	IB、QB、VB、MB、SMB、SB、LB、AC、*VD、*LD、*AC、常数

2. 字符串转换指令

字符串转换指令是分别将整数、双整数和实数值转换成 ASCII 码字符串；或者是将从偏移量 INDX 开始的子字符串转换成整数、双整数和实数，并且存放到输出指定的地址中。

字符串转换指令的梯形图及语句表如表 1-30 所示。

表 1-30　字符串转换指令的梯形图及语句表

梯　形　图	语　句　表	指　令　名　称
I_S EN　ENO IN　OUT FMT	ITS　IN,　OUT,　FMT	整数转换成字符串指令
DI_S EN　ENO IN　OUT FMT	DTS　IN,　OUT,　FMT	双整数转换成字符串指令
R_S EN　ENO IN　OUT FMT	RTS　IN,　OUT,　FMT	实数转换成字符串指令
S_I EN　ENO IN　OUT INDX	STI　IN,　INDX,　OUT	字符串转换成整数指令
S_DI EN　ENO IN　OUT INDX	STD　IN,　INDX,　OUT	字符串转换成双整数指令

梯 形 图	语 句 表	指 令 名 称
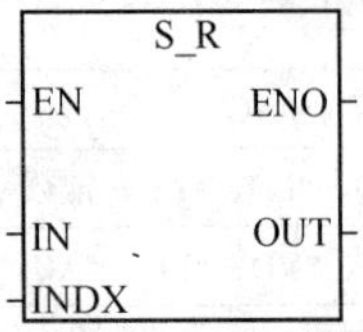 S_R —EN ENO— —IN OUT— —INDX	STR IN, INDX, OUT	字符串转换成实数指令

3. 四舍五入及截位取整指令

四舍五入取整及截位取整指令的梯形图及语句表如表 1-31 所示。

表 1-31　四舍五入取整及截位取整指令的梯形图及语句表

梯 形 图	语 句 表	指 令 名 称
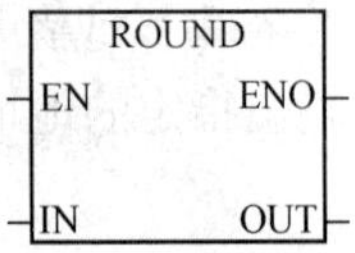 ROUND —EN ENO— —IN OUT—	ROUND IN, OUT	四舍五入取整指令
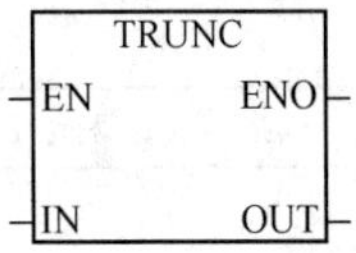 TRUNC —EN ENO— —IN OUT—	TRUNC IN, OUT	截位取整指令

（1）四舍五入取整指令

四舍五入取整指令是将输入实数型的数据转换成双整数，并且将结果存入到输出指定的变量中。对于实数的小数部分将进行四舍五入操作。

（2）截位取整指令

截位取整指令是将输入实数类型的数据转换成双整数，并且将结果存入到输出指定的变量中。只有实数的整数部分被转换，小数部分则被舍去。

数据转换指令的操作数范围如表 1-32 所示。

表 1-32　四舍五入取整和截位取整指令的操作数范围

指 令	输入或输出	操 作 数
四舍五入 取整指令	IN	ID、QD、VD、MD、SMD、SD、LD、AC、*VD、*LD、*AC、常数
	OUT	ID、QD、VD、MD、SMD、SD、LD、AC、*VD、*LD、*AC
截位取整指令	IN	ID、QD、VD、MD、SMD、SD、LD、AC、*VD、*LD、*AC、常数
	OUT	ID、QD、VD、MD、SMD、SD、LD、AC、*VD、*LD、*AC

1.7.6　项目交流——实时时钟、更改子程序名

1. 实时时钟

对于一个没有使用过时钟的 PLC，在使用时钟指令前，打开编程软件菜单"PLC"→

"实时时钟"界面，在该界面中可读出 PC 的时钟，然后可把 PC 的时钟设置成 PLC 的实时时钟，也可重新进行时钟的调整。PLC 时钟设定后才能开始使用时钟指令。时钟可以设成与 PC 中一样，也可用 TODW 指令自由设定，但必须先对时钟存储单元赋值，才能使用 TODW 指令。

硬件时钟在 CPU 224 以上的 CPU 中才有。

2．更改子程序名

用鼠标右键单击指令树中的"子程序"的图标，在弹出的快捷菜单中选择"重命名"命令，可以更改其名称；或用鼠标右键单击编辑器最下方子程序名，在弹出的快捷菜单中选择"重命名"命令，或双击编辑器最下方子程序名，即可更改名称。

3．子程序中的定时器

停止调用子程序时，线圈在子程序内的位元件的 ON/OFF 状态保持不变。如果在停止调用时子程序中的定时器正在定时，100ms 定时器将停止定时，当前值保持不变，重新调用时继续定时；但是 1ms 定时器和 10ms 定时器将继续定时，定时时间到时，它们的定时器位变为 1 状态，并且可以在子程序之外起作用。

1.7.7 技能训练——按钮式人行道交通灯的 PLC 控制

用 PLC 实现按钮式人行道交通灯控制，如图 1-131 所示。在正常情况下，汽车通行，即机动车道上的绿灯 Q0.0 亮，人行道上红灯 Q0.4 亮；当行人要过马路时，按下按钮 SB1 或 SB2。当按下按钮 I0.0（或 I0.1）之后，机动车道交通灯将从绿（25s）→绿闪（3s）→黄（3s）→红（20s），当机动车道红灯亮时，人行道从红灯亮转为绿灯亮，15s 以后，人行道绿灯开始闪烁，闪烁 5s 后转入机动车道绿灯亮，人行道红灯亮。当按下停止按钮 SB3 时，所有灯全部熄灭。

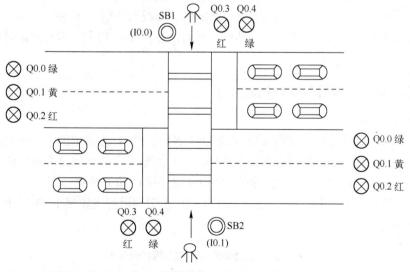

图 1-131　按钮式人行道交通灯示意图

训练点： 比较指令的应用；数制转换指令的使用；子程序的应用。

项目 1.8　抢答器系统的 PLC 控制

知识目标
- 掌握段译码指令
- 掌握中断指令

能力目标
- 熟练使用 SEG 指令编写应用程序
- 掌握中断指令的控制方法和应用
- 掌握七段数码管的 3 种驱动方法

1.8.1　项目引入

用 PLC 实现一个 3 组优先抢答器的控制，要求在主持人按下开始按钮后，3 组抢答按钮按下任意一个按钮后，显示器能及时显示该组的编号，同时锁住抢答器，使其他组按下抢答按钮无效。如果在主持人按下开始按钮之前进行抢答，则显示器显示该组编号，同时使蜂鸣器发出响声，以示该组违规抢答，直至主持人按下复位按钮。若主持人按下开始按钮 10s 内无人抢答，则显示器以秒级闪烁显示 0，表示无人抢答，按下复位按钮可消除此状态。

1.8.2　项目分析

根据上述控制要求可知，输入量有 3 个抢答按钮、1 个主持人开始按钮和 1 个复位按钮；输出量包括七段数码管和蜂鸣器。对应七段数码管的每一段都分配一个输出端子，可以设计不同的程序对其进行驱动。各抢答组之间应采用互锁，以保证某一组抢到时，其他组抢答无效。复位按钮不仅将蜂鸣器复位，还应将显示器复位即显示 0。

在本项目中抢答程序可采用起/保/停方法实现，七段数码管可采用按字符驱动、或采用按段驱动、或采用段译码指令来完成。其中，开始抢答后 10s 内无人抢答的定时可采用中断方法实现。

1.8.3　相关知识——段译码及中断指令

1. 段译码指令

段（Segment）译码指令 SEG 将输入字节（IN）的低 4 位确定的十六进制数（16#0～16#F）转换，生成点亮七段数码管各段的代码，并送到输出字节（OUT）指定的变量中。七段数码管上的 a～g 段分别对应于输出字节的最低位（第 0 位）～第 6 位，某段应点亮时输出字节中对应的位为 1，反之为 0。段译码指令的梯形图和语句表如表 1-33 所示，七段译码转换如表 1-34 所示。

表 1-33　段译码指令的梯形图和语句表

梯　形　图	语　句　表	指　令　名　称
SEG EN　　ENO IN　　OUT	SEG　IN, OUT	段译码指令

表 1-34　七段译码转换表

输入的数据		七段译码组成	输出的数据							七段译码显示
十六进制	二进制		a	b	c	d	e	f	g	
16#00	2#0000 0000		1	1	1	1	1	1	0	0
16#01	2#0000 0001		0	1	1	0	0	0	0	1
16#02	2#0000 0010		1	1	0	1	1	0	1	2
16#03	2#0000 0011		1	1	1	1	0	0	1	3
16#04	2#0000 0100		0	1	1	0	0	1	1	4
16#05	2#0000 0101		1	0	1	1	0	1	1	5
16#06	2#0000 0110		1	0	1	1	1	1	1	6
16#07	2#0000 0111	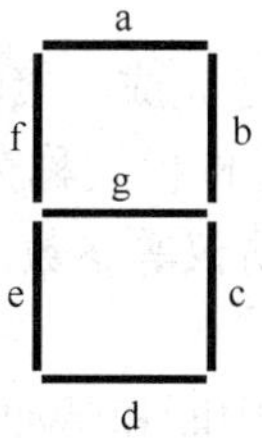	1	1	1	0	0	0	0	7
16#08	2#0000 1000		1	1	1	1	1	1	1	8
16#09	2#0000 1001		1	1	1	0	0	1	1	9
16#0A	2#0000 1010		1	1	1	0	1	1	1	A
16#0B	2#0000 1011		0	0	1	1	1	1	1	b
16#0C	2#0000 1100		1	0	0	1	1	1	0	C
16#0D	2#0000 1101		0	1	1	1	1	0	1	d
16#0E	2#0000 1110		1	0	0	1	1	1	1	E
16#0F	2#0000 1111		1	0	0	0	1	1	1	F

段译码指令的应用如图 1-132 所示。

2. 中断服务程序

中断在计算机技术中应用较为广泛。中断是由设备或其他非预期的急需处理的事件引起的，它使系统暂时中断现在正在执行的程序，进行有关数据保护，然后转到中断服务程序去处理这些事件。处理完毕后，立即恢复现场，将保存起来的数据和状态重新装入，返回到原程序继续执行。中断事件的发生具有随意性，中断在 PLC 的人机交互、实时处理、通信处理和网络中非常重要。

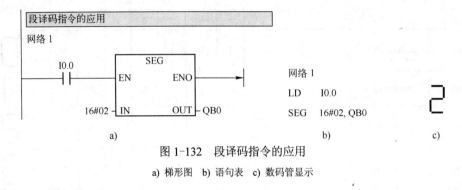

图 1-132　段译码指令的应用

a) 梯形图　b) 语句表　c) 数码管显示

中断程序应尽可能短小而简单，不宜延时过长。否则，意外的情况可能会引起由主程序控制的设备动作异常。对中断服务程序而言，其经验是"越短越好"。

3. 中断类型

S7-200 PLC 的中断大致分为 3 类：通信中断、输入/输出中断和时基中断。

（1）通信中断

PLC 的通信端口 0 或端口 1 在接收字符、发送完成、接收信息完成时所产生的中断。PLC 的通信端口可由程序来控制，通信中的这种操作模式称为自由通信模式。在这种模式下，用户可以编程来设置波特率、奇偶校验和通信协议等参数。

（2）输入/输出中断

输入/输出中断包括外部输入中断、高速计数器中断和脉冲串输出中断。

外部输入中断是系统利用 I0.0 到 I0.3 的上升沿或下降沿产生的中断，这些输入点可被用做连接某些一旦发生必须引起注意的外部事件。

高速计数器中断可以响应当前值等于预置值、计数方向的改变、计数器外部复位等事件所引起的中断。

脉冲串输出中断可以用来响应给定数量的脉冲输出的完成所引起的中断。

（3）时基中断

时基中断包括定时中断和定时器中断。

定时中断可用来支持一个周期性的活动，周期时间以 1ms 为计量单位，周期时间范围为 5~255ms。对于定时中断 0，把周期时间值写入 SMB34，对于定时中断 1，把周期时间值写入 SMB35。每当达到定时时间值，相关定时器溢出，执行中断处理程序。定时中断可以以固定的时间间隔作为采样周期来对模拟量输入进行采样，也可以用来执行一个 PID 控制回路。

定时器中断可以利用定时器来对一个指定的时间段产生中断。这类中断只能使用 1ms 通电和断电延时定时器 T32 和 T96。当所用定时器的当前值等于预置值时，在主机正常的定时刷新中，执行中断程序。

4. 中断事件号

S7-200 PLC 具有 34 个中断源，中断源即中断事件发生中断请求的来源。每个中断源都分配一个编号用以识别，称为中断事件号。34 个中断事件包括：8 项输入信号引起的中断事件，6 项通信口引起的中断事件，4 项定时器引起的中断事件，14 项高速计数器引起的中断事件，2 项脉冲输出指令引起的中断事件。S7-200 PLC 的中断事件如表 1-35 所示。

表 1-35 S7-200 PLC 的中断事件

事 件 号	中 断 描 述	CPU 221	CPU 222	CPU 224	CPU 226
0	I0.0 上升沿	有	有	有	有
1	I0.0 下降沿	有	有	有	有
2	I0.1 上升沿	有	有	有	有
3	I0.1 下降沿	有	有	有	有
4	I0.2 上升沿	有	有	有	有
5	I0.2 下降沿	有	有	有	有
6	I0.3 上升沿	有	有	有	有
7	I0.3 下降沿	有	有	有	有
8	端口 0 接收字符	有	有	有	有
9	端口 0 发送字符	有	有	有	有
10	定时中断 0（SMB34）	有	有	有	有
11	定时中断 1（SMB35）	有	有	有	有
12	HSC0 当前值=预置值	有	有	有	有
13	HSC1 当前值=预置值			有	有
14	HSC1 输入方向改变			有	有
15	HSC1 外部复位			有	有
16	HSC2 当前值=预置值			有	有
17	HSC2 输入方向改变			有	有
18	HSC2 外部复位			有	有
19	PLS0 脉冲数完成中断	有	有	有	有
20	PLS1 脉冲数完成中断	有	有	有	有
21	T32 当前值=预置值	有	有	有	有
22	T96 当前值=预置值	有	有	有	有
23	端口 0 接收信息完成	有	有	有	有
24	端口 1 接收信息完成				有
25	端口 1 接收字符				有
26	端口 1 发送字符				有
27	HSC0 输入方向改变	有	有	有	有
28	HSC0 外部复位	有	有	有	有
29	HSC4 当前值=预置值	有	有	有	有
30	HSC4 输入方向改变	有	有	有	有
31	HSC4 外部复位	有	有	有	有
32	HSC3 当前值=预置值	有	有	有	有
33	HSC5 当前值=预置值	有	有	有	有

5. 中断事件的优先级

中断优先级是指中断源被响应和处理的优先等级。设置优先级的目的是为了在有多个中断源同时发生中断请求时，CPU 能够按照预定的顺序（如按事件的轻重缓急顺序）进行响应并处理。中断事件的优先级顺序如表 1-36 所示。

表 1-36　中断事件的优先级顺序

组 优 先 级	组 内 类 型	中断事件号	中断事件描述	组内优先级
通信中断 （最高级）	通信口 0	8	接收字符	0
		9	发送完成	0
		23	接收信息完成	0
	通信口 1	24	接收信息完成	1
		25	接收字符	1
		26	发送完成	1
输入/输出中断 （次高级）	脉冲串输出	19	PTO0 脉冲输出完成中断	0
		20	PTO1 脉冲输出完成中断	1
	外部输入	0	I0.0 上升沿中断	2
		2	I0.1 上升沿中断	3
		4	I0.2 上升沿中断	4
		6	I0.3 上升沿中断	5
		1	I0.0 下降沿中断	6
		3	I0.1 下降沿中断	7
		5	I0.2 下降沿中断	8
		7	I0.3 下降沿中断	9
	高速计数器	12	HSC0 当前值等于预设值中断	10
		27	HSC0 输入方向改变中断	11
		28	HSC0 外部复位中断	12
		13	HSC1 当前值等于预设值中断	13
		14	HSC1 输入方向改变中断	14
		15	HSC1 外部复位中断	15
		16	HSC2 当前值等于预设值中断	16
		17	HSC2 输入方向改变中断	17
		18	HSC2 外部复位中断	18
		32	HSC3 当前值等于预设值中断	19
		29	HSC4 当前值等于预设值中断	20
		30	HSC4 输入方向改变中断	21
		31	HSC4 外部复位中断	22
		33	HSC5 当前值等于预设值中断	23
时基中断 （最低级）	定时	10	定时中断 0	0
		11	定时中断 1	1
	定时器	21	定时器 T32 当前值等于预设值中断	2
		22	定时器 T96 当前值等于预设值中断	3

6. 中断指令

中断调用相关的指令包括：中断允许指令 ENI（Enable Interrupt）、中断禁止指令 DISI（Disable Interrupt）、中断连接指令 ATCH（Attach）、中断分离指令 DTCH（Detach）、中断返回指令 RETI（Return Interrupt）和中断程序有条件返回指令 CRETI（Conditional Return Interrupt）。

（1）中断允许指令

中断允许指令 ENI 又称开中断指令，其功能是全局性地开放所有被连接的中断事件，允许 CPU 接收所有中断事件的中断请求，其指令如图 1-133 所示。

```
——( ENI )          ENI
    a)              b)
```
图 1-133　中断允许指令
a) 梯形图　b) 语句表

（2）中断禁止指令

中断禁止指令 DISI 又称关中断指令，其功能是全局性地关闭所有被连接的中断事件，禁止 CPU 接收所有中断事件的请求，其指令如图 1-134 所示。

```
——( DISI )         DISI
    a)              b)
```
图 1-134　中断禁止指令
a) 梯形图　b) 语句表

（3）中断返回指令

中断返回指令 RETI/CRETI 的功能是当中断结束时，通过中断返回指令退出中断服务程序，返回到主程序。RETI 是无条件返回指令，即在中断程序的最后无须插入此指令，编程软件自动在程序结尾加上 RETI 指令；CRETI 是有条件返回指令，即中断程序的最后必须插入该指令，其指令如图 1-135 所示。

```
——(RETI )          CRETI
    a)              b)
```
图 1-135　中断有条件返回指令
a) 梯形图　b) 语句表

（4）中断连接指令

中断连接指令 ATCH 的功能是建立一个中断事件 EVNT 与一个标号 INT 的中断服务程序的联系，并对该中断事件开放，其指令如表 1-37 所示。

（5）中断分离指令

中断分离指令 DTCH 的功能是取消某个中断事件 EVNT 与所有中断程序的关联，并对该中断事件关闭，其指令如表 1-37 所示。

表 1-37　中断连接和分离指令的梯形图和语句表

梯 形 图	语 句 表	指 令 名 称
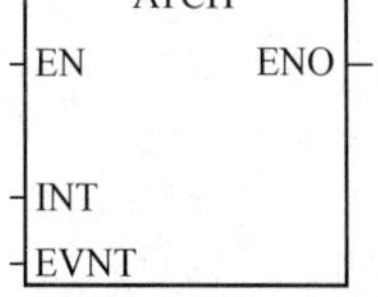 ATCH —EN　　ENO— —INT —EVNT	ATCH　INT, EVNT	中断连接指令
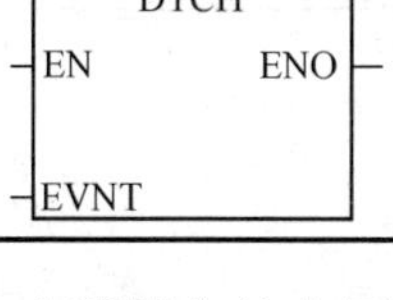 DTCH —EN　　ENO— —EVNT	DTCH　EVNT	中断分离指令

7. 中断指令的应用

在激活一个中断程序前，必须在中断事件和该事件发生时希望执行的那段程序间建立一种联系。中断连接指令指定某中断事件（由中断事件号指定）所要调用的程序段（由中断程序号指定）。多个中断事件可调用同一个中断程序，但一个中断事件号不能同时指定调用多个中断程序。

在中断允许时，当为某个中断事件指定其所对应的中断程序时，该中断事件会自动被允许。如该中断事件发生，则为该事件指定的中断程序被执行。如果用全局中断禁止指令禁止所有中断，则每个出现的中断事件就进入中断队列，直到用全局中断允许指令重新允许中断。

可以用中断分离指令截断中断事件和中断程序之间的联系，以单独禁止中断事件，中断分离指令使中断回到不激活或无效状态。

中断指令的应用如图 1-136 所示。在 I0.0 的上升沿通过中断使 Q0.0 立即置位；在 I0.2 的下降沿通过中断使 Q0.0 立即复位。若发现 I/O 有错误，则禁止本中断，当 I0.5 接通时，禁止全局中断。

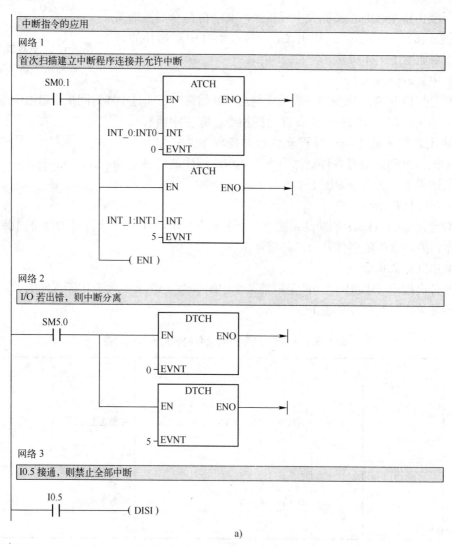

a)

图 1-136 中断指令的应用

a) 主程序

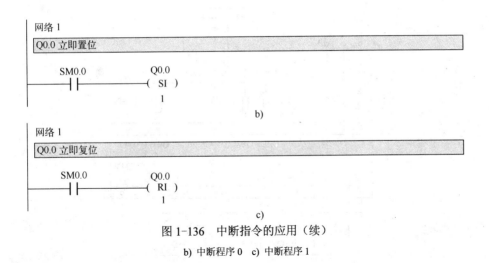

图 1-136 中断指令的应用（续）

b) 中断程序 0 c) 中断程序 1

8. 中断程序的创建

可以采用下述方法创建中断程序。

执行菜单命令"编辑"→"插入"→"中断程序"；或者在程序的编辑器窗口中单击鼠标右键，执行弹出快捷菜单中的命令"插入"→"中断程序"；或者用鼠标右键单击指令树上的"程序块"图标，执行弹出快捷菜单中的命令"插入"→"中断程序"。创建成功后程序编辑器将显示新的中断程序，程序编辑器底部出现标有新的中断程序的标签，可以对新的中断程序编程。

1.8.4 项目实施——抢答器系统的 PLC 控制

1. I/O 分配

根据项目分析可知，对输入、输出量进行分配如表 1-38 所示。

表 1-38 抢答器的 PLC 控制 I/O 分配表

输 入		输 出	
输入继电器	元 件	输出继电器	元 件
I0.0	复位按钮 SB1	Q0.0	数码管 a 段
I0.1	开始按钮 SB2	Q0.1	数码管 b 段
I0.2	第一组抢答按钮 SB3	Q0.2	数码管 c 段
I0.3	第二组抢答按钮 SB4	Q0.3	数码管 d 段
I0.4	第三组抢答按钮 SB5	Q0.4	数码管 e 段
		Q0.5	数码管 f 段
		Q0.6	数码管 g 段
		Q1.0	蜂鸣器

2. PLC 硬件原理图

根据控制要求及表 1-38 所示的 I/O 分配表，抢答器系统的 PLC 控制硬件原理图可绘制如图 1-137 所示。

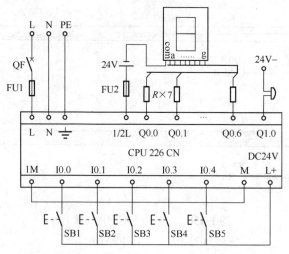

图 1-137　抢答器系统的 PLC 控制硬件原理图

3．创建工程项目

创建一个工程项目，并命名为抢答器系统的 PLC 控制。

4．编辑符号表

编辑符号表如图 1-138 所示。

图 1-138　编辑符号表

5．设计梯形图程序

根据要求，并使用段译码指令和中断指令编写的梯形图如图 1-139、图 1-140 所示。

6．运行与调试程序

1）下载程序并运行。

2）分析程序运行的过程和结果，并编写语句表。

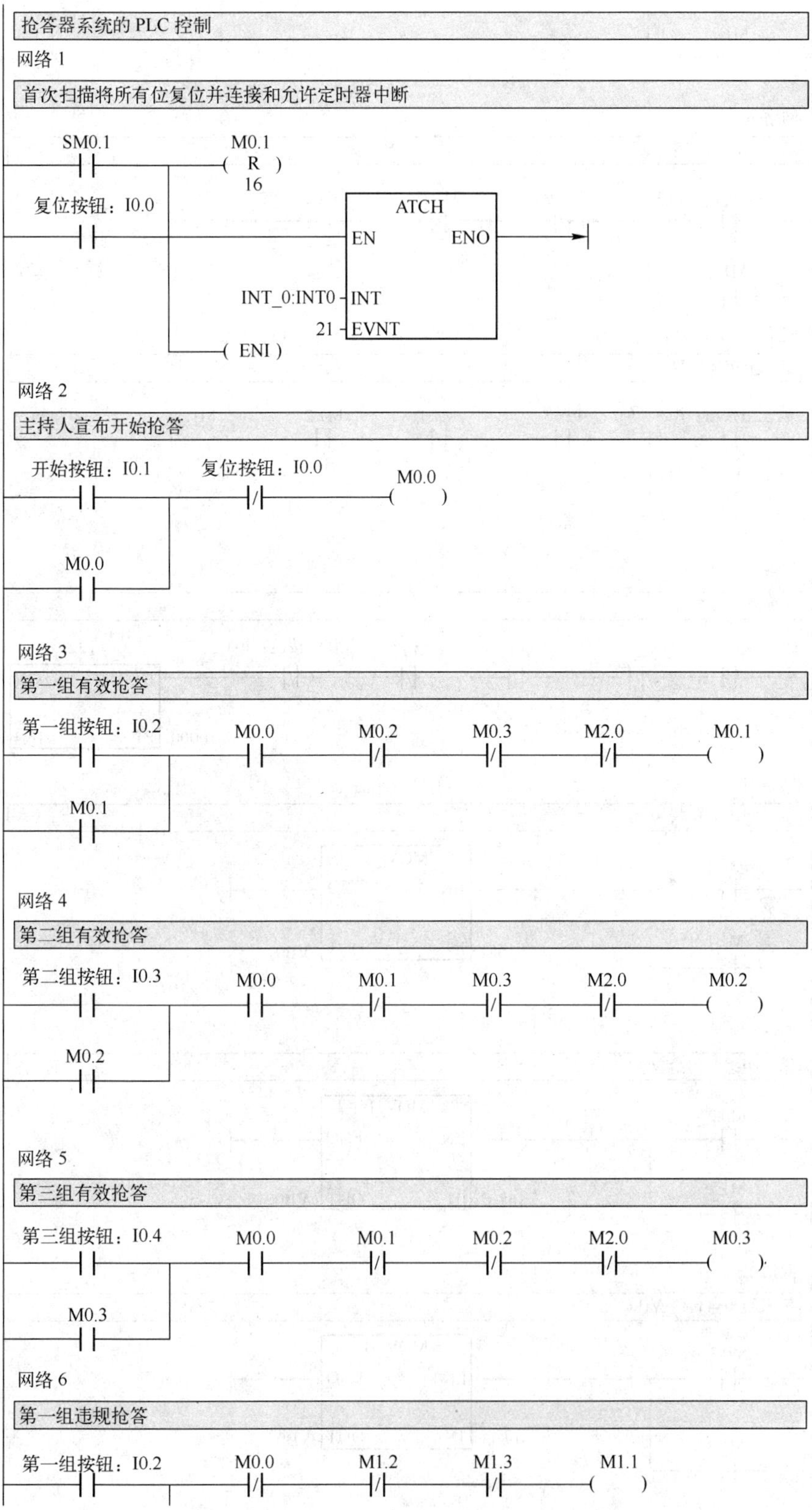

抢答器系统的 PLC 控制

网络 1

首次扫描将所有位复位并连接和允许定时器中断

```
  SM0.1              M0.1
───┤ ├──────┬──────( R )
                    16
复位按钮：I0.0  │           ┌─────────────┐
───┤ ├──────┤           │    ATCH     │
            │       ───┤EN        ENO├───►
            │           │             │
            │  INT_0:INT0─┤INT          │
            │        21 ─┤EVNT         │
            └──( ENI )  └─────────────┘
```

网络 2

主持人宣布开始抢答

```
开始按钮：I0.1      复位按钮：I0.0       M0.0
───┤ ├──────┬──────┤/├──────────( )
            │
   M0.0     │
───┤ ├──────┘
```

网络 3

第一组有效抢答

```
第一组按钮：I0.2    M0.0     M0.2     M0.3     M2.0     M0.1
───┤ ├──────┬──┤ ├──┤/├──┤/├──┤/├──( )
            │
   M0.1     │
───┤ ├──────┘
```

网络 4

第二组有效抢答

```
第二组按钮：I0.3    M0.0     M0.1     M0.3     M2.0     M0.2
───┤ ├──────┬──┤ ├──┤/├──┤/├──┤/├──( )
            │
   M0.2     │
───┤ ├──────┘
```

网络 5

第三组有效抢答

```
第三组按钮：I0.4    M0.0     M0.1     M0.2     M2.0     M0.3
───┤ ├──────┬──┤ ├──┤/├──┤/├──┤/├──( )
            │
   M0.3     │
───┤ ├──────┘
```

网络 6

第一组违规抢答

```
第一组按钮：I0.2    M0.0     M1.2     M1.3     M1.1
───┤ ├──────┬──┤/├──┤/├──┤/├──( )
```

图 1-139　抢答器控制程序梯形图——主程序

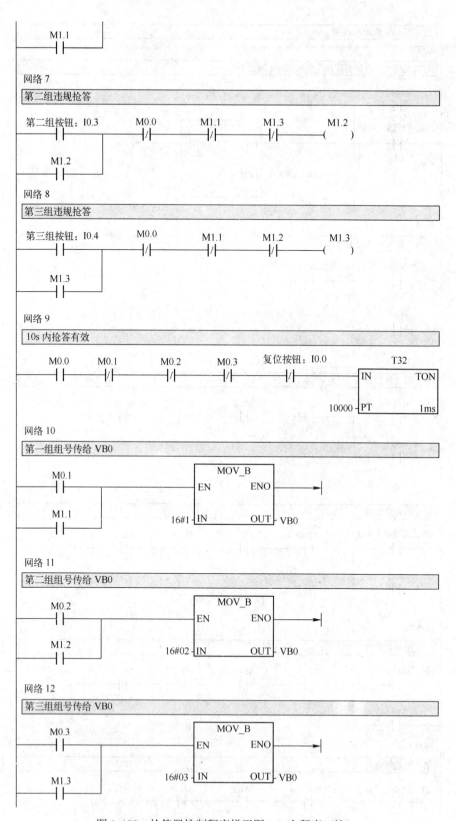

图1-139 抢答器控制程序梯形图——主程序（续）

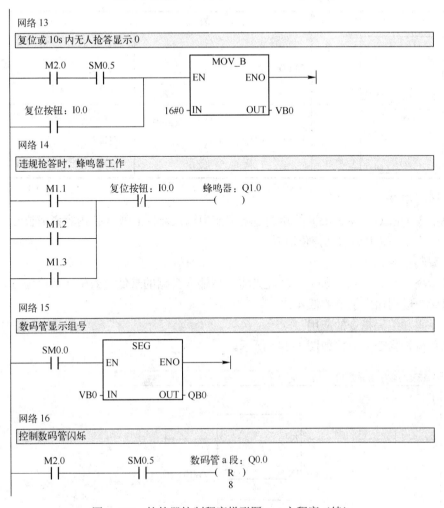

图 1-139 抢答器控制程序梯形图——主程序（续）

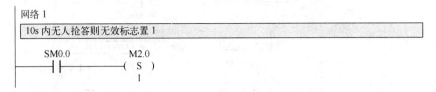

图 1-140 抢答器控制程序梯形图——中断程序

1.8.5 知识链接——译码及编码指令、表功能指令

1．译码和编码指令

译码和编码指令的梯形图及语句表如表 1-39 所示。

表 1-39　译码和编码指令的梯形图及语句表

梯 形 图	语 句 表	指 令 名 称
DECO ─EN　　　ENO─ ─IN　　　OUT─	DECO　INT，OUT	译码指令
ENCO ─EN　　　ENO─ ─IN　　　OUT─	ENCO　INT，OUT	编码指令

（1）译码指令

译码指令 DECO（Decode）的功能是将字节型输入数据的低 4 位内容译成位号，并将输出字的该位置 1，输出字的其他位清零。

（2）编码指令

编码指令 ENCO（Encode）的功能是将字型输入数据的最低有效位（其值为 1）的位号进行编码后，送到输出字节的低 4 位。

（3）译码和编码指令的应用

译码和编程指令的应用如图 1-141 所示。

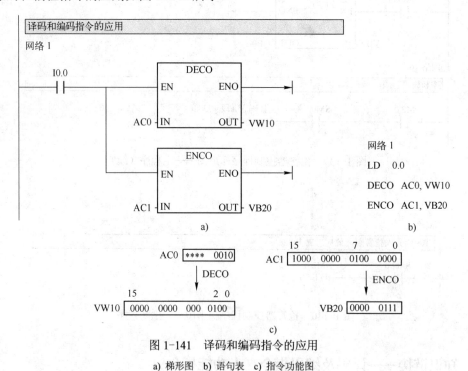

图 1-141　译码和编码指令的应用

a) 梯形图　b) 语句表　c) 指令功能图

2．表功能指令

表功能指令的梯形图及语句表如表 1-40 所示。

表 1-40　译码和编码指令的梯形图及语句表

梯 形 图	语 句 表	指 令 名 称
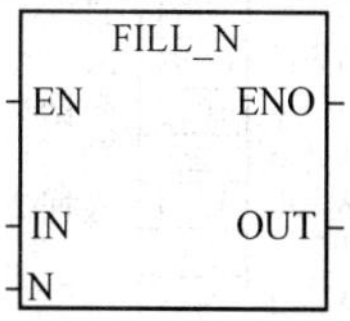 FILL_N EN　ENO IN　OUT N	FILL　IN,　OUT,　N	填充指令
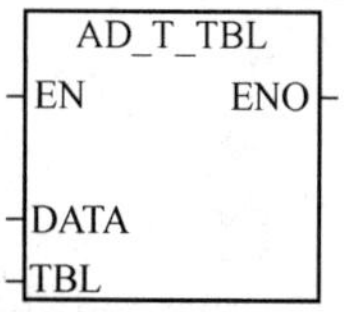 AD_T_TBL EN　ENO DATA TBL	ATT　DATA,　TBL	填表指令
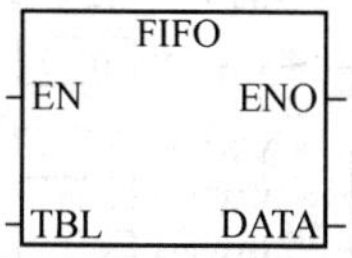 FIFO EN　ENO TBL　DATA	FIFO　TBL,　DATA	先进先出指令
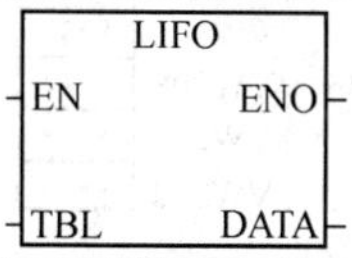 LIFO EN　ENO TBL　DATA	LIFO　TBL,　DATA	后进先出指令
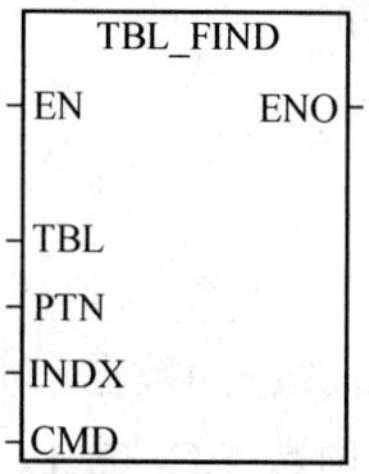 TBL_FIND EN　ENO TBL PTN INDX CMD	FND=　TBL, PTN, INDX FND<>　TBL, PTN, INDX FND<　TBL, PTN, INDX FND>　TBL, PTN, INDX	查表指令

（1）填充指令

填充指令 FILL（Memory Fill）用于处理字型数据，指令功能是将字型输入数据 IN 填充到从 OUT 开始的 N 个字存储单元，N 为字节型数据。

（2）填表指令

填表指令 ATT（Add to Table）的功能是将字型数据 DATA 填入首地址为 TBL 的表格中，如图 1-142 所示。表内的第一个数是表的最大长度（TL），第二个数是表内实际的项数（EC），新数据被放入表内上一次填入的数的后面，每向表内填入一个新的数据，EC 自动加 1。除了 TL 和 EC 外，表最多可以装入 100 个数据。TBL 为 WORD 型，DATA 为 INT 型。

填入表的数据过多（溢出）时，SM1.4 将被置 1。

（3）先入先出指令

先入先出指令 FIFO（First In First Out）是指从表（TBL）中移走最先放进去的第一个数据（数据 0），并将它送入 DATA 指定的地址，如图 1-143 所示。表中剩下的各项依次向上移动一个位置。每次执行此指令，表中的项数 EC 减 1。TBL 为 INT 型，DATA 为 WORD 型。

如果从空表中移走数据，则错误标志 SM1.5 将被置 1。

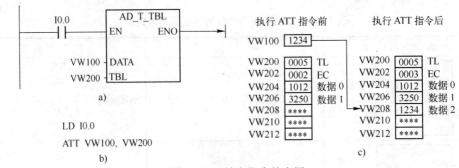

图 1-142 填表指令的应用

a) 梯形图 b) 语句表 c) 指令功能图

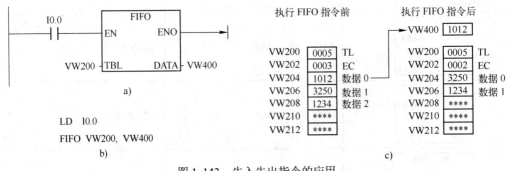

图 1-143 先入先出指令的应用

a) 梯形图 b) 语句表 c) 指令功能图

（4）后入先出指令

后入先出指令 LIFO（Last In First Out）从表（TBL）中移走最后放进的数据，并将它送入 DATA 指定的地址，如图 1-144 所示。每次执行此指令，表中的项数 EC 减 1。TBL 为 INT 型，DATA 为 WORD 型。

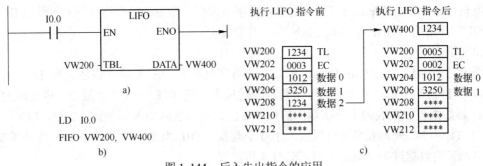

图 1-144 后入先出指令的应用

a) 梯形图 b) 语句表 c) 指令功能图

如果从空表中移走数据，则错误标志 SM1.5 将被置 1。

（5）查表指令

查表指令 FND（Table Find）从指针 INDX 所指的地址开始查找表格（TBL），搜索与数据 PTN 的关系满足 CMD 定义的条件的数据。命令参数 CMD = 1~4，分别表示 "="、"<

＞（不等于）"则"＜"、"＞"。如果发现了一个符合条件的数据，则 INDX 加 1。如果没有找到，则 INDX 的值等于 EC。一个表最多有 100 个填表数据，数据的编号为 0～99。

TBL 和 INDX 为 WORD 型，PTN 为 INT 型，CMD 为字节型。

用查表指令查找 ATT、FIFO 和 LIFO 指令生成的表时，实际填表数 EC 和输入的数据相对应。查表指令并不需要 ATT、FIFO 和 LIFO 指令中的最大填表数（TL）。因此，查表指令的 TBL 操作数应比 ATT、FIFO 和 LIFO 指令的 TBL 操作数高 2 字节。

图 1-145 中的 I0.0 为 ON 时，从 EC 的地址为 VW202 的表中查找等于（CMD=1）16#3210 的数。为了从头开始查找。AC0 的初值为 0。查表指令执行后，AC0=2，找到了满足条件的数据 2。查表中剩余的数据之前，AC0（INDX）应加 1。第 2 次执行后，AC0=4，找到了满足条件的数据 4，将 AC0 再次加 1。第 3 次执行后，AC0 等于表中填入的项数（EC）6，表示表已查完，没有找到符合条件的数据。再次查表之前，应将 INDX 清零。

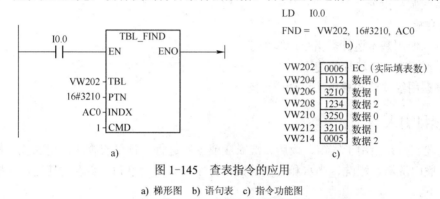

图 1-145 查表指令的应用

a) 梯形图　b) 语句表　c) 指令功能图

3．中断的嵌套

CPU 正在执行一个中断服务程序时，有另一个优先级较高的中断提出中断请求，这时 CPU 会暂时停止当前正在执行的级别较低的中断服务程序，转去处理级别较高的中断服务程序。待处理完毕后，再返回到被中断了的中断服务程序处继续执行，这个过程就是中断嵌套。

4．在中断服务程序中调用子程序

可以在一个中断服务程序中调用一个子程序。中断服务程序与被调用的子程序共享累加器和逻辑堆栈。

1.8.6　项目交流——双线圈输出、数字闪烁及数码管驱动

1．双线圈输出

在中断程序中可以使用双线圈输出，即 CPU 在同一次扫描周期内所执行程序段内不出现双线圈即可。同样，在执行跳转指令和子程序指令时，也可有双线圈输出。

2．数字闪烁

采用按字符驱动或按段驱动的数码管，通过通断输出即可实现数字的闪烁。而采用段译码指令，若要实现数字的闪烁，可通过复位相应位的输出，或采用通断其数码管的电源实现。

3．数码管驱动

本项目也可按字符驱动或按段驱动数码管。

1.8.7 技能训练——9s 倒计时的 PLC 控制

用 PLC 实现 9s 倒计时，即当按下开始按钮后，数码管显示 9，然后每隔 1s 递减，递减用中断方法实现，当递减到 0 时闪烁。在倒计时的任意时刻若按下停止按钮，则数码管显示当前数字；按下复位按钮，数码管不显示任何数字。

训练点：段译码指令的应用；中断指令的使用；数码管闪烁的实现。

项目 1.9 工业洗衣机系统的 PLC 控制

知识目标
- 掌握算术和逻辑运算类指令
- 掌握循环指令

能力目标
- 熟练使用基本运算类指令编写程序
- 掌握 CD4513 芯片的使用
- 掌握用经验法和移植法设计梯形图

1.9.1 项目引入

工业洗衣机是指用于宾馆、饭店、洗衣店或工厂进行大批量衣物清洗用的洗衣机。其洗衣过程一般由洗涤、漂洗、排水和脱水等几部分组成。现用 PLC 实现对其过程的控制，系统要求如下。

1）当按起动按钮后，控制系统首先检测洗衣机门是否关闭，若已关闭，则打开进水阀进水，当水达到设置值时（由检测开关检测），浸泡数秒，这一过程时间为 60s。

2）洗涤过程：正转 20s，停止 10s；反转 20s，停止 10s，如此反复 20 次后，排水电动机进行排水，工作时间为 30s。

3）漂洗过程：进水浸泡 60s，正转 20s，停止 10s；反转 20s，停止 10s，排水 30s，如此反复 3 次后脱水，脱水时间为 60s，此时洗衣过程结束。

4）洗衣过程要求有倒计时功能和工作指示。

5）洗衣结束后要求工作指示灯以秒级闪烁，以提示洗衣工作人员。

6）洗衣机所用电动机为单相异步电动机。

1.9.2 项目分析

根据上述控制要求，本项目的实现方法较多，最为常用的是用多个定时器实现，但洗涤及漂洗过程多为重复过程，可用 PLC 中的循环指令完成。

系统要求有倒计时功能，可用数码管来实现，但整个控制过程为 30min，即要求有两个数码管，正常情况下一个数码管要占用 8 个输出端，两个数码管则需要 16 个输出端。由于 CPU 226 PLC 本机只有 16 个输出端，所以两个数码管就占满了所有输出端，因此可以选择具有锁存、译码、驱动功能的芯片 CD4513 来解决输出端不足的问题。

洗衣机所有电动机为单相异步电动机，洗涤时电动机转速最慢，排水时转速为中速，脱水时转速最快。洗涤时分正、反转，即只要改变主副线组与起动电容 C 的接法即可，其原理图如图 1-146 所示，KA1 接通电动机正转，KA2 接通电动机反转，KA3 接通电动机慢速运行（洗涤），KA4 接通电动机中速运行（排水），KA5 接通电动机快速运行（脱水）。

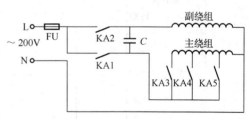

图 1-146　洗衣机电动机原理图

在洗衣机洗衣过程中，正转时不能反转，反转时不能正转；洗涤时不能排水或脱水，排水或脱水时不能洗涤，这要求相互间要有电气互锁。

完成本项目首先要学习算术运算类指令及循环指令的有关知识。

1.9.3　相关知识——算术运算指令、逻辑运算指令及循环指令

1. 算术运算指令

算术运算指令主要包括整数、双整数和实数的加、减、乘、除、加 1、减 1 指令，还包括整数乘法产生双整数指令和带余数的整数除法指令。算术运算指令的梯形图及语句表如表 1-41 所示。

表 1-41　算术运算指令的梯形图及语句表

梯　形　图	语　句　表	指　令　名　称
ADD_I EN　　ENO IN1　　OUT IN2	+I　IN1, OUT	整数加法指令
ADD_DI EN　　ENO IN1　　OUT IN2	+D　IN1, OUT	双整数加法指令
ADD_R EN　　ENO IN1　　OUT IN2	+R　IN1, OUT	实数加法指令
SUB_I EN　　ENO IN1　　OUT IN2	-I　IN1, OUT	整数减法指令
SUB_DI EN　　ENO IN1　　OUT IN2	-D　IN1, OUT	双整数减法指令

梯 形 图	语 句 表	指 令 名 称
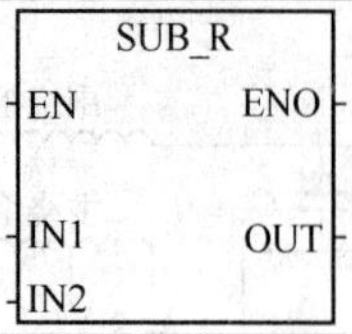 SUB_R EN　　ENO IN1　　OUT IN2	-R　IN1，OUT	实数减法指令
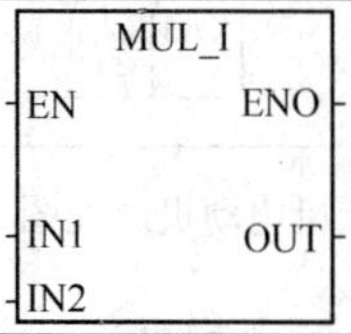 MUL_I EN　　ENO IN1　　OUT IN2	*I　IN1，OUT	整数乘法指令
 MUL_DI EN　　ENO IN1　　OUT IN2	*D　IN1，OUT	双整数乘法指令
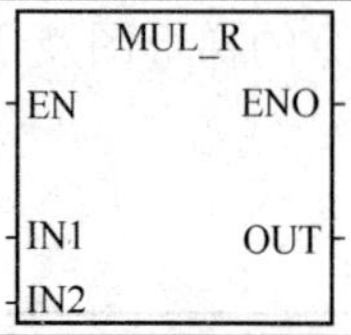 MUL_R EN　　ENO IN1　　OUT IN2	*R　IN1，OUT	实数乘法指令
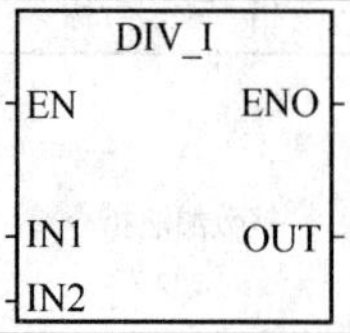 DIV_I EN　　ENO IN1　　OUT IN2	/I　IN1，OUT	整数除法指令
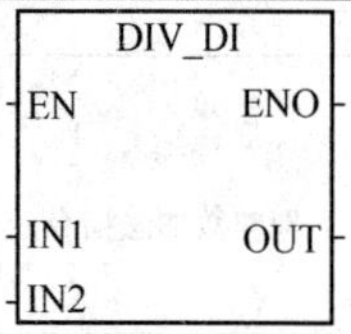 DIV_DI EN　　ENO IN1　　OUT IN2	/D　IN1，OUT	双整数除法指令
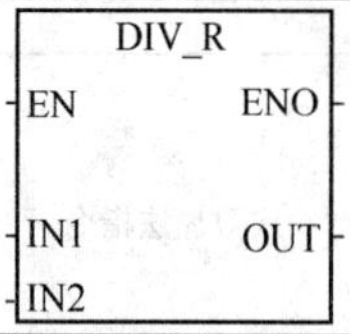 DIV_R EN　　ENO IN1　　OUT IN2	/R　IN1，OUT	实数除法指令
 MUL EN　　ENO IN1　　OUT IN2	MUL　IN1，OUT	整数乘法产生双整数指令
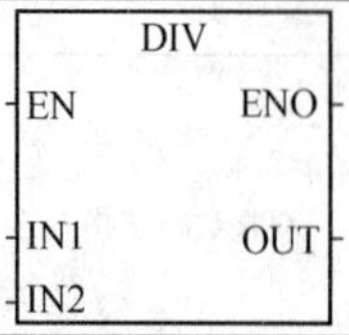 DIV EN　　ENO IN1　　OUT IN2	DIV　IN1，OUT	带余数的整数除法指令

梯 形 图	语 句 表	指 令 名 称
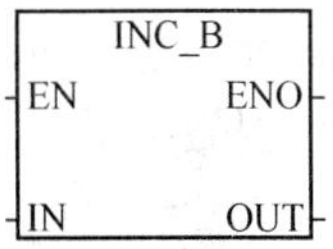 INC_B EN ENO IN OUT	INCB IN	字节加 1 指令
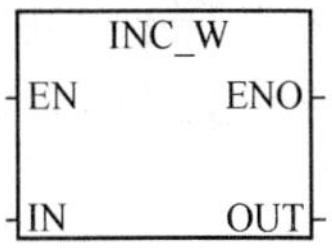 INC_W EN ENO IN OUT	INCW IN	字加 1 指令
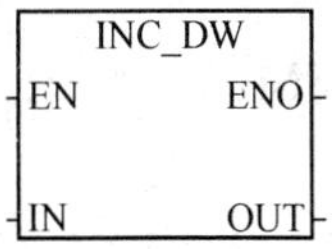 INC_DW EN ENO IN OUT	INCD IN	双字加 1 指令
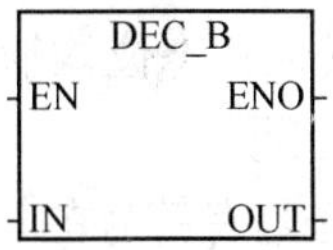 DEC_B EN ENO IN OUT	DECB IN	字节减 1 指令
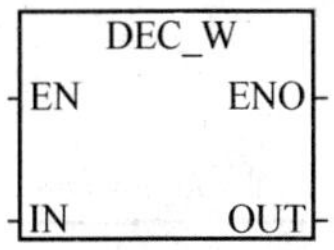 DEC_W EN ENO IN OUT	DECW IN	字减 1 指令
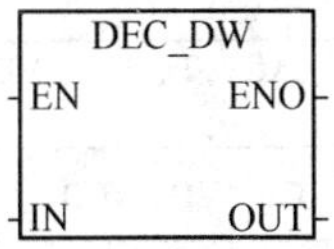 DEC_DW EN ENO IN OUT	DECD IN	双字减 1 指令

在梯形图中，整数、双整数和实数的加、减、乘、除、加 1、减 1 指令分别执行下列运算。

IN1+IN2=OUT　IN1-IN2=OUT　IN1*IN2=OUT　IN1/IN2=OUT　IN+1=OUT
IN-1=OUT

在语句表中，整数、双整数和实数的加、减、乘、除、加 1、减 1 指令分别执行下列运算。

IN1+OUT=OUT　OUT-IN1=OUT　IN1* OUT=OUT　OUT/IN1=OUT　OUT+1=OUT
OUT-1=OUT

（1）整数的加、减、乘、除运算指令

整数的加、减、乘、除运算指令是将两个 16 位整数进行加、减、乘、除运算，产生一个 16 位的结果，而除法的余数不保留。

（2）双整数的加、减、乘、除运算指令

双整数的加、减、乘、除运算指令是将两个 32 位整数进行加、减、乘、除运算，产生一个 32 位的结果，而除法的余数不保留。

（3）实数的加、减、乘、除运算指令

实数的加、减、乘、除运算指令是将两个 32 位整数进行加、减、乘、除运算，产生一个 32 位的结果。

（4）整数乘法产生双整数指令

整数乘法产生双整数指令（MUL，Multiply Integer to Double Integer）是将两个 16 位整数相乘，产生一个 32 位的结果。在语句表中，32 位 OUT 的低 16 位被用做乘数。

（5）带余数的整数除法指令

带余数的整数除法（DIV，Divide Integer with Remainder）是将两个 16 位整数相除，产生一个 32 位的结果，其中高 16 位为余数，低 16 位为商。在语句表中，32 位 OUT 的低 16 位被用做被除数。

（6）算术运算指令使用说明

1）表中指令执行将影响特殊存储器 SM 中的 SM1.0（零）、SM1.1（溢出）、SM1.2（负）、SM1.3（除数为 0）。

2）若运算结果超出允许的范围，则溢出位置 1。

3）若在乘除法操作中溢出位置 1，则运算结果不写到输出，且其他状态位均清零。

4）若除法操作中，除数为 0，则其他状态位不变，操作数也不改变。

5）字节加 1 和减 1 操作是无符号的，字和双字的加 1 和减 1 操作是有符号的。

算术运算指令的操作数范围如表 1-42 所示。

表 1-42 算术运算指令的操作数范围

指　　令	输入或输出	操　作　数
整数加、减、乘、除指令	IN1、IN2	IW、QW、VW、MW、SMW、SW、LW、AIW、AC、T、C、*VD、*LD、*AC、常数
	OUT	IW、QW、VW、MW、SMW、SW、LW、AC、T、C、*VD、*LD、*AC
双整数加、减、乘、除指令	IN1、IN2	ID、QD、VD、MD、SMD、SD、LD、AC、HC、*VD、*LD、*AC、常数
	OUT	ID、QD、VD、MD、SMD、SD、LD、AC、*VD、*LD、*AC
实数加、减、乘、除指令	IN1、IN2	ID、QD、VD、MD、SMD、SD、LD、AC、*VD、*LD、*AC、常数
	OUT	ID、QD、VD、MD、SMD、SD、LD、AC、*VD、*LD、*AC
整数乘法产生双整数指令和带余数的整数除法	IN1、IN2	IW、QW、VW、MW、SMW、SW、LW、AIW、AC、T、C、*VD、*LD、*AC、常数
	OUT	ID、QD、VD、MD、SMD、SD、LD、AC、*VD、*LD、*AC
字节加 1 和减 1 指令	IN	IB、QB、VB、MB、SMB、SB、LB、AC、*VD、*LD、*AC、常数
	OUT	IB、QB、VB、MB、SMB、SB、LB、AC、*VD、*LD、*AC
字加 1 和减 1 指令	IN	IW、QW、VW、MW、SMW、SW、LW、AIW、AC、T、C、*VD、*LD、*AC、常数
	OUT	IW、QW、VW、MW、SMW、SW、LW、AC、T、C、*VD、*LD、*AC
双字加 1 和减 1 指令	IN	ID、QD、VD、MD、SMD、SD、LD、AC、HC、*VD、*LD、*AC、常数
	OUT	ID、QD、VD、MD、SMD、SD、LD、AC、*VD、*LD、*AC

2. 逻辑运算指令

逻辑运算指令主要包括字节、字、双字的与、或、异或和取反指令，逻辑运算指令的梯形图及语句表如表 1-43 所示。

表 1-43　逻辑运算指令的梯形图及语句表

梯 形 图	语 句 表	指 令 名 称
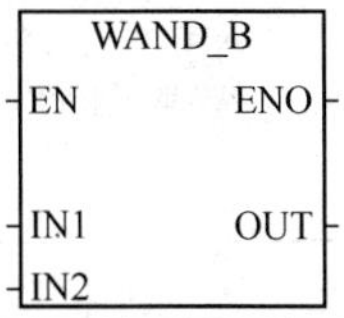 WAND_B EN　　ENO IN1　　OUT IN2	ANDB　IN1, OUT	字节与指令
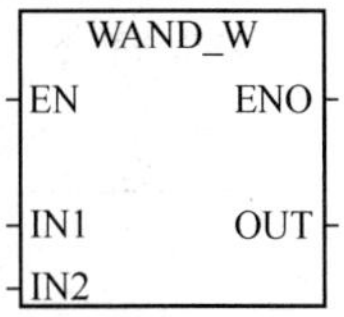 WAND_W EN　　ENO IN1　　OUT IN2	ANDW　IN1, OUT	字与指令
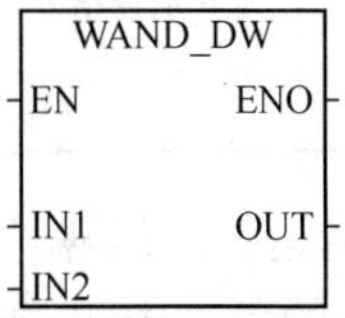 WAND_DW EN　　ENO IN1　　OUT IN2	ANDD　IN1, OUT	双字与指令
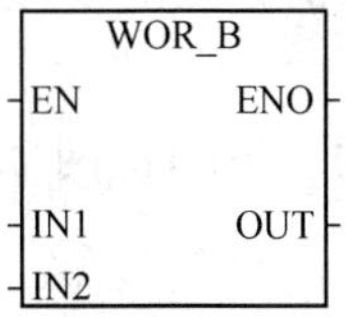 WOR_B EN　　ENO IN1　　OUT IN2	ORB　IN1, OUT	字节或指令
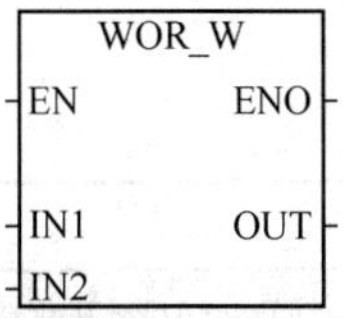 WOR_W EN　　ENO IN1　　OUT IN2	ORW　IN1, OUT	字或指令
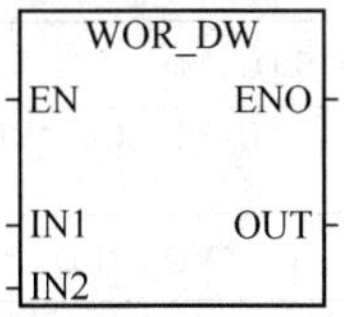 WOR_DW EN　　ENO IN1　　OUT IN2	ORD　IN1, OUT	双字或指令
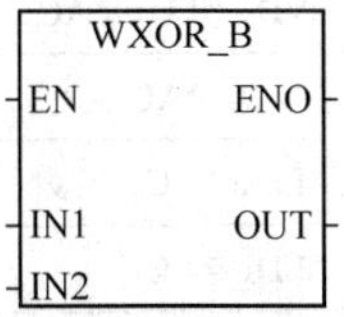 WXOR_B EN　　ENO IN1　　OUT IN2	XORB　IN1, OUT	字节异或指令
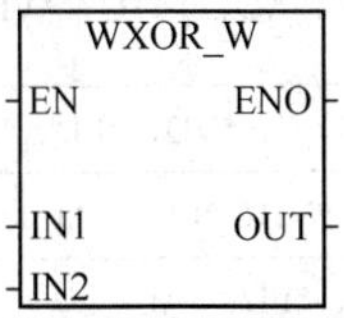 WXOR_W EN　　ENO IN1　　OUT IN2	XORW　IN1, OUT	字异或指令
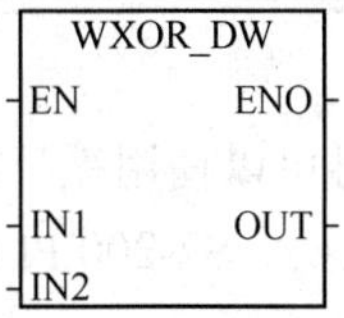 WXOR_DW EN　　ENO IN1　　OUT IN2	XORD　IN1, OUT	双字异或指令

梯 形 图	语 句 表	指 令 名 称
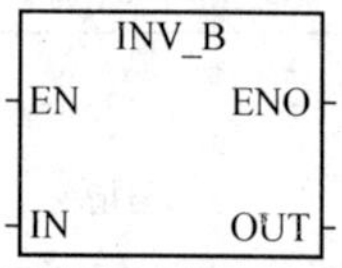 INV_B EN ENO IN OUT	INVB OUT	字节取反指令
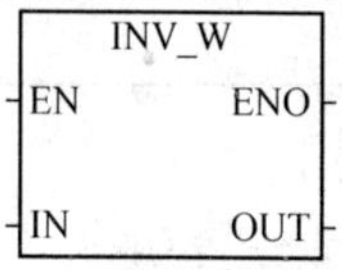 INV_W EN ENO IN OUT	INVW OUT	字取反指令
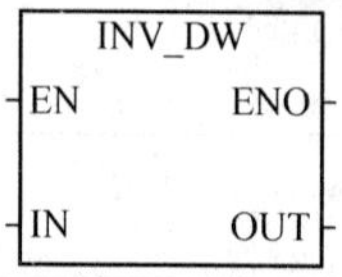 INV_DW EN ENO IN OUT	INVD OUT	双字取反指令

梯形图中的与、或、异或指令对两个输入量 IN1 和 IN2 进行逻辑运算，运算结果均存放在输出量中；取反指令是对输入量的二进制数逐位取反，即二进制数的各位由 0 变为 1，由 1 变为 0，并将运算结果存放在输出量中。

两个二进制数逻辑与就是有 0 出 0；两个二进制数逻辑或就是有 1 出 1；两个二进制数逻辑异或就是相同出 0，相异出 1。

算术运算指令的操作数范围如表 1-44 所示。

表 1-44   逻辑运算指令的操作数范围

指　令	输入或输出	操 作 数
字节与、或、 异或指令	IN	IB、QB、VB、MB、SMB、SB、LB、AC、*VD、*LD、*AC、常数
	OUT	IB、QB、VB、MB、SMB、SB、LB、AC、*VD、*LD、*AC
字与、或、 异或指令	IN	IW、QW、VW、MW、SMW、SW、LW、AIW、AC、T、C、*VD、*LD、*AC、常数
	OUT	IW、QW、VW、MW、SMW、SW、LW、AC、T、C、*VD、*LD、*AC
双字与、或、 异或指令	IN	ID、QD、VD、MD、SMD、SD、LD、AC、HC、*VD、*LD、*AC、常数
	OUT	ID、QD、VD、MD、SMD、SD、LD、AC、*VD、*LD、*AC
字节取反指令	IN	IB、QB、VB、MB、SMB、SB、LB、AC、*VD、*LD、*AC、常数
	OUT	IB、QB、VB、MB、SMB、SB、LB、AC、*VD、*LD、*AC
字取反指令	IN	IW、QW、VW、MW、SMW、SW、LW、AIW、AC、T、C、*VD、*LD、*AC、常数
	OUT	IW、QW、VW、MW、SMW、SW、LW、AC、T、C、*VD、*LD、*AC
双字取反指令	IN	ID、QD、VD、MD、SMD、SD、LD、AC、HC、*VD、*LD、*AC、常数
	OUT	ID、QD、VD、MD、SMD、SD、LD、AC、*VD、*LD、*AC

3. 循环指令

在控制系统中，经常有需要重复执行多次同样任务的情况，这时可以使用循环指令。特别是在进行大量相同功能的计算和逻辑处理时，循环指令更是非常重要。S7-200 PLC 提供了计数型循环指令 FOR—NEXT。

（1）循环指令的梯形图及语句表

循环指令的梯形图及语句表如表 1-45 所示。

表 1-45 循环指令的梯形图及语句表

梯 形 图	语 句 表	指 令 名 称
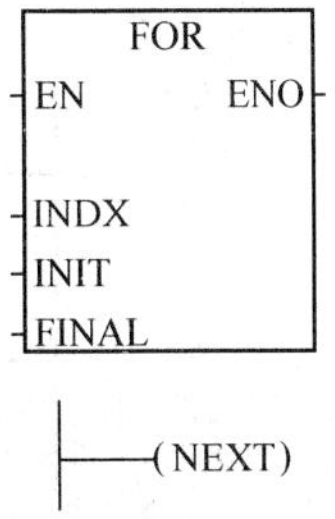 FOR EN ENO INDX INIT FINAL —(NEXT)	FOR INDX, INIT, FINAL NEXT	循环指令

FOR 指令表示循环开始，NEXT 指令表示循环结束，FOR 和 NEXT 指令必须成对出现。当有信号流流入 FOR 指令时，开始执行循环体，同时循环计数器 INDX 从循环初值 INIT 开始计数，反复执行 FOR 指令和 NEXT 指令之间的程序，每执行一次循环体，循环计数器 INDX 的值加 1。在 FOR 指令中，需要设置循环次数 INDX，初始值 INIT 和终止值 FINAL，数据类型均为整型。

若给定初始值为 1，终止值为 10。每次执行 FOR 和 NEXT 之间的程序后，当前循环计数器的值增加 1，并将当前循环次数值与终止值比较。如果当前循环次数的值小于或等于终止值，则循环继续；如果当前循环次数的值大于终止值，则循环终止。随着当前循环次数的值从 1 增加到 10，FOR 与 NEXT 之间的指令将被执行 10 次。如果初始值大于终止值，则不执行循环指令。

在循环执行过程中可以修改循环终止值，也可以在循环体内部用指令修改终止值。使能输入有效时，循环一直执行，直到循环结束。

每次使能输入重新有效时，指令自动将各参数复位。

循环指令的操作数范围如表 1-46 所示。

表 1-46 循环指令的操作数范围

指 令	输入或输出	操 作 数
循环指令	INDX	IW、QW、VW、MW、SMW、SW、LW、AC、T、C、*VD、*LD、*AC、
	INIT FINAL	IW、QW、VW、MW、SMW、SW、LW、AIW、AC、T、C、*VD、*LD、 *AC、常数

（2）循环指令的嵌套

FOR 和 NEXT 循环内部可以再含有 FOR_NEXT 循环体，称为循环嵌套，如图 1-147 所示，嵌套的最大深度为 8 层。

4．CD4513 芯片

如果直接用数字量输出点来控制多位 LED 7 段数码管时，所需的输出端点很多。这时可采用 CD4513 芯片，如图 1-148 所示，输入为 4 位 BCD 码，输出为 7 段译码，此芯片具有锁存、译码、驱动功能。LE 端为高电平时，显示的数不受数据输入信号的影响，即锁存输出的数据。

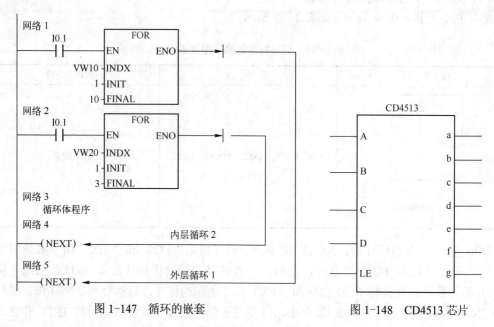

图 1-147 循环的嵌套   图 1-148　CD4513 芯片

1.9.4　项目实施——工业洗衣机系统的 PLC 控制

1. I/O 分配

根据项目分析和图 1-146 可知，对输入、输出量进行分配如表 1-47 所示。

表 1-47　工业洗衣机系统的 PLC 控制 I/O 分配表

输　入		输　出	
输入继电器	元　件	输出继电器	元　件
I0.0	停止按钮 SB1	Q0.0～Q0.3	数码管个位显示
I0.1	起动按钮 SB2	Q0.4～Q0.7	数码管十位显示
I0.2	安全门检测 SQ1	Q1.0	进水电磁阀 YV1
I0.3	水位检测 SQ2	Q1.1	排水电磁阀 YV2
		Q1.2	洗涤电动机正转 KA1
		Q1.3	洗涤电动机反转 KA2
		Q1.4	洗涤 KA3
		Q1.5	排水 KA4
		Q1.6	脱水 KA5
		Q1.7	工作指示 HL

2. PLC 硬件原理图

根据本项目系统要求及表 1-147 所示的 I/O 分配表，工业洗衣机系统的 PLC 控制硬件原理图如图 1-149 所示。

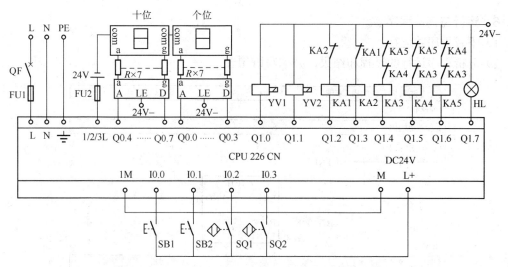

图 1-149　工业洗衣机系统的 PLC 控制硬件原理图

3．创建工程项目

创建一个工程项目，并命名为工业洗衣机系统的 PLC 控制。

4．编辑符号表

编辑符号表如图 1-150 所示。

图 1-150　编辑符号表

5．设计梯形图程序

根据要求，并使用算术运算指令、逻辑运算指令和循环指令设计的梯形图如图 1-151～图 1-155 所示。

6. 运行与调试程序

1）下载程序并运行。

2）分析程序运行的过程和结果，并编写语句表。

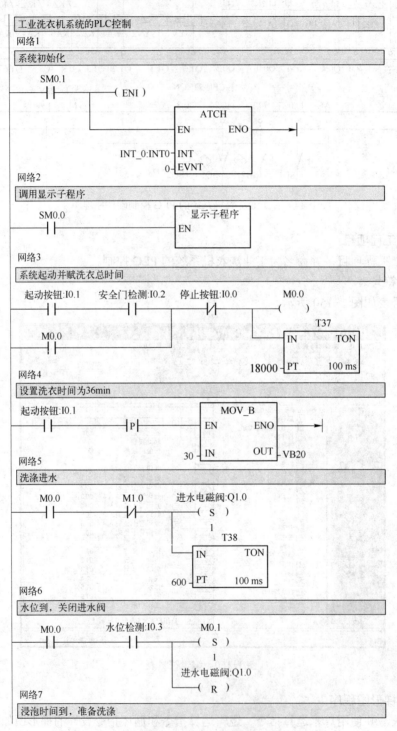

图 1-151　工业洗衣机系统的 PLC 控制——主程序

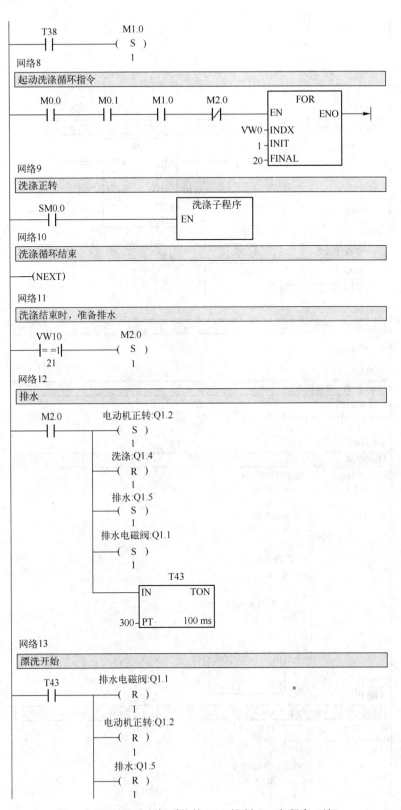

图 1-151 工业洗衣机系统的 PLC 控制——主程序（续）

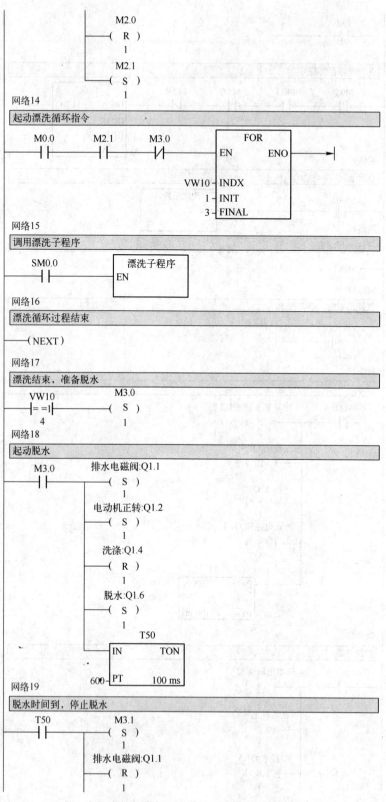

图 1-151 工业洗衣机系统的 PLC 控制——主程序（续）

電動機正转:Q1.2
—(R)
1
脱水:Q1.6
—(R)
1

网络20

整个洗衣过程结束，提示操作者

M3.1   SM0.5   工作指示:Q1.7
—| |—————| |—————————( )

图 1-151　工业洗衣机系统的 PLC 控制——主程序（续）

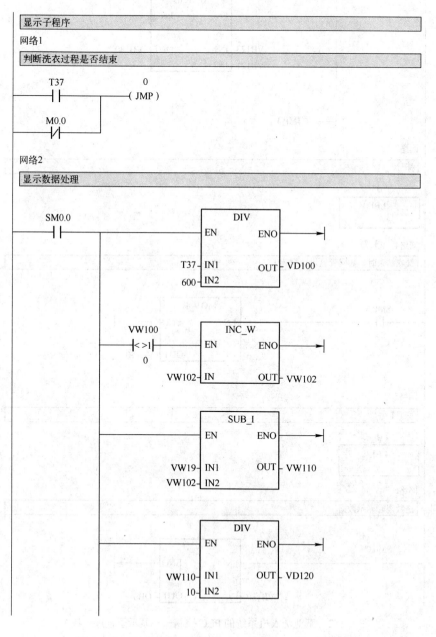

显示子程序

网络1

判断洗衣过程是否结束

图 1-152　工业洗衣机系统的 PLC 控制——显示子程序

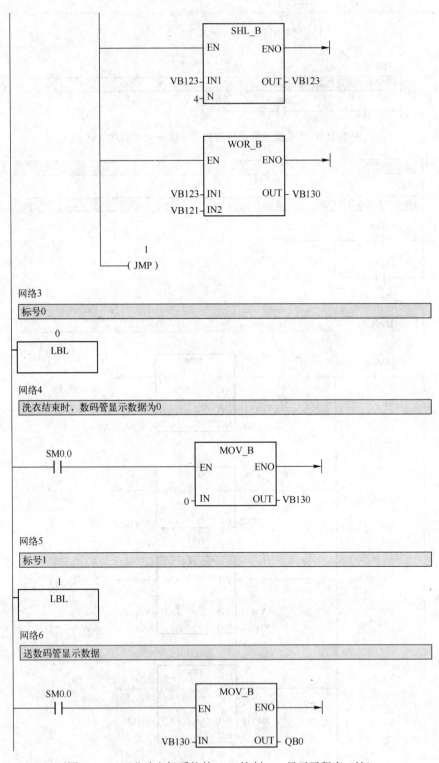

图 1-152　工业洗衣机系统的 PLC 控制——显示子程序（续）

124

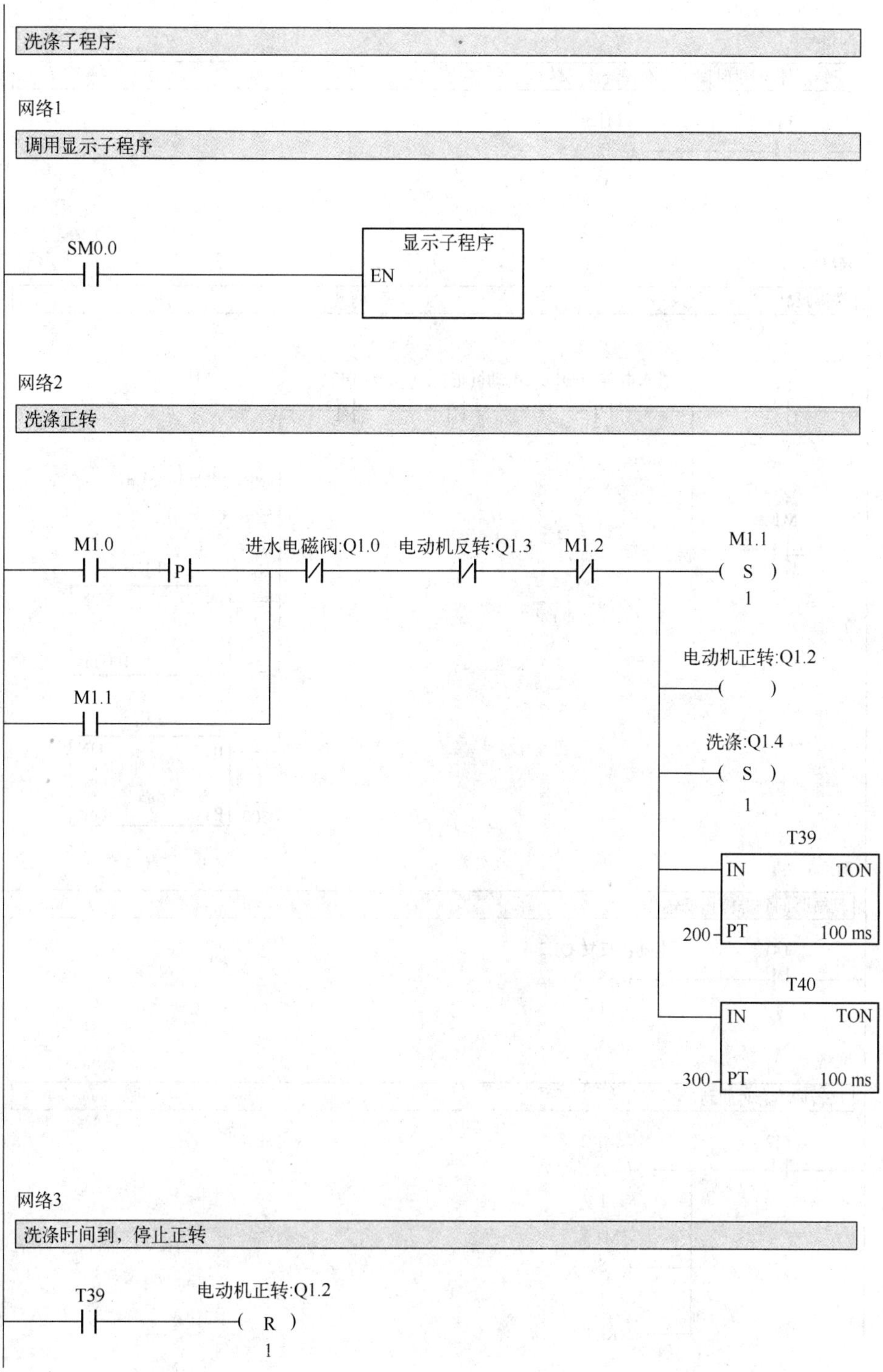

洗涤子程序

网络1

调用显示子程序

```
   SM0.0                      ┌──────────────┐
────┤├──────────────────────┤   显示子程序   │
                          EN │              │
                             └──────────────┘
```

网络2

洗涤正转

```
   M1.0                进水电磁阀:Q1.0   电动机反转:Q1.3   M1.2          M1.1
────┤├──┤P├──┬──────────┤/├─────────────┤/├──────────┤/├──────────┬──( S )
            │                                                     │     1
   M1.1     │                                                     │
────┤├──────┘                                                     │  电动机正转:Q1.2
                                                                  ├──(   )
                                                                  │
                                                                  │   洗涤:Q1.4
                                                                  ├──( S )
                                                                  │     1
                                                                  │              T39
                                                                  │         ┌──────────┐
                                                                  ├─────────┤IN    TON │
                                                                  │         │          │
                                                                  │     200─┤PT  100 ms│
                                                                  │         └──────────┘
                                                                  │              T40
                                                                  │         ┌──────────┐
                                                                  └─────────┤IN    TON │
                                                                            │          │
                                                                        300─┤PT  100 ms│
                                                                            └──────────┘
```

网络3

洗涤时间到，停止正转

```
   T39        电动机正转:Q1.2
────┤├────────────( R )
                    1
```

图 1-153　工业洗衣机系统的 PLC 控制——洗涤子程序

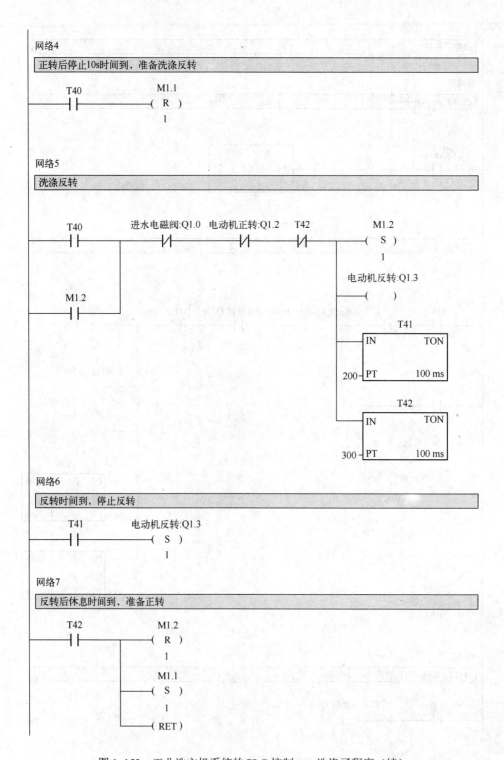

图 1-153 工业洗衣机系统的 PLC 控制——洗涤子程序（续）

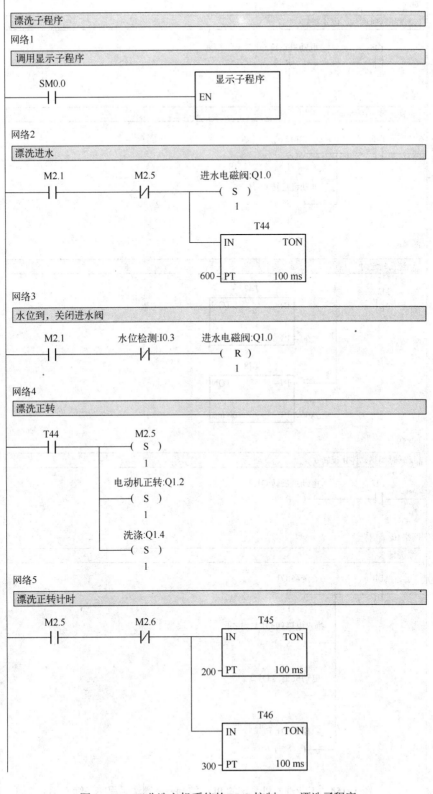

图 1-154　工业洗衣机系统的 PLC 控制——漂洗子程序

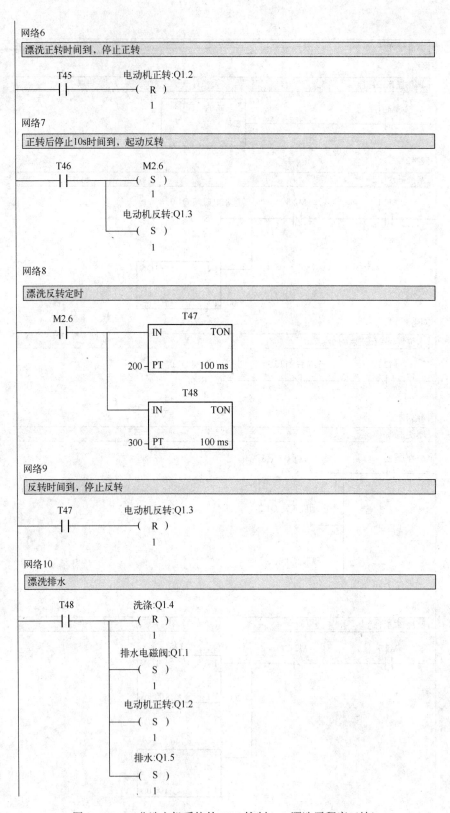

网络6

漂洗正转时间到，停止正转

```
    T45              电动机正转:Q1.2
────┤├───────────────( R )
                        1
```

网络7

正转后停止10s时间到，起动反转

```
    T46              M2.6
────┤├───────────────( S )
                        1

                     电动机反转:Q1.3
                   ──( S )
                        1
```

网络8

漂洗反转定时

```
    M2.6                    T47
────┤├──────────────┌─────────────────┐
                    │IN           TON │
                    │                 │
              200 ──┤PT      100 ms   │
                    └─────────────────┘
                            T48
                    ┌─────────────────┐
                    │IN           TON │
                    │                 │
              300 ──┤PT      100 ms   │
                    └─────────────────┘
```

网络9

反转时间到，停止反转

```
    T47              电动机反转:Q1.3
────┤├───────────────( R )
                        1
```

网络10

漂洗排水

```
    T48              洗涤:Q1.4
────┤├───────────────( R )
                        1

                     排水电磁阀:Q1.1
                   ──( S )
                        1

                     电动机正转:Q1.2
                   ──( S )
                        1

                     排水:Q1.5
                   ──( S )
                        1
```

图 1-154　工业洗衣机系统的 PLC 控制——漂洗子程序（续）

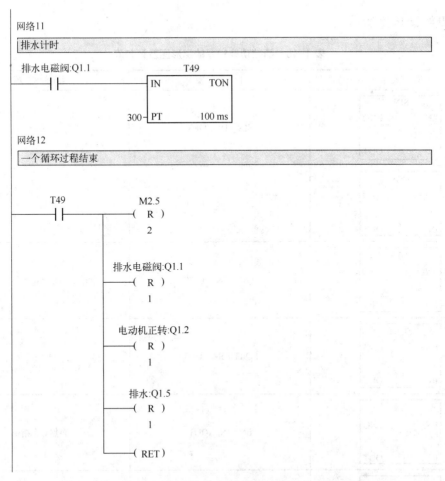

图 1-154 工业洗衣机系统的 PLC 控制——漂洗子程序（续）

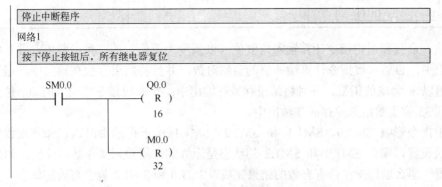

图 1-155 工业洗衣机系统的 PLC 控制——中断程序

1.9.5 知识链接——函数运算指令、梯形图的设计方法

1. 函数运算指令

函数运算指令主要包括正弦、余弦、正切、平方根、自然对数及指数指令等，其梯形图

及语句表如表 1-48 所示。

表 1-48　函数功能指令的梯形图及语句表

梯　形　图	语　句　表	指令名称
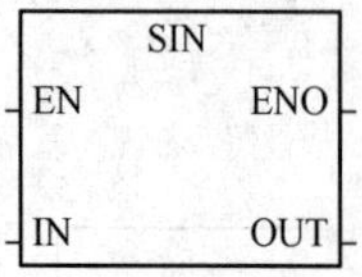 SIN EN　ENO IN　OUT	SIN　IN，OUT	正弦指令
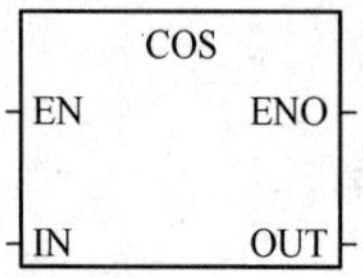 COS EN　ENO IN　OUT	COS　IN，OUT	余弦指令
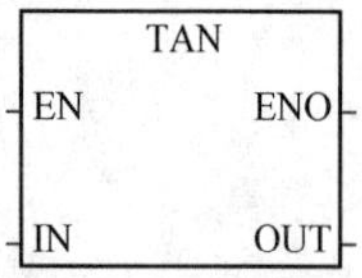 TAN EN　ENO IN　OUT	TAN　IN，OUT	正切指令
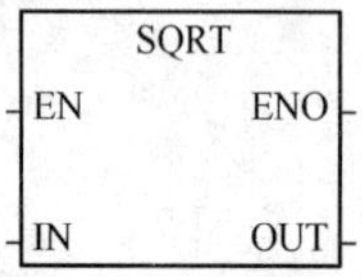 SQRT EN　ENO IN　OUT	SQRT　IN，OUT	平方根指令
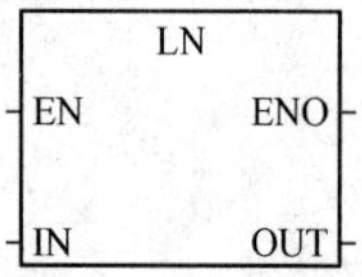 LN EN　ENO IN　OUT	LN　IN，OUT	自然对数指令
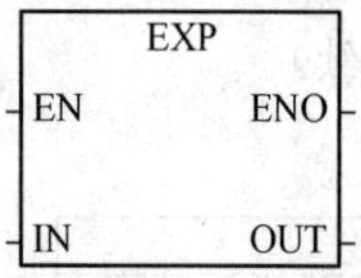 EXP EN　ENO IN　OUT	EXP　IN，OUT	指数指令

　　正弦、余弦和正切指令计算输入角度值（以弧度为单位）的三角函数值，并且将结果存放在输出中；自然对数指令计算输入值的自然对数，并且将结果存放在输出中；指数指令计算输入值以 e 为底的指数，并且将结果存放在输出中；平方根指令将输入的 32 位实数开平方，得到 32 位实数结果并存放在输出中。

　　表中指令影响 SM1.0、SM1.1 和 SM1.2。SM1.1 用于指示溢出错误和非法数值。如果 SM1.1 被设置，那么 SM1.0 和 SM1.2 的状态是无效的，原输入操作数不改变。如果 SM1.1 没有设置，那么运算操作带有有效的结果完成，SM1.0 和 SM1.2 包含有效的状态。

　　函数运算指令的操作数范围如表 1-49 所示。

表 1-49　函数运算指令的操作数范围

指　　令	输入或输出	操　作　数
循环指令	IN	ID、QD、VD、MD、SMD、SD、LD、AC、*VD、*LD、*AC、常数
	OUT	ID、QD、VD、MD、SMD、SD、LD、AC、*VD、*LD、*AC

2. 梯形图的经验设计法

数字量控制系统又称开关量控制系统，继电器控制系统是典型的数字量控制系统。可以用设计继电器电路图的方法来设计比较简单的数字量控制系统梯形图，即在一些典型电路的基础上，根据被控对象对控制系统的具体要求，不断地修改和完善梯形图。有时需要反复地调试和修改梯形图，增加一些中间编程元件和触点，最后才能得到一个较为满意的结果。

这种方法没有普遍的规律可以遵循，具有很大的试探性和随意性，最后的结果不是唯一的，与设计所用的时间、设计的质量与设计者的经验有很大的关系，所以有人把这种设计方法叫做经验设计法，它可以用于较为简单的梯形图的设计。当然，经验设计法在数字量控制系统中也是最为常见、最基本的一种梯形图设计方法。

3. 梯形图的移植设计法

（1）基本方法

梯形图的移植设计法又称为根据继电器电路图设计梯形图的方法。PLC 使用与继电器电路图极为相似的梯形图语言，如果用 PLC 改造继电器控制系统，根据继电器电路图来设计梯形图是一条捷径。这是因为原有的继电器控制系统经过长期的使用和考验，已经被实践证明能完成系统控制要求，而继电器电路图又与梯形图有很多相似之处，因此可以将继电器电路图"翻译"成梯形图，即用 PLC 的外部硬件接线图和梯形图程序来实现继电器控制系统的功能。

这种设计法一般不需要改动控制面板，保持系统原有的外部特性，操作人员不用改变长期形成的操作习惯。

在分析 PLC 控制系统的功能时，可以将 PLC 想象成一个继电器控制系统中的控制箱，其外部接线图描述了这个控制箱的外部接线，梯形图是这个控制箱的内部"电路图"，梯形图中的输入位（I）和输出位（Q）是这个控制箱与外部联系的"接口继电器"，这样就可以用分析继电器电路的方法来分析 PLC 控制系统。在分析时可以将梯形图中输入位的触点想象成对应的外部输入器件的触点，将输出位的线圈想象成对应的外部负载的线圈。外部负载的线圈除了受梯形图的控制外，还可能受外部触点的控制。

将继电器电路图转换为功能相同的 PLC 的外部接线图和梯形图的步骤如下。

1）了解和熟悉被控设备的工艺过程和机械的动作情况，根据继电器电路图分析和掌握 PLC 控制系统的工作原理，这样才能着手对继电器控制系统进行改造。

2）确定 PLC 的输入信号和输出负载，以及与它们对应的梯形图中的输入位和输出位的地址，画出 PLC 的外部接线图。

3）确定与继电器电路图的中间继电器、时间继电器对应的梯形中的位存储器（M）和定时器（T）的地址。这两步建立了继电器电路图中的元件和梯形图中编程元件的地址之间的对应关系。

4）根据上述对应关系画出梯形图。

（2）移植法应用

图 1-156 是某三速异步电动机起动和自动加速的继电器控制电路图，图 1-157 和图 1-158 是实现相同功能的 PLC 控制系统的外部接线图和梯形图，主电路图保持不变。

继电器电路与 PLC 输入/输出的对应关系如表 1-50 所示。

表 1-50　继电器电路与 PLC 输入/输出对应关系

继电器电路	PLC 输入/输出
SB1	I0.0
SB2	I0.1
KA	M0.0
KM1	Q0.0
KT1	T37
KM2	Q0.1
KT2	T38
KM3	Q0.2

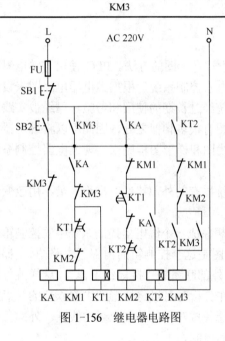

图 1-156　继电器电路图

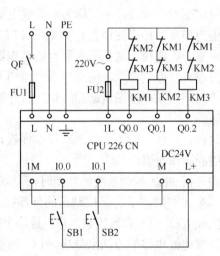

图 1-157　PLC 外部接线图

　　继电器电路图中的交流接触器和电磁阀等执行机构如果用 PLC 的输出位来控制，则它们的线圈接在 PLC 的输出端。按钮、控制开关、限位开关、光开关等用来给 PLC 提供控制命令和反馈信号，它们的触点接在 PLC 的输入端，一般使用常开触点。继电器电路图中的中间继电器和时间继电器的功能用 PLC 内部的位存储器和定时器来完成，它们与 PLC 的输入位和输出位无关。

　　图 1-156 中的时间继电器 KT2 的触点是瞬动触点，即该触点在 KT2 的线圈通电的瞬间接通，在图 1-158 所示的梯形图中，在与 KT2 对应的 T38 功能块的两端并联有 M0.2 的线圈，用 M0.2 的常开触点来代替 KT2 的瞬动触点。

　　（3）移植法应用注意事项

　　梯形图和继电器电路虽然表面上看相差不多，但实际上有本质的区别。继电器电路全部是由硬件组成的电路，而梯形图是一种软件，是 PLC 图形化的程序。在继电器电路图中，由同一个继电器的多对触点控制的多个继电器的状态可能同时变化。而 PLC 的 CPU 是串行工作的，即 CPU 同时只能处理一条与触点和电路图有关的指令。

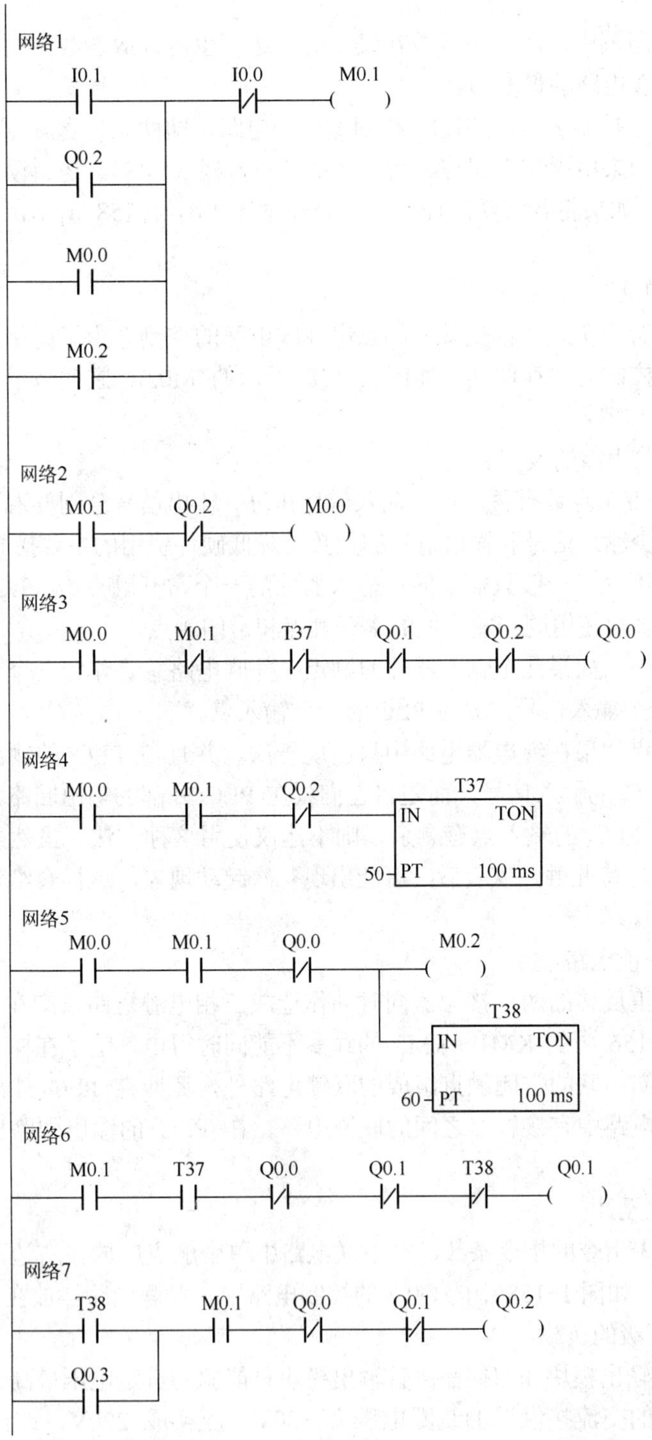

网络1

```
    I0.1              I0.0      M0.1
 ───┤ ├──────┬────────┤/├──────(   )
            │
    Q0.2    │
 ───┤ ├─────┤
            │
    M0.0    │
 ───┤ ├─────┤
            │
    M0.2    │
 ───┤ ├─────┘
```

网络2

```
    M0.1      Q0.2      M0.0
 ───┤ ├──────┤/├───────(   )
```

网络3

```
    M0.0     M0.1     T37      Q0.1     Q0.2     Q0.0
 ───┤ ├──────┤/├──────┤/├──────┤/├──────┤/├──────(   )
```

网络4

```
    M0.0     M0.1     Q0.2        ┌──────────────┐
 ───┤ ├──────┤ ├──────┤/├────────┤IN    T37  TON│
                                 │              │
                             50 ─┤PT     100 ms │
                                 └──────────────┘
```

网络5

```
    M0.0     M0.1     Q0.0      M0.2
 ───┤ ├──────┤ ├──────┤/├──────(   )
                               │
                               │    ┌──────────────┐
                               └────┤IN    T38  TON│
                                    │              │
                                60 ─┤PT     100 ms │
                                    └──────────────┘
```

网络6

```
    M0.1     T37      Q0.0     Q0.1     T38      Q0.1
 ───┤ ├──────┤ ├──────┤/├──────┤/├──────┤/├──────(   )
```

网络7

```
    T38           M0.1     Q0.0     Q0.1     Q0.2
 ───┤ ├───────┬───┤ ├──────┤/├──────┤/├──────(   )
             │
    Q0.3     │
 ───┤ ├──────┘
```

图 1-158　梯形图

用移植法设计 PLC 的外部接线图和梯形图时应注意以下问题。

1）应遵守梯形图语言中的语法规定。

如在继电器电路图中，触点可以放在线圈的左边，也可以放在线圈的右边，但是在梯形图中，线圈必须放在电路的最右边。

对于图 1-156 中控制 KM1 和 KT1 线圈那样的电路，即两条包含触点和线圈的串联电路组成的并联电路，如果用语句表编程，需要使用逻辑入栈（LPS）、逻辑读栈（LRD）和逻辑出栈（LPP）指令。如果将各线圈的控制电路分开设计如图 1-158 所示，则可以避免使用堆栈指令。

2）设置中间单元。

在梯形图中，若多个线圈都受某一触点串并联电路的控制，为了简化电路，在梯形图中可以设置用该电路控制的位存储器，如图 1-158 所示的 M0.0，它类似于继电器电路中的中间继电器。

3）PLC 输入/输出点的设置。

PLC 的价格与 I/O 点数有关，每一输入信号和每一输出信号分别要占用一个输入点和一个输出点，因此减少输入信号和输出信号的点数是降低硬件费用的主要措施。

与继电器电路不同，一般只需要同一输入器件的一个常开触点给 PLC 提供输入信号，在梯形图中，可以多次使用同一输入位的常开触点和常闭触点。

在继电器电路中，如果几个输入器件的触点串并联电路总是作为一个整体出现，可以将它们作为 PLC 的一个输入信号，只占 PLC 的一个输入点。

某些器件的触点如果在继电器电路中只出现一次，并且与 PLC 的输出端负载串联，则可不将它们作为 PLC 的输入信号，而是将它们放在 PLC 外部的输出回路，仍与相应的外部负载串联。但如果 PLC 的输入点有剩余，则不建议使用这种方法（虽然外电路已断开，但 PLC 程序仍在执行，待此触点恢复后，可能出现二次起动现象，这样会给设备或操作者带来意外的故障或麻烦）。

4）设置外部联锁电路。

为了防止控制正反转的两个接触器同时动作造成三相电源短路，应在 PLC 外部设置硬件联锁电路。图 1-156 中的 KM1~KM3 的线圈不能同时得电，除了在梯形图中设置与它们对应的输出位的线圈串联的常闭触点组成的联锁电路外，还应在 PLC 外部设置硬件联锁电路。如果在继电器电路中有接触器之间的联锁电路，在 PLC 的输出回路也应采用相同的联锁电路。

5）梯形图优化设计。

为了减少语句表指令的指令条数，在串联电路中单个触点应放在右边，在并联电路中单个触点应放在下面。如图 1-158 中的 Q0.2 的控制电路中，并联电路被放在电路的最左边。

6）不同电压等级的负载。

PLC 的继电器输出模块和双向晶闸管输出模块只能驱动额定电压最高为 AC 220V 的负载，如果系统原来的交流接触器的线圈电压为 380V，应换成 220V，或设置外部中间继电器。如果外部负载有不同电压等级，则不能同时接在 PLC 的一个输出组中，此时，各组使用各自的额定电压。

4. 梯形图的顺序控制设计法

用经验设计法设计梯形图时，没有一套固定的方法和步骤可以遵循，具有很大的试探性和随意性，对于不同的控制系统，没有一种通用的容易掌握的设计方法。

如果控制系统不是在继电器控制基础上进行改造的，而是全新的控制系统，没有继电器电路可参考，这时移植设计法显然派不上用场。如果控制系统的加工工艺要求又有一定的顺序性，这时可采用顺序控制设计法。

顺序控制设计法，就是按照生产工艺预先规定的顺序，在各个输入信号的作用下，根据内部状态和时间的顺序，在生产过程中各个执行机构自动地、有秩序地进行操作。使用顺序控制设计法时首先应根据系统的工艺过程，画出顺序功能图，然后根据顺序功能图设计出梯形图。有的 PLC 为用户提供了顺序功能图语言，在编程软件中生成顺序功能图后便完成了编程工作。这是一种先进的设计方法，很容易被初学者接受，对于有经验的工程师，也会提高设计的效率，程序的调试、修改和阅读也很方便。如何用顺序控制设计法设计梯形图将在下面几个项目中具体阐明。

1.9.6 项目交流——多个数码管的显示、用取反指令控制灯的亮灭

1. 多个数码管的显示

在很多工程项目中，经常要求多位数显示（如温度要求显示范围为 0~999℃），这时如果仍用数码管显示则必然要占用很多输出点。一方面可以通过扩展 PLC 的输出实现，另一方面仍可采用 CD4513 芯片实现。通过扩展 PLC 的输出必然增加系统硬件成本，还会增加系统的故障率，因此使用 CD4513 芯片则成为首选。

CD4513 驱动多个数码管电路图如图 1-159 所示。

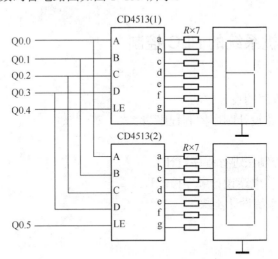

图 1-159　用 CD4513 减少输出点的电路图

数个 CD4513 的数据输入端 A~D 共用 PLC 的 4 个输出端，其中 A 为最低位，D 为最高位，LE 为高电平时，显示的数不受数据输入信号的影响。显然，N 个显示器占用的输出点可降到 4+N 个点。

如果使用继电器输出模块，最好在与 CD4513 相连的 PLC 各输出端与"地"之间分别

接上一个几千欧的电阻，以避免在输出继电器输出触点断开时 CD4513 的输入端悬空。输出继电器的状态变化时，其触点可能会抖动，因此应先送数据输出信号，待信号稳定后，再用 LE 信号的上升沿将数据锁存在 CD4513 中。

2．用循环指令实现定时

用循环指令和特殊位存储器 SM0.4 或 SM0.5，或与定时器，或与计数器一起构成定时器或计数器，或扩展定时或计数器范围，当然循环指令实现定时编程相对较为复杂，故很少有人使用。

3．用取反指令控制灯的亮灭

用取反指令可实现用一个按钮控制灯的亮灭，即按钮按一次灯亮，再按一次灯灭。同样也可用一个按钮实现一台电动机的起动与停止等。

1.9.7　技能训练——自动雨伞售货机的 PLC 控制

应用 PLC 设计一台自动雨伞售货机控制系统。该自动雨伞售货机放置在马路边，当下雨时行人可通过此售货机购买雨伞。自动雨伞售货机可以投 1 元、5 元、10 元钱。当购买者按下购买铵钮时，系统进行投币额处理，并显示投币额，当投币额大于等于雨伞价格（12 元）时，售货机输出雨伞，同时成交成功指示灯亮，此机可设置不找零功能；当投币金额小于雨伞价格时，显示器闪烁投币额，这时购买者可继续投币，直至投币额大于等于雨伞价格，或选择按下放弃购买按钮，退出所投钱币，2min 内不按下放弃购买按钮，则再按无效。

训练点：算术运算指令的应用；逻辑运算指令的应用；CD4513 芯片的应用；数码管显示程序的编写。

项目 1.10　液压机系统的 PLC 控制

知识目标
- 掌握顺序控制程序的设计方法
- 掌握起/保/停电路设计顺序控制程序

能力目标
- 熟练运用顺序控制法进行程序设计
- 熟练掌握起/保/停电路设计顺序控制程序
- 掌握 PLC 控制系统设计步骤

1.10.1　项目引入

图 1-160 为 3000kN 液压机工作示意图。系统通电时，按下液压泵起动按钮 SB2，起动液压泵电动机。当液压缸活塞处于原位 SQ1 处时，按下活塞下行按钮 SB3，活塞快速下行（电磁阀 YV1、YV2 得电），当遇到快转慢转换检测传感器 SQ2 时，活塞慢行（仅电磁阀 YV1 得电），在压到工件时继续下行，当压力达到设置值时，压力继电器 KP 动作，即停止下行（电磁阀 YV 失电），保压 3s 后，电磁阀 YV3 得电，活塞开始返回，当到达 SQ1 时返回停止。

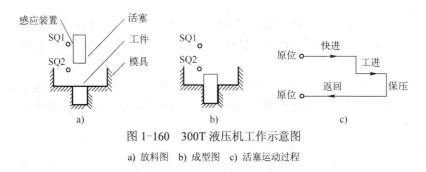

图 1-160 300T 液压机工作示意图

a) 放料图 b) 成型图 c) 活塞运动过程

控制系统还要求有：电源指示；液压泵电动机工作指示；活塞快进指示、工进及返回显示。

1.10.2 项目分析

根据上述控制要求可知，电磁阀 YV1～YV3 属于被控对象，原位传感器 SQ1、速度转换处的传感器 SQ2、压力继电器 KP 及控制按钮等属于控制信号。

3000kN 液压机工作过程属于典型的顺序控制过程，可以采用经验法设计其控制程序，也可以采用顺序控制设计法设计程序。采用顺序控制设计法设计程序对初学者来说易于理解，对于工程技术人员来说易于维护，同时还可提高设计效率。

本项目重点介绍采用起/保/停方法进行顺序控制程序（单序列）的设计。

1.10.3 相关知识——起/保/停电路的顺序控制设计法

1. 顺序控制设计法

（1）顺序控制程序设计法的基本思想

将系统的一个工作周期划分为若干个顺序相连的阶段，这些阶段称为步（Step），并用编程元件（如位存储器 M 或顺序控制继电器 S）来代表各步。在任何一步之内，输出量的状态保持不变，这样使步与输出量的逻辑关系变得十分简单。

（2）步的划分

根据输出量的状态来划分步，只要输出量的状态发生变化就在该处划出一步，如图 1-160c 所示，加初始步共分为 5 步。

（3）步的转换

系统不能总停在一步内工作，从当前步进入到下一步称为步的转换，这种转换的信号称为转换条件。转换条件可以是外部输入信号（如本项目的快转慢传感器 SQ2、压力继电器 KP 等），也可以是 PLC 内部信号（如本项目的保压时间 T）或若干个信号的逻辑组合。

顺序控制设计就是用转换条件去控制代表各步的编程元件，让它们按一定的顺序变化，然后用代表各步的元件去控制 PLC 的各输出位。

2. 顺序功能图

顺序功能图（Sequential Function Chart）是描述控制系统的控制过程、功能和特性的一种图形，也是设计 PLC 的顺序控制程序的有力工具。它涉及所描述的控制功能的具体技术，是一种通用的技术语言。在 IEC 的 PLC 编程语言标准（IEC 61131-3）中，顺序功能图被确定为 PLC 位居首位的编程语言。现在还有相当多的 PLC（包括 S7-200PLC）没有配备顺序功能图语言，但是可以用顺序功能图来描述系统的功能，根据它来设计梯形图程序。

顺序功能图主要由步、有向连线、转换、转换条件和动作（或命令）组成。

（1）步

步表示系统的某一工作状态，用矩形框表示，方框中可以用数字表示该步的编号，也可以用代表该步的编程元件的地址作为步的编号（如 M0.0），这样在根据顺序功能图设计梯形图时较为方便。

（2）初始步

初始步表示系统的初始工作状态，用双线框表示，初始状态一般是系统等待起动命令的相对静止的状态。每一个顺序功能图至少应该有一个初始步。

（3）与步对应的动作或命令

与步对应的动作或命令在每一步内把状态为 ON 的输出位表示出来。可以将一个控制系统划分为被控系统和施控系统。对于被控系统，在某一步要完成某些"动作"（action）；对于施控系统，在某一步要向被控系统发出某些"命令"（command）。

为了方便，以后将命令或动作统称为动作，也用矩形框中的文字或符号表示，该矩形框与对应的步相连表示在该步内的动作。在每一步之内只标出状态为 ON 的输出位。

如果某一步有几个动作，可以用图 1-161 中的两种画法来表示，但是并不隐含这些动作之间的任何顺序。

（4）有向连线

有向连线把每一步按照它们成为活动步的先后顺序用直线连接起来。

图 1-161　动作

活动步是指系统正在执行的那一步。步处于活动状态时，相应的动作被执行，即该步内的元件为 ON 状态；处于不活动状态时，相应的非存储型动作被停止执行，即该步内的元件为 OFF 状态。有向连线的默认方向由上至下，凡与此方向不同的连线均应标注箭头表示方向。

（5）转换

转换用有向连线上与有向连线垂直的短画线来表示，将相邻两步分隔开。步的活动状态的进展是由转换的实现来完成的，并与控制过程的发展相对应。

转换表示从一个状态到另一个状态的变化，即从一步到另一步的转移，用有向连线表示转移的方向。

1）转换实现的条件：

该转换所有的前级步都是活动步，且相应的转换条件得到满足。

2）转换实现后的结果：

使该转换的后续步变为活动步，前级步变为不活动步。

（6）转换条件

使系统由当前步进入到下一步的信号称为转换条件。转换是一种条件，当条件成立时，称为转换使能。该转换如果能够使系统的状态发生转换，则称为触发。转换条件是指系统从一个状态向一个状态转移的必要条件。

转换条件是与转换相关的逻辑命题，转换条件可以用文字语言、布尔代数表达式或图形符号标注在表示转换的短画线旁边，使用最多的是布尔代数表达。

在顺序功能图中，只有当某一步的前级步是活动步时，该步才有可能变成活动步。如果用没有断电保持功能的编程元件代表各步，进入 RUN 工作方式时，它们均处于 0 状态，必须用开机时接通一个扫描周期的初始化脉冲 SM0.1 的常开触点作为转换条件，将初始步预置为活动步，否则因顺序功能图中没有活动步，系统将无法工作。

3．顺序功能图的基本结构

顺序功能图主要用 3 种结构：单序列、选择序列、并行序列。

（1）单序列

单序列是由一系列相继激活的步组成，每一步的后面仅有一个转换，每一个转换的后面只有一个步，如图 1-162a 所示。

（2）选择序列

选择序列的开始称为分支，转换符号只能标在水平连线之下，如图 1-162b 所示。步 5 后有两个转换 h 和 k 所引导的两个选择序列，如果步 5 为活动步并且转换 h 使能，则步 8 被触发；如果步 5 为活动步并且转换 k 使能，则步 10 被触发。一般只允许选择一个序列。

选择序列的合并是指几个选择序列合并到一个公共序列。此时，用需要重新组合的序列相同数量的转换符号和水平连线来表示，转换符号只允许在水平连线之上。图 1-162b 中如果步 9 为活动步并且转换 j 使能，则步 12 被触发；如果步 11 为活动步并且转换 n 使能，则步 12 也被触发。

（3）并行序列

并行序列用来表示系统的几个同时工作的独立部分情况。并行序列的开始称为分支，如图 1-162c 所示。当转换的实现导致几个序列同时激活时，这些序列称为并行序列。当步 3 是活动步并且转换条件 e 为 ON，步 4、步 6 这两步同时变为活动步，同时步 3 变为不活动步。为了强调转换的实现，水平连线用双线表示。步 4、步 6 被同时激活后，每个序列中活动步的进展将是独立的。在表示同步的水平双线上，只允许有一个转换符号。并行序列的结束称为合并，在表示同步水平双线之下，只允许有一个转换符号。当直接连在双线上的所有前级步（步 5、步 7）都处于活动状态，并且转换状态条件 i 为 ON 时，才会发生步 5、步 7 到步 10 的进展，步 5、步 7 同时变为不活动步，而步 10 变为活动步。

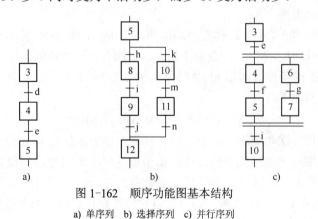

图 1-162 顺序功能图基本结构

a) 单序列 b) 选择序列 c) 并行序列

4．绘制顺序功能图的注意事项

1）步与步不能直接相连，要用转换隔开。

2）转换也不能直接相连，要用步隔开。

3）初始步描述的是系统等待起动命令的初始状态，通常在这一步里没有任何动作。但是初始步是不可不画的，因为如果没有该步，无法表示系统的初始状态，系统也无法返回停止状态。

4）自动控制系统应能多次重复完成某一控制过程，要求系统可以循环执行某一程序，因此顺序功能图应是一个闭环，即在完成一次工艺过程的全部操作后，应从最后一步返回初始步，系统停留在初始状态（单周期操作）；在连续循环工作方式下，系统应从最后一步返回下一工作周期开始运行的第一步。

5. 顺序功能图转换成梯形图的方法

根据控制系统的工艺要求画出系统的顺序功能图后，还必须将顺序功能图转换成 PLC 执行的梯形图程序（前面已提及，目前还有很多 PLC 没有配备顺序功能图语言）。将顺序功能图转换成梯形的方法有以下 3 种。

1）采用起/保/停电路的设计方法（经验法）。

2）采用置位（S）与复位（R）指令的设计方法（以转换为中心）。

3）采用顺序控制继电器指令（SCR 指令）的设计方法。

6. 采用起/保/停电路的顺序控制梯形图设计方法

根据顺序功能图设计梯形图时，可以用存储器位 M 来代表步。某一步为活动步时，对应的存储位为 1 状态，某一转换实现时，该转换的后续步变为活动步，前级步变为不活动步。

（1）单序列的编程方法

起/保/停电路仅仅使用与触点和线圈有关的指令，任何一种 PLC 的指令系统都是这一类指令，因此这是一种通用的编程方法，可以用于任意型号的 PLC。

图 1-163a 给出了自动小车运动的示意图。当按下起动按钮时，小车由原点 SQ0 处前进（Q0.0 动作）到 SQ1 处，停留 2s 返回（Q0.1 动作）到原点，停留 3s 后前进至 SQ2 处，停留 2s 后返回到原点。当再次按下起动按钮时，重复上述动作。

设计起/保/停电路的关键是找出它的起动条件和停止条件。根据转换实现的基本规则，转换实现的条件是它的前级步为活动步，并且满足相应的转换条件。在起/保/停电路中，则应将代表前级步的存储器位 Mx.x 的常开触点和代表转换条件的如 Ix.x 的常开触点串联，作为控制下一位的起动电路。

图 1-163b 给出了自动小车运动顺序功能图，当 M0.1 和 SQ1 的常开触点均闭合时，步 M0.2 变为活动步，这时步 M0.1 应变为不活动步，因此可以将 M0.2 为 ON 状态作为使存储器位 M0.1 变为 OFF 的条件，即将 M0.2 的常闭触点与 M0.1 的线圈串联。上述的逻辑关系可以用逻辑代数式表示如下。

$$M0.1=(M0.0 \cdot I0.0+M0.1) \cdot \overline{M0.2}$$

根据上述的编程方法和顺序功能图，很容易画出梯形图如图 1-163c 所示。

顺序控制梯形图输出电路部分的设计：由于步是根据输出变量的状态变化来划分的，它们之间的关系极为简单，可以分为两种情况来处理。

1）某输出量仅在某一步为 ON，则可以将它原线圈与对应步的存储器位 M 的线圈相并联如图 1-164 所示。

2）如果某输出在几步中都为 ON，应将使用各步的存储器位的常开触点并联后，驱动其输出的线圈，如图 1-163c 中网络 9 和网络 10 所示。

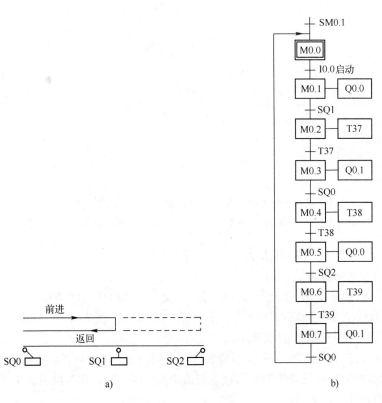

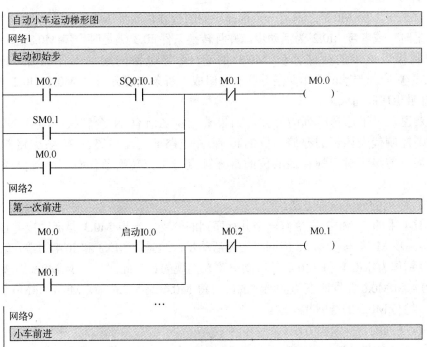

图 1-163 自动小车运动示意图、顺序功能图、梯形图

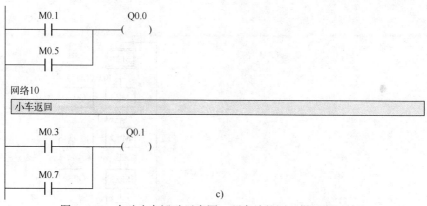

网络10

小车返回

c)

图 1-163 自动小车运动示意图、顺序功能图、梯形图（续）

a) 小车运动示意图　b) 小车运动顺序功能图　c) 小车运动梯形图

（2）选择序列和并行序列的编程方法

1）选择序列的分支编程方法。

图 1-164 中，步 M0.0 之后有一个选择序列的分支，设 M0.0 为活动步，当它的后续步 M0.1 或 M0.2 变为活动步时，它都应变为不活动步，即 M0.0 变为 OFF 状态，所以应将 M0.1 和 M0.2 的常闭触点与 M0.0 的线圈串联。

如果某一步的后面有一个由 N 条分支组成的选择序列，该步可能转换到不同的 N 步去，则应将这 N 个后续步对应的存储器位的常闭触点与该步的线圈串联，作为结束该步的条件。

2）选择序列的合并编程方法

图 1-165 中，步 M0.3 之前有一个选择序列的合并，当步 M0.1 为活动步，并且转换条件 I0.2 满足时，或者步 M0.2 为活动步，并且转换条件 I0.3 满足时，步 M0.3 都应变为活动步，即控制代表该步的存储器位 M0.3 的起/保/停电路的起动条件应为 M0.1·I0.2+ M0.2·I0.3，对应的起动电路由两条并联支路组成，每条支路分别由 M0.1、I0.2 或 M0.2、I0.3 的常开触点串联而成。

一般来说，对于选择序列的合并，如果某一步之前有 N 个转换，即有 N 条分支进入该步，则控制代表该步的存储器位的起/保/停电路的起动电路由 N 条支路并联而成，各支路由某一前级步对应的存储器位的常开触点与相应转换条件对应的触点或电路串联而成。

3）并行序列的分支编程方法。

图 1-164 中的步 M0.3 之后有一个并行序列的分支，当步 M0.3 是活动步并且转换条件 I0.4 满足时，步 M0.4 与步 M0.6 应同时变为活动步，这是用 M0.3 和 I0.4 的常开触点组成的串联电路分别作为 M0.4 和 M0.6 的起动电路来实现的。与此同时，步 M0.3 应变为不活动步。步 M0.4 和 M0.6 是同时变为活动步的，可将 M0.4 或 M0.6，或 M0.4 和 M0.6 的常闭触点串联后一起与 M0.3 的线圈相串联。

4）并行序列的合并编程方法。

图 1-164 中的步 M1.0 之前有一个并行序列的合并，该转换实现的条件是所有的前级步（即步 M0.5 和 M0.7）都是活动步且转换条件 I0.7 满足。由此可知，应将 M0.5、M0.7 和 I0.7 的常开触点串联，作为控制 M1.0 的起/保/停电路的起动电路。

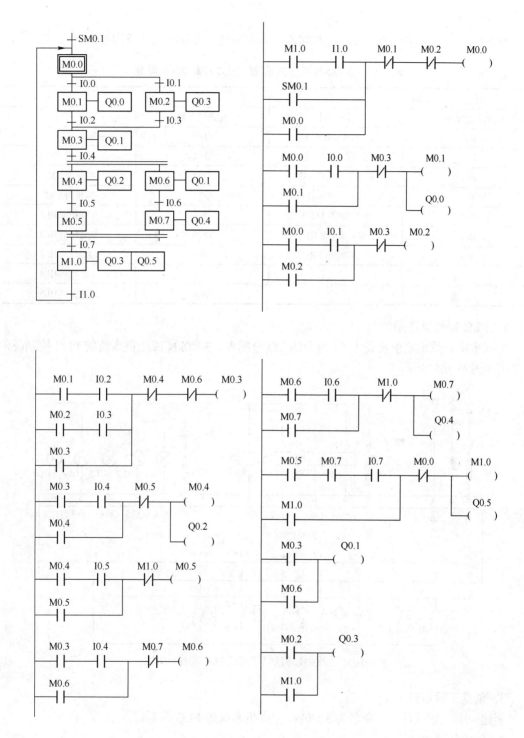

图 1-164   选择序列与并行序列的顺序功能图和梯形图

143

1.10.4 项目实施——液压机系统的 PLC 控制

1. I/O 分配

根据项目分析和图 1-160 可知，对输入、输出量进行分配如表 1-51 所示。

表 1-51　3000kN 液压机系统的 PLC 控制 I/O 分配表

输　入		输　出	
输入继电器	元　件	输出继电器	元　件
I0.0	液压泵停止按钮 SB1	Q0.0	液压泵电动机 KM
I0.1	液压泵起动按钮 SB2	Q0.1	电磁阀 YV1
I0.2	活塞下行按钮 SB3	Q0.2	电磁阀 YV2
I0.3	原位检测 SQ1	Q0.3	电磁阀 YV3
I0.4	快转慢检测 SQ2	Q0.4	工作指示 HL1
I0.5	压力继电器 KP	Q0.5	快进指示 HL2
I0.6	热继电器 FR	Q0.6	慢进指示 HL3
		Q0.7	保压指示 HL4
		Q1.0	返回指示 HL5

2. PLC 硬件原理图

根据本项目系统要求及表 1-51 所示的 I/O 分配表，3000kN 液压机系统的 PLC 控制硬件原理图如图 1-165 所示。

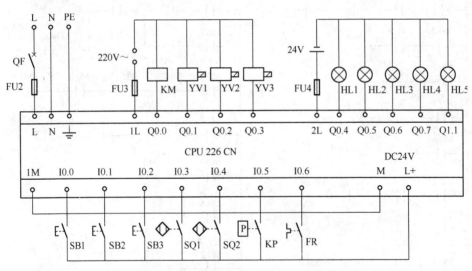

图 1-165　3000kN 液压机系统的 PLC 硬件原理图

3. 创建工程项目

创建一个工程项目，并命名为 3000kN 液压机系统的 PLC 控制。

4. 编辑符号表

编辑符号表如图 1-166 所示。

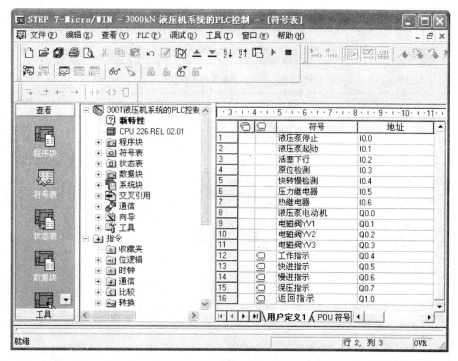

图 1-166　编辑符号表

5. 设计梯形图程序

根据控制要求,画出顺序功能图如图 1-167 所示,采用顺序控制程序设计法设计的梯形图程序如图 1-168 所示。

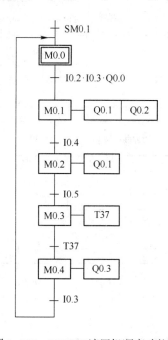

图 1-167　3000kN 液压机顺序功能图

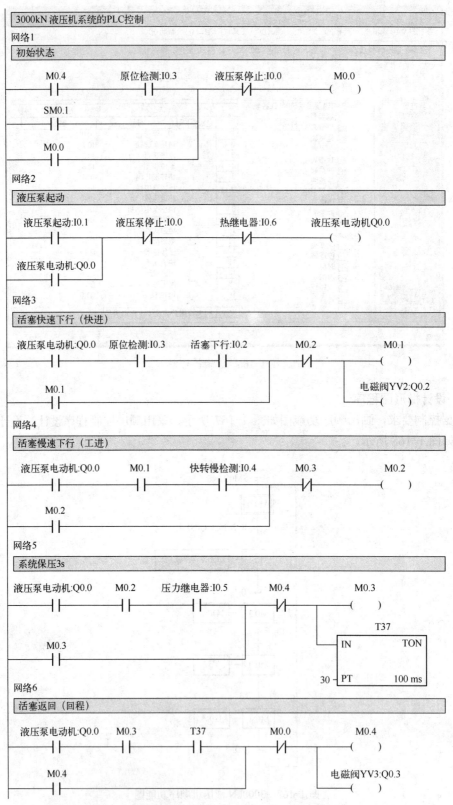

图 1-168 采用顺序控制设计法设计的 3000kN 液压机梯形图

146

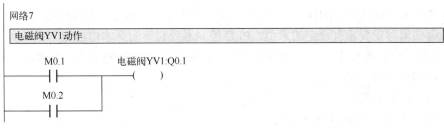

图 1-168 采用顺序控制设计法设计的 3000kN 液压机梯形图（续）

6．运行与调试程序

1）下载程序并运行。

2）分析程序运行的过程和结果。

1.10.5 知识链接——PLC 控制系统设计的原则、内容及步骤

1．PLC 控制系统设计的基本原则

不同的设计者有着不同的设计风格和方案，然而，系统的总体设计原则是不变的。PLC 控制系统的总体设计原则是：根据控制任务，在最大限度地满足生产机械或生产工艺对电气控制要求的前提下，要求系统运行稳定，安全可靠，经济实用，操作简单，维护方便。

任何一个电气控制系统所要完成的控制任务，都是为了满足被控对象（生产控制设备、自动化生产线、生产工艺过程等）提出的各项性能指标，提高劳动生产率，保证产品质量，减轻劳动强度和危害程度，提升自动化水平。因此，在设计 PLC 控制系统时，应遵循的基本原则如下。

（1）最大限度地满足被控对象提出的各项性能指标

为明确控制任务和控制系统应有的功能，设计人员在进行设计前，就应深入现场进行调查和研究，收集资料，与机械部分的设计人员和实际操作人员密切配合，共同拟定电气控制方案，以便协同解决在设计过程中出现的各种问题。

（2）确保控制系统的安全可靠

电气控制系统的可靠性就是生命线，不能安全可靠工作的电气控制系统，是不可能长期投入生产运行的。尤其是在以提高产品数量和质量，保证生产安全为目标的应用场合，必须将可靠性放在首位。

（3）力求控制系统简单

在满足控制要求和保证可靠工作的前提下，应力求控制系统结构简单。只有结构简单的控制系统才具有经济性、实用性的特点，才能做到使用方便和维护容易。

（4）留有适当的余量

考虑到生产规模的扩大，生产工艺的改进，控制任务的增加，以及维护方便的需要，要充分利用 PLC 易于扩充的特点，在选择 PLC 的容量（包括存储器的容量，机架插槽数、I/O 点的数量等）时，应留有适当的余量。

2．PLC 控制系统设计的基本内容

PLC 控制系统设计和其他控制系统的设计内容基本相似，设计 PLC 控制系统应最大限度地满足控制对象的要求，充分发挥 PLC 的性能特点，尽可能使控制系统简单、经济，充

分考虑系统的安全性（软件的保护）；另外，为了便于维护和改进，在设计时对 PLC 的输入输出点及存储器容量要留有一定的余量。PLC 控制系统设计的基本内容如下。

1）选择用户输入设备、输出设备以及由输出设备驱动的控制对象，如电动机、电磁阀等，画出控制系统流程图。

2）选择合适的 PLC。

3）分配 I/O 点，绘制外部接线图。

4）设计控制程序，包括设计梯形图或指令语句表等。

5）必要时还需要设计控制柜或控制台。

6）编制控制系统的技术文件，包括说明书、电气原理图及电气元器件明细表等。

3．PLC 控制系统设计的步骤

PLC 控制系统设计的步骤主要包括系统规划、硬件配置、程序设计及程序调试等。

（1）明确设计任务和技术条件

在进行系统设计之前，设计人员首先应该对被控对象进行深入的调查和分析，并熟悉工艺流程及设备性能。根据生产中提出来的问题，确定系统所要完成的任务。与此同时，拟定出设计任务书，明确各项设计要求、约束条件及控制方式。设计任务书是整个系统设计的依据。

（2）PLC 的选型

目前，国内外 PLC 生产厂家生产的 PLC 品种已达数百种，其性能各有特点，价格也不尽相同。在设计 PLC 控制系统时，要选择最适宜的 PLC 机型，一般应考虑以下因素。

1）CPU 能力。CPU 的能力是 PLC 最重要的性能指标之一。在选择机型时，首先要考虑如何配置 CPU，其中主要考虑处理器的个数及位数、存储器的容量及可扩展性、编程元件的能力等。

2）I/O 系统。PLC 控制系统的输入/输出点数的多少，是 PLC 系统设计时必须知道的参数。这主要考虑 PLC 的最大 I/O 点数、模拟量 I/O 与数字量 I/O 点数之间的关系、远程 I/O 点数的考虑、智能 I/O 的考虑、I/O 点数的余量等。

3）指令系统。PLC 的种类很多，因此它的指令系统是不尽相同的，可根据实际应用场合对指令系统提出的要求，选择相应的 PLC。从应用的角度考虑，有的场合以逻辑控制为主，有的场合需要算术运算，有的场合可能需要更先进、更复杂的控制功能。

4）响应速度。对于以数字量控制为主的 PLC 控制系统，PLC 的响应速度都可以满足要求，不必特殊考虑。而对于含有模拟量的 PLC 控制系统，特别是含有较多闭环控制的系统，必须考虑 PLC 的响应速度。一般从两个方面考虑：一是执行指令时间；二是扫描周期。

5）其他因素。PLC 的选择除了要考虑上述因素外，还需要考虑工程投资及性价比、备品配件的统一性、技术支持等。

（3）硬件配置

硬件配置是 PLC 控制系统设计的重要内容，主要以 PLC 为核心来进行设计，设计内容包括确定 I/O 设备、PLC 的硬件配置、I/O 分配和硬件设计。

1）根据工艺要求，确定系统需要控制的执行元件的型号和数量，如输入设备、输出设备以及由输出驱动的控制器件，从而确定 PLC 提供输入信号的各个输入/输出元件的型号和数量。

2）根据输入和输出元件的型号和数量，确定 PLC 的硬件配置，包括 PLC 机型和容量的选择，输入模块的电压和接线方式，输出模块的输出形式，特殊功能模块的种类。对整体式 PLC 可以确定基本单元和扩展单元的型号，对模块式 PLC 可确定型号。这里还应包括系统的特殊要求，如选择远程 I/O 通信网络等。

3）制作 I/O 地址分配表，表中列出各个信号的代号，每个代号分配一个编程元件号，这和 PLC 的接线端子是一一对应的。分配时尽量将同类型的输入信号放在一组，比如输入信号的开关类放在一起，按钮类放在一起；输出信号为同一电压等级的放在一组，如接触器类放在一起、信号灯类放在一起。

4）硬件设计主要是绘制 PLC 的外部接线图，以及其他的电气控制电路图。绘制 PLC 的 I/O 端子与输入/输出设备的连接图或分配表。在连接图或分配表中，必须指定每个 I/O 对应的模块编号、端子编号、I/O 地址、对应的输入/输出设备等。

（4）程序设计

PLC 控制系统的功能是通过程序来实现的。程序代表着机器内各种器件间的关系。它是把接入 PLC 的主令信号、反馈信号用机器内的编程元件来代替。编程时首先要选择编程方法及程序结构。在编写程序的过程中，需要及时对编出的程序进行注释，这样有利于理解、阅读和调试。注释包括程序的功能、逻辑关系说明、设计思想、信号的来源和去向等。

（5）程序调试

程序调试主要分两种，模拟调试和现场调试。

1）模拟调试。模拟调试是在离线情况下的调试。将设计好的程序下载到 PLC 中进行编辑、检查，改正程序设计中的语法错误。之后进行用户程序的模拟调试，发现问题，立即修改和调整程序，直到满足工艺流程和状态流程图的要求为止。离线模拟调试主要是用开关和按钮来模拟 PLC 实际的输入信号，然后通过观察输出模块上与各输出继电器对应的发光二极管的情况来判断各输出信号的变化是否满足设计的要求。

2）现场调试。模拟调试和控制柜等硬件施工完成后，将模拟调试好的程序传送到现场使用的 PLC 存储器中，这样就可以进行整个系统的现场联机调试。现场调试是指将模拟调试通过的程序结合现场设备进行联机调试。通过现场调试，可以发现在模拟调试中无法发现的实际问题。如果控制系统是由几个部分组成的，应先进行局部调试，然后再进行整体调试，如果控制程序的步骤较多，则可先进行分段调试，然后再连接起来进行总体调试。调试中发现的问题，要逐一排除，直至调试成功。

（6）编制系统的技术文件

在设计任务完成后，要编制系统的技术文件。技术文件一般应包括总体说明、硬件文件、软件文件和使用说明等，随系统一起交付使用。

1.10.6 项目交流——仅有两步的闭环处理及系统安全

1. 仅有两步的闭环处理

如果在顺序功能图中有仅有两步组成的小闭环，如图 1-169a 所示，用起/保/停电路设计的梯形图不能正常工作。如 M0.2 和 I0.2 均为 ON 状态时，M0.3 的起动电路接通，但是这时与 M0.3 的线圈相串联的 M0.2 的常闭触点却是断开的，所以 M0.3 的线圈不能"通电"。出现上述问题的根本原因在于步 M0.2 既是步 M0.3 的前级步，又是它的后续步。

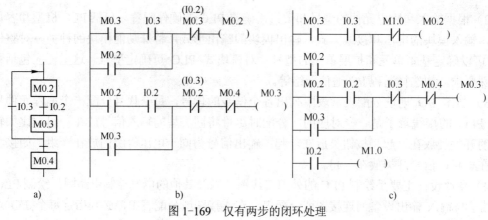

图 1-169 仅有两步的闭环处理

a) 顺序图 b) 不能工作的梯形图 c) 能工作的梯形图

如果用转换条件 I0.2 和 I0.3 的常闭触点分别代替后续步 M0.3 和 M0.2 的常闭触点如图 1-169b 所示，将引发出另一个问题。假设步 M0.2 为活动步时，I0.2 变为 ON 状态，执行修改后的图 1-169b 中第 1 个起/保/停电路时，因为 I0.2 为 ON 状态，它的常闭触点断开，使 M0.2 的线圈断电。M0.2 的常开触点断开，使控制 M0.3 的起/保/停电路的起动电路开路，因此不能转换到步 M0.3。

为了解决这一问题，应在此梯形图中增设一个受 I0.2 控制的中间元件 M1.0 如图 1-169c 所示，用 M1.0 的常闭触点取代修改后的图 1-169b 中 I0.2 的常闭触点。如果 M0.2 为活动步时，I0.2 变为 ON 状态，执行图 1-169c 中的第 1 个起/保/停电路时，M1.0 尚为 OFF 状态，它的常闭触点闭合，M0.2 的线圈通电，保证了控制 M0.3 的起/保/停电路的起动电路接通，使 M0.3 的线圈通电。执行完图 1-169c 中最后一行的电路后，M1.0 变为 ON 状态，在下一个扫描周期使 M0.2 的线圈断电。

2．系统安全

在设计控制系统功能时必须考虑可能出现的各种故障并加以避免。

（1）原点检测传感器损坏

若在活塞返回过程中，原点检测传感器损坏，则活塞会继续上行，这样会造成液压缸的损坏，这种情况可在原点上方再增加一个超行程开关即可避免这种故障的发生。

（2）压力继电器损坏

若活塞在下行工件时，如压力继电器损坏，这时因为电磁阀一直通电而使液压系统压力增加，容易造成液压系统的损坏、或使电动机负载变大造成过载而停止等，这种情况下可通过增加一个时间继电器来避免这种故障的发生。

（3）其他异常情况

若在机床运行过程中出现其他异常情况，这时可增加一个急停按钮，让系统立即停止工作，避免异常情况发生。

1.10.7 技能训练——液体混合装置的 PLC 控制

应用 PLC 设计液体混合装置控制系统，其装置如图 1-170 所示，上、中、下限位液位传感器被液体淹没时为 ON 状态，阀 A、阀 B 和阀 C 为电磁阀，线圈通电时打开，线圈断电时关闭。在初始状态时容器是空的，各阀门均关闭，所有传感器均为 OFF 状态。按下起动按钮后，打开阀 A，液体 A 流入容器，当中限位开关变为 ON 状态时，关闭阀 A，打开阀 B，液体 B 流入容器。液面升到上限位开关时，关闭阀 B，电动机 M 开始运行，搅拌液体，60s 后停止搅拌，打开阀 C，放出混合液，当液面降至下限位开关之后 5s，容器放空，关闭阀 C，打开阀 A，又开始下一周期的操作，任意时刻按下停止按钮，当前工作周期的操作结束后，才停止操作，返回并停留在初始状态。

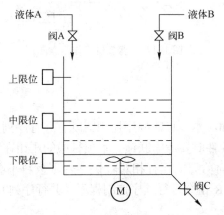

图 1-170　液体混合装置示意图

训练点：顺序功能图的绘制；顺序功能图分支与合并的编程；停止功能的合理应用；采用起/保/停电路的顺序控制梯形图设计方法的应用。

项目 1.11　剪板机系统的 PLC 控制

知识目标
- 掌握用顺序控制法设计程序
- 掌握 S、R 指令设计顺序控制程序

能力目标
- 熟练使用顺序控制法程序设计
- 熟练应用 S、R 指令设计顺序控制程序

1.11.1　项目引入

图 1-171 是某剪板机的工作示意图。开始时压钳和剪刀都在上限位，限位开关 I0.0 和 I0.1 都为 ON。按下压钳下行按钮 I0.7 后，首先板料右行（Q0.0 为 ON）至限位开关 I0.3 动作，然后压钳下行（Q0.1 为 ON 并保持）压紧板料后，压力继电器 I0.4 为 ON，压钳保持压紧，剪刀开始下行（Q0.2 为 ON）。剪断板料后，剪刀限位开关 I0.2 变为 ON，Q0.1 和 Q0.2 为 OFF，延时 1s 后，压钳和剪刀同时上行（Q0.3 和 Q0.4 为 ON），它们分别碰到限位开关 I0.0 和 I0.1 后，分别停止上行，都停止 1s 后，又开始下一个周期的工作，剪完 10 块料后停止工作并停在初始状态。

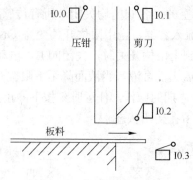

图 1-171　剪板机工作示意图

1.11.2　项目分析

分析上述控制过程可知，本项目的顺序控制图既有并行序列又有选择序列。压钳和剪刀的工作是可逆的，设计软硬件时要考虑联锁。本项目中的压钳在实际设备中多为液压系统驱动，运行过程相对较慢，而剪刀的运行相对较快，否则板料不会瞬时被剪断，反而会被拉伸。本项目重点是使用 S、R 指令进行顺序控制程序（并行序列）的设计。

1.11.3　相关知识——使用 S、R 指令的顺序控制设计法

1. 使用 S、R 指令设计顺序控制程序

在使用 S、R 指令设计顺序控制程序时，将各转换的所有前级步对应的常开触点与转换对应的触点或电路串联，该串联电路即起/保/停电路中的起动电路，用它作为使所有后续步置位（使用 S 指令）和使所有前级步复位（使用 R 指令）的条件。在任何情况下，各步的控制电路都可以用这一原则来设计，每一个转换对应一个这样的控制置位和复位的电路块，有多少个转换就有多少个这样的电路块。这种设计方法特别有规律可循，梯形图与转换实现的基本规则之间有着严格的对应关系，在设计复杂的顺序功能图的梯形图时，既容易掌握，又不容易出错。

2. 使用 S、R 指令设计顺序功能图的方法

（1）单序列的编程方法

某组合机床的动力头在初始状态时停在最左边，限位开关 I0.1 为 ON 状态，如图 1-172 所示。按下起动按钮 I0.0，动力头的进给运动如图 1-172 所示，工作一个循环后，返回并停在初始位置，控制电磁阀的 Q0.0、Q0.1 和 Q0.2 在各工步的状态如图 1-172 的顺序功能图所示。

实现图 1-172 中 I0.2 对应的转换需要同时满足两个条件，即该步的前级步是活动步（M0.1 为 ON）和转换条件满足（I0.2 为 ON）。在梯形图中，可以用 M0.1 和 I0.2 的常开触点组成的串联电路来表示上述条件。该电路接通时，两个条件同时满足。此时应将该转换的后续步变为活动步，即用置位指令"S　M0.2，1"将 M0.2 置位；还应将该转换的前级步变为不活动步，即用复位指令"R　M0.1，1"将 M0.1 复位。

使用这种编程方法时，不能将输出位的线圈与置位指令和复位指令并联，这是因为图 1-172 中控制置位、复位的串联电路接通的时间只有一个扫描周期，转换条件满足后前级步马上被复位，该串联电路断开，而输出位的线圈至少应该在某一步对应的全部时间内被接

通。所以应根据顺序功能图，用代表步的存储器位的常开触点或它们的并联电路来驱动输出位的线圈。

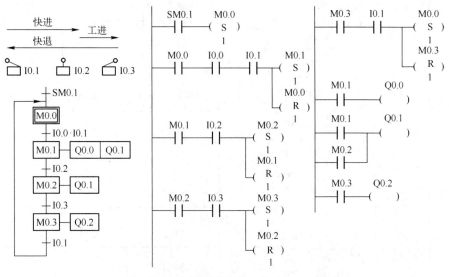

图 1-172　动力头控制系统的顺序功能图和梯形图

（2）并行序列的编程方法

如图 1-173 所示是一个并行序列的顺序功能图，采用 S、R 指令进行并行序列控制程序设计的梯形图如图 1-174 所示。

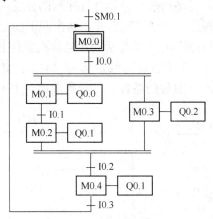

图 1-173　并行序列的顺序功能图

1）并行序列分支的编程。

在图 1-173 中，步 M0.0 之后有一个并行序列的分支。当 M0.0 是活动步，并且转换条件 I0.0 为 ON 时，步 M0.1 和步 M0.3 应同时变为活动步，这时用 M0.0 和 I0.0 的常开触点串联电路使 M0.1 和 M0.3 同时置位，用复位指令使步 M0.0 变为不活动步，如图 1-174 所示。

2）并行序列合并的编程。

在图 1-173 中，在转换条件 I0.3 之前有一个并行序列的合并。当所有的前级步 M0.2 和 M0.3 都是活动步，并且转换条件 I0.2 为 ON 时，实现并行序列的合并。用 M0.2、M0.3 和

I0.2 的常开触点串联电路使后续步 M0.4 置位，用复位指令使前级步 M0.2 和 M0.3 变为不活动步，如图 1-174 所示。

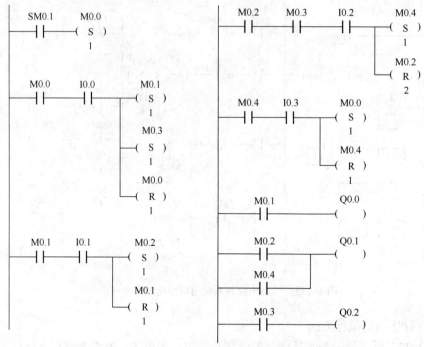

图 1-174　并行序列的梯形图

某些控制要求有时需要并行序列的合并和并行序列的分支由一个转换条件同步实现，如图 1-175a 所示，转换的上面是并行序列的合并，转换的下面是并行序列的分支，该转换实现的条件是所有的前级步 M1.0 和 M1.1 都是活动步且转换条件 I0.1 或 I0.3 为 ON。因此，应将 I0.1 的常开触点与 I0.3 的常开触点并联后再与 M1.0、M1.1 的常开触点串联，作为 M1.2、M1.3 置位和 M1.0、M1.1 复位的条件。其梯形图如图 1-175b 所示。

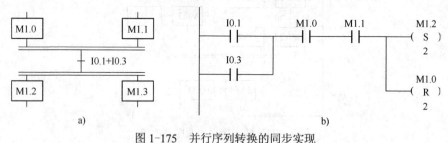

图 1-175　并行序列转换的同步实现

a) 并行序列合并顺序功能图　b) 梯形图

（2）选择序列的编程方法

如图 1-176 所示是一个选择序列的顺序功能图，采用 S、R 指令进行选择序列控制程序设计的梯形图如图 1-177 所示。

1）选择序列分支的编程。

在图 1-176 中，步 M0.0 之后有一个选择序列的分支。当 M0.0 为活动步时，可以有两种不同的选择，当转换条件 I0.0 满足时，后续步 M0.1 变为活动步，M0.0 变为不活动步；而当转换条件 I0.1 满足时，后续步 M0.3 变为活动步，M0.0 变为不活动步。

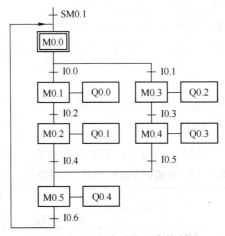

图 1-176　选择序列的顺序控制图

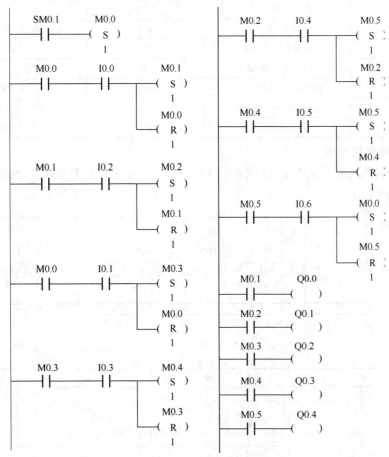

图 1-177　选择序列的梯形图

当 M0.0 被置为 1 时，后面有两个分支可以选择。若转换条件 I0.0 为 ON 时，该程序段中的指令"S　M0.1，1"，将转换到步 M0.1，然后向下继续执行；若转换条件 I0.1 为 ON 时，该程序段中的指令"S　M0.3，1"，将转换到步 M0.3，然后向下继续执行。

2）选择序列合并的编程。

在图 1-176 中，步 M0.5 之前有一个选择序列的合并，当步 M0.2 为活动步，并且转换条件 I0.4 满足，或者步 M0.4 为活动步，并且转换条件 I0.5 满足时，步 M0.5 应变为活动步。在步 M0.2 和步 M0.4 后续对应的程序段中，分别用 I0.4 和 I0.5 的常开触点驱动指令"S M0.5, 1"，就能实现选择序列的合并。

1.11.4 项目实施——剪板机系统的 PLC 控制

1．I/O 分配

根据项目分析和图 1-177 可知，对输入、输出量进行分配如表 1-52 所示。

表 1-52 剪板机系统的 PLC 控制 I/O 分配表

输　入		输　出	
输入继电器	元　件	输出继电器	元　件
I0.0	压钳上限位 SQ1	Q0.0	板料右行 KM1
I0.1	剪刀上限位 SQ2	Q0.1	压钳下行 YV1
I0.2	剪刀下限位 SQ3	Q0.2	剪刀下行 KM2
I0.3	板料右限位 SQ4	Q0.3	压钳上行 YV2
I0.4	压力继电器 KP	Q0.4	剪刀上行 KM3
I0.5	液压泵停止按钮 SB1	Q0.5	液压泵运行 KM4
I0.6	液压泵起动按钮 SB2	Q1.2	液压泵运行指示 HL1
I0.7	压钳下行按钮 SB3	Q1.3	加工数量完成指示 HL2

2．PLC 硬件原理图

根据本项目系统要求及表 1-52 所示的 I/O 分配表，剪板机控制系统的 PLC 控制硬件原理图如图 1-178 所示。

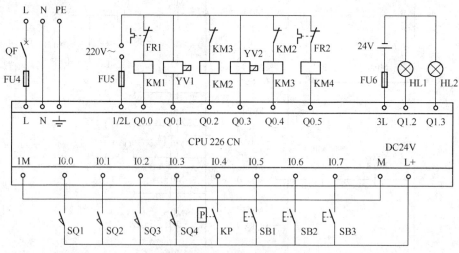

图 1-178 剪板机控制系统的 PLC 硬件接线图

3．创建工程项目

创建一个工程项目，并命名为剪板机系统的 PLC 控制。

4. 编辑符号表

编辑符号表如图 1-179 所示。

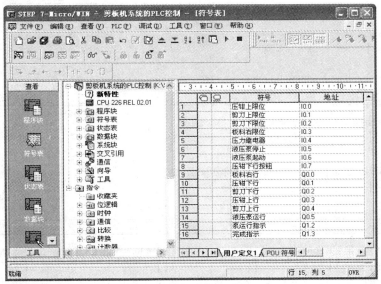

图 1-179　编辑符号表

5. 设计梯形图程序

根据控制要求，画出顺序功能图如图 1-180 所示，采用 S、R 指令设计的顺序控制程序梯形图程序如图 1-181 所示。

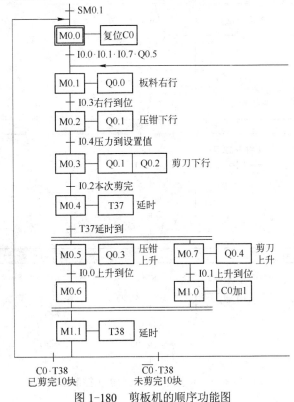

图 1-180　剪板机的顺序功能图

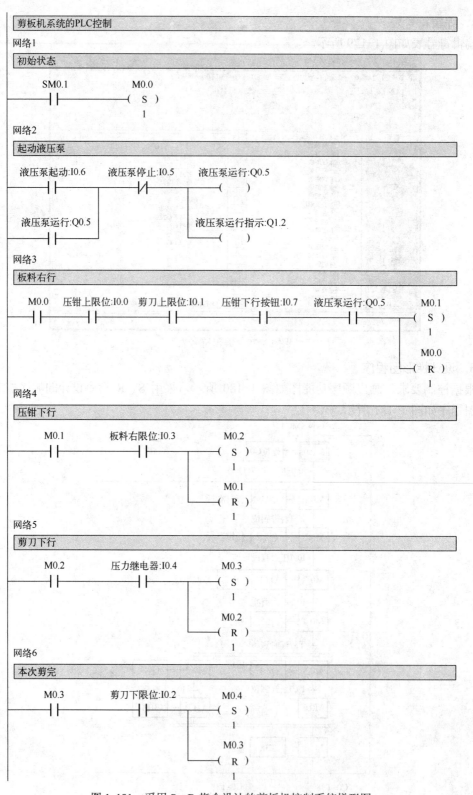

剪板机系统的PLC控制

网络1

初始状态

```
   SM0.1              M0.0
   ─┤├─              ─( S )─
                         1
```

网络2

起动液压泵

```
 液压泵起动:I0.6    液压泵停止:I0.5    液压泵运行:Q0.5
    ─┤├─              ─┤/├─            ─(   )─
 液压泵运行:Q0.5                    液压泵运行指示:Q1.2
    ─┤├─                              ─(   )─
```

网络3

板料右行

```
 M0.0  压钳上限位:I0.0  剪刀上限位:I0.1  压钳下行按钮:I0.7  液压泵运行:Q0.5   M0.1
─┤├─     ─┤├─          ─┤├─            ─┤├─             ─┤├─        ─( S )─
                                                                        1
                                                                     M0.0
                                                                    ─( R )─
                                                                        1
```

网络4

压钳下行

```
 M0.1   板料右限位:I0.3    M0.2
─┤├─      ─┤├─          ─( S )─
                           1
                         M0.1
                        ─( R )─
                           1
```

网络5

剪刀下行

```
 M0.2   压力继电器:I0.4    M0.3
─┤├─      ─┤├─          ─( S )─
                           1
                         M0.2
                        ─( R )─
                           1
```

网络6

本次剪完

```
 M0.3   剪刀下限位:I0.2    M0.4
─┤├─      ─┤├─          ─( S )─
                           1
                         M0.3
                        ─( R )─
                           1
```

图 1-181 采用 S、R 指令设计的剪板机控制系统梯形图

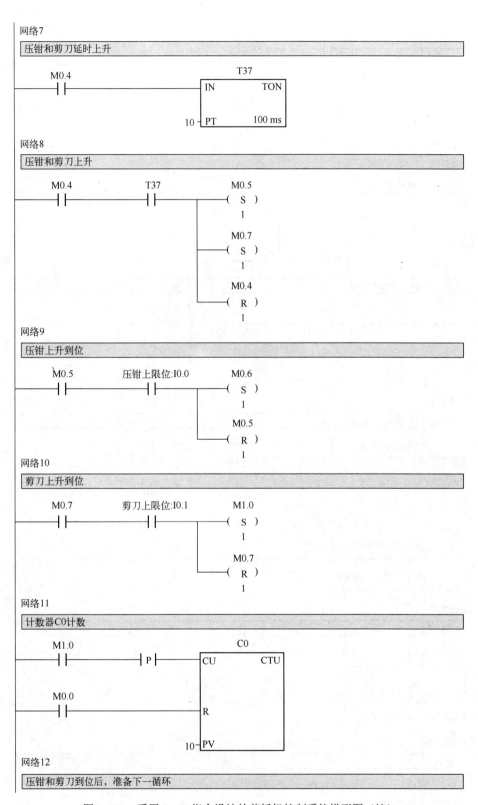

图 1-181　采用 S、R 指令设计的剪板机控制系统梯形图（续）

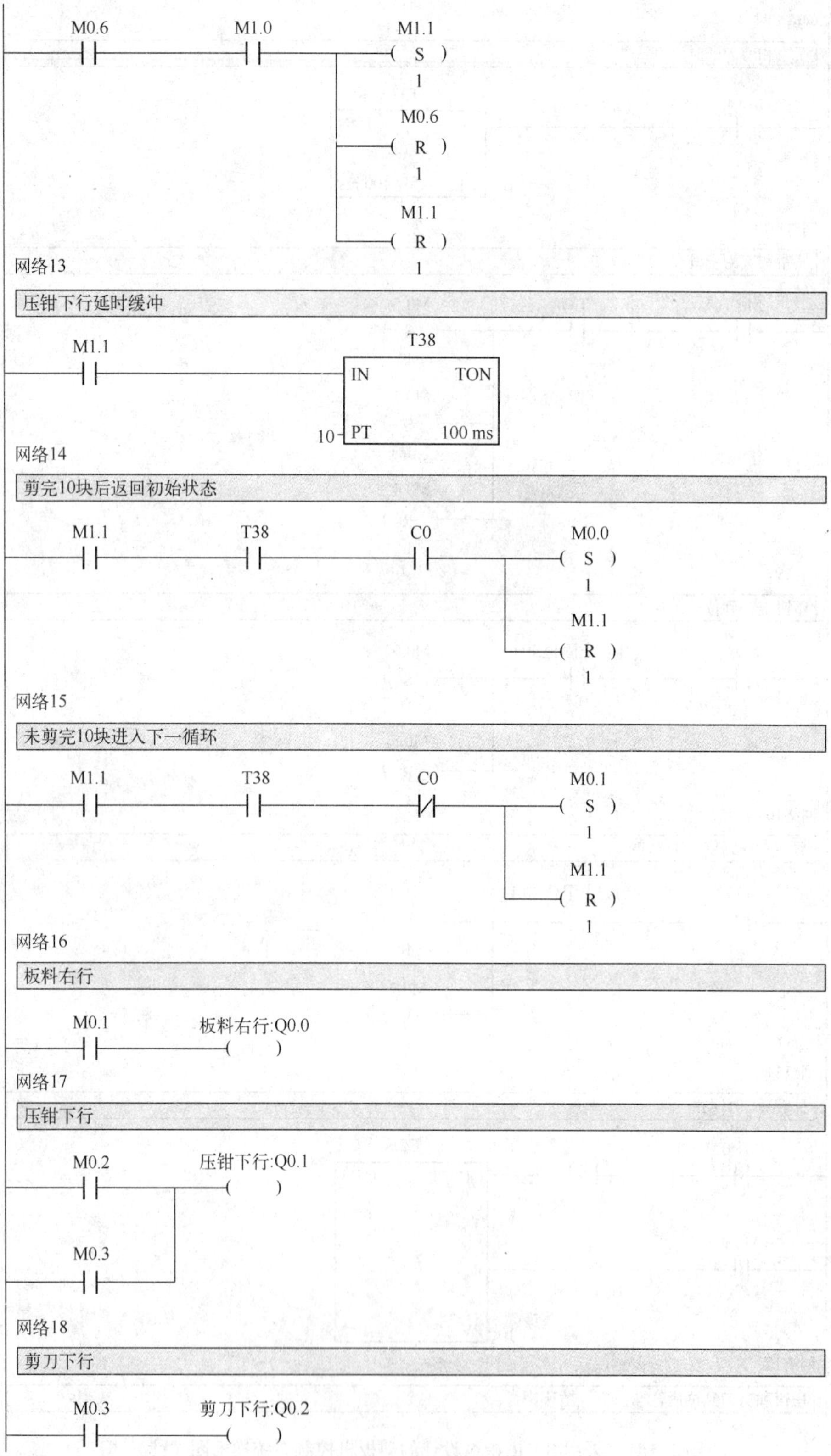

```
        M0.6           M1.0           M1.1
      ──┤├──────────────┤├──────────┬──( S )
                                     │    1
                                     │   M0.6
                                     ├──( R )
                                     │    1
                                     │   M1.1
                                     └──( R )
                                          1
网络13
┌────────────────────────────────────────────────────────────┐
│ 压钳下行延时缓冲                                              │
└────────────────────────────────────────────────────────────┘
        M1.1                      T38
      ──┤├──────────────────┌──────────────┐
                            │ IN       TON │
                            │              │
                         10─┤ PT    100 ms │
                            └──────────────┘
网络14
┌────────────────────────────────────────────────────────────┐
│ 剪完10块后返回初始状态                                        │
└────────────────────────────────────────────────────────────┘
        M1.1           T38            C0            M0.0
      ──┤├──────────────┤├──────────────┤├────────┬──( S )
                                                   │    1
                                                   │   M1.1
                                                   └──( R )
                                                        1
网络15
┌────────────────────────────────────────────────────────────┐
│ 未剪完10块进入下一循环                                        │
└────────────────────────────────────────────────────────────┘
        M1.1           T38            C0            M0.1
      ──┤├──────────────┤├──────────────┤/├───────┬──( S )
                                                   │    1
                                                   │   M1.1
                                                   └──( R )
                                                        1
网络16
┌────────────────────────────────────────────────────────────┐
│ 板料右行                                                     │
└────────────────────────────────────────────────────────────┘
        M0.1              板料右行:Q0.0
      ──┤├──────────────────( )
网络17
┌────────────────────────────────────────────────────────────┐
│ 压钳下行                                                     │
└────────────────────────────────────────────────────────────┘
        M0.2              压钳下行:Q0.1
      ──┤├──────────────┬───( )
                        │
        M0.3            │
      ──┤├──────────────┘
网络18
┌────────────────────────────────────────────────────────────┐
│ 剪刀下行                                                     │
└────────────────────────────────────────────────────────────┘
        M0.3              剪刀下行:Q0.2
      ──┤├──────────────────( )
```

图 1-181　采用 S、R 指令设计的剪板机控制系统梯形图（续）

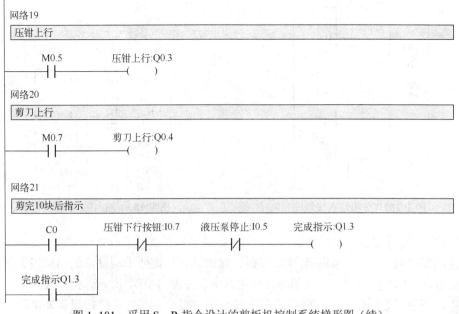

图 1-181 采用 S、R 指令设计的剪板机控制系统梯形图（续）

6. 运行与调试程序

1）下载程序并运行。

2）分析程序运行的过程和结果。

1.11.5 知识链接——节约 PLC 输入/输出点的方法

1. 节约 PLC 输入点的方法

（1）分组输入

很多设备都分自动和手动两种操作方式，自动程序和手动程序不会同时执行，把自动和手动信号叠加起来，按不同控制状态要求分组输入到 PLC，可以节省输入点数，如图 1-182 所示。I1.0 用来输入自动/手动操作方式信号，用于自动程序和手动程序切换。SB1 和 SB3 按钮同时使用了同一个 I0.0 输入端，但是实际代表的逻辑意义不同。很显然，I0.0 输入端可以分别反映两个输入信号的状态，其他输入端 I0.1～I0.7 与其类似，节省了输入点数。图中的二极管用来切断寄生回路。假设图中没有二极管，系统处于自动状态，SB1、SB2、SB3 闭合，SB4 断开，这时电流从 L+端子流出，经 SB3、SB1、SB2 形成的寄生回路流入 I0.1 端子，使输入位 I0.1 错误地变为 ON。各按钮串联了二极管后，切断了寄生回路，避免了错误输入的产生。

（2）输入触点的合并

如果某些外部输入信号总是以某种"与或非"组合的整体形式出现在梯形图中，可以将它们对应的触点在 PLC 外部串、并联后作为一个整体输入到 PLC，只占 PLC 的一个输入点。串联时，几个开关或按钮同时闭合有效；并联时其中任何一个触点闭合都有效。

例如要求在两处设置控制某电动机的起动和停止按钮，可以将两个起动按钮并联，将两个停止按钮串联，分别送给 PLC 的两个输入点，如图 1-183 所示。与每一个起动按钮或停止按钮占用一个输入点的方法相比，不仅节约输入点，还简化了梯形图电路。

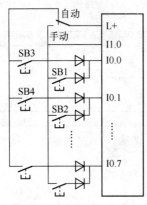

图 1-182　分组输入接线图

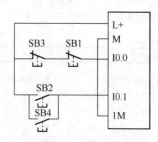

图 1-183　输入触点的合并

（3）将信号设置在 PLC 之外

系统的某些输入信号，如手动操作按钮、保护动作后需要手动复位的热继电器常闭触点提供的信号，可以设置在 PLC 外部的硬件电路中，如图 1-184 所示，但在输入触点有余量的情况下，不建议这样使用，在前面的有关项目中曾提及。某些手动按钮需要串联一些安全联锁触点，如果外部硬件联锁电路过于复杂，则应考虑将有关信号送入 PLC，用梯形图实现联锁。

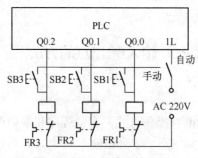

图 1-184　分组输入接线图

（4）利用 PLC 内部功能

利用转移指令，在一个输入端上接一个开关，作为自动、手动操作方式转换开关，用转移指令，可将自动和手动操作加以区别，或利用 PLC 内该输入继电器的常开或常闭触点加以区别。

利用计数器或利用移位寄存器移位，也可以利用求反指令实现单按钮的起动和停止。也可以利用同一输入端在不同操作方式下实现不同的功能，如电动机的点动和起动按钮，在电动机点动操作方式下，此按钮作为点动按钮，在连续操作方式下，此按钮作为起动按钮。

2．节约 PLC 输出点的方法

（1）触点合并输出

通断状态完全相同的负载并联后，可共用 PLC 的一个输出点，即一个输出点带多个负载。如在需要用指示灯显示 PLC 驱动负载的状态时，可以将指示灯与负载并联或用其触点驱动指示灯，并联时指示灯与负载的额定电压应相同，总电流不应超过允许的值。如果多个负载的总电流超出输出点的容量，可以用一个中间继电器，再控制其他负载。

（2）利用数码管功能

在用信号灯做负载时，用数码管做指示灯可以减少输出点数。例如电梯的楼层指示，如果用信号灯，则一层就要一个输出点，楼层越高占用输出点越多，现在很多电梯使用数字显示器显示楼层就可以节省输出点，常见的是用 BCD 码输出，9 层以下仅用 4 个输出点，用段译码指令 SEG 来实现。

如果直接用数字量控制输出点来控制多位 LED 七段显示器，所需要的输出点是很多的，这时可选择具有锁存、译码、驱动功能的芯片 CD4513 驱动共阴极 LED，如图 1-159所示。

在系统中某些相对独立或比较简单的部分，可以不用 PLC，而用继电器电路来控制，这样也可以减少所需的 PLC 输入或输出点数。

在 PLC 的应用中，减少 I/O 是可行的，但要根据系统的实际情况来确定具体方法。

1.11.6 项目交流——停止按钮的高效设置、多种工作方式的设置

1. 停止按钮的高效设置

在工程项目或机床设备控制中，都要求设置急停按钮，以便在系统发生异常情况时紧急停机。在采用起/保/停电路设计法编写顺序功能程序时，设置的急停按钮必须串联在每一步中，这样无疑就增加了程序的复杂度；或在程序的初始步中设置，这样在发生异常情况时，系统也能停止运行，但必须工作完一个周期后才能停。在发生较为危险的事故时，这样的设置显然是不合理的。

在采用 S、R 指令设计的顺序功能程序时，设置急停按钮则较为方便和简单。无论何时按急停按钮，只要对所用的存储器的位或输出继电器全部复位即可。在本项目中，若 I1.0 为急停按钮，则可设置如图 1-185 所示的急停程序。

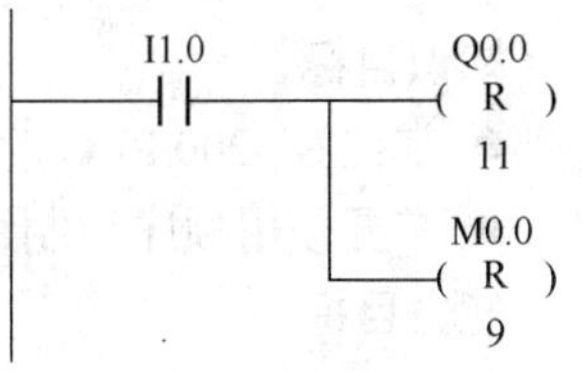

如果控制系统比较复杂，程序比较庞大且含有子程序或中断程序等，这样的系统一个扫描周期会比较长，如果发生异常，在主程序中设置这样的急停程序显然不行，这种情况下必须将急停程序段设置为中断程序，而且它的中断优先级必须设置为最高。

图 1-185 急停按钮的高效运用

2. 多种工作方式的设置

如在本项目中，剪板机控制系统可设置单步、单周期和连续 3 种工作方式。单步工作方式是每按下一次单步按钮，系统只运行一步，这种工作方式多用于设备的调试；单周期工作方式是每按一下运行按钮，系统完成一个周期的工作；连续工作方式是只要按下运行按钮，系统就开始不停地工作，直到按下停止按钮或循环次数完成为止。这样的多种工作方式的设计程序请读者自行完成。

1.11.7 技能训练——专用钻床的 PLC 控制

应用 PLC 对某专用钻床控制系统进行设计，其工作示意图如图 1-186 所示。此钻床用来加工圆盘状零件上均匀分布的 6 个孔。开始自动运行时两个钻头在最上面的位置，限位开关 I0.3 和 I0.5 均为 ON。操作人员放好工件后，按下起动按钮 I0.0，Q0.0 变为 ON，工

件被夹紧，夹紧后压力继电器 I0.1 为 ON，Q0.1 和 Q0.3 使两只钻头同时开始工作，分别钻到由限位开关 I0.2 和 I0.4 设定的深度时，Q0.2 和 Q0.4 使两只钻头分别上行，升到由限位开关 I0.3 和 I0.5 设定的起始位置时，分别停止上行，设定值为 3 的计数器 C0 的当前值加 1。两个都上升到位后，若没有钻完 3 对孔，C0 的常闭触点闭合，Q0.5 使工件旋转 120°，旋转后又开始钻第 2 对孔。3 对孔都钻完后，计数器的当前值等于设定值 3，C0 的常开触点闭合，Q0.6 使工件松开，松开到位时，限位开关 I0.7 为 ON，系统返回初始状态。

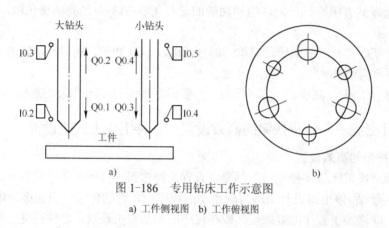

图 1-186　专用钻床工作示意图

a) 工件侧视图　b) 工作俯视图

训练点：顺序功能图的绘制；并行序列顺序功能图分支与合并的编程；采用 S、R 指令的顺序控制梯形图设计方法的应用。

项目 1.12　注塑机系统的 PLC 控制——顺控指令设计法

知识目标
- 掌握 S7-200 PLC 的顺序控制继电器指令
- 掌握使用顺序控制继电器指令的编程方法

能力目标
- 熟练掌握顺序控制程序设计技巧
- 熟练使用顺序控制继电器指令设计顺序控制程序

1.12.1　项目引入

用 PLC 对某台注塑机电气控制系统进行控制。注塑机又称为注射成型机或注射机，它是将热塑性塑料或热固性塑料，利用塑料成型模具，制成各种形状的塑料制品的主要成型设备。

图 1-187 为某注塑机的加工流程。表 1-53 为动作过程中相应元件的动作表。在起动液压系统后，选择系统工作方式，系统有手动和自动两种工作方式。系统在自动工作方式下，首先对原料进行加热，当温度到达设置值时，加工过程方可开始。按下自动运行按钮时，注塑机进行合模，合模到位后，注塑机进行注射，注射结束后，系统进行保压，保压一段时间后，进行冷却，冷却时间到，则进行开模，开模到位后，可进行循环加工。

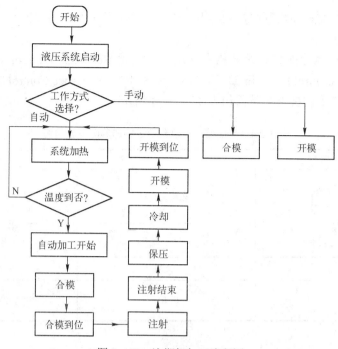

图 1-187　注塑机加工流程图

表 1-53　注塑机元件动作表

动作过程 ＼ 电磁阀	YV1	YV2	YV3	YV4	SQ1	SQ2	SQ3
合模	+		+				
合模到位	+				+		
注射	+	+					
注射结束	+					+	
保压	+						
冷却	+						
开模	+		+	+			
开模到位							+

1.12.2　项目分析

　　分析上述控制过程可知，注塑机主要由液压系统驱动各加工工艺。无论何种工作方式，必须首先起动液压系统。在自动工作方式下，每次工作循环的开始都要检测原料温度是否达到设置值，否则无法加工；若在手动工作方式下，则可自由合模或开模，这主要作为换模时微调模具之用。在自动加工过程中，若有故障发生，则须按下急停按钮，立即停止当前加工进程并进行开模动作，开模到位后处于停止位置。本项目的重点是使用顺序控制继电器指令 SCR 进行顺序控制程序（选择序列）的设计。

1.12.3　相关知识——使用顺序控制继电器指令 SCR 的顺序控制设计法

1.　顺序控制继电器指令

　　S7-200 PLC 中的顺序控制继电器指令 SCR（Sequence Control Relay）专门用于编制顺序

控制程序。顺序控制程序被顺序控制继电器指令划分为若干个 SCR 段，一个 SCR 段对应顺序功能图中的一步。

顺序控制继电器指令包括装载指令 LSCR（Load Sequence Control Relay）、结束指令 SCRE（Sequence Control Relay End）和转换指令 SCRT（Sequence Control Relay Transition）。顺序控制继电器指令的梯形图及语句表如表 1-54 所示。

表 1-54　顺序控制继电器指令的梯形图及语句表

梯　形　图	语　句　表	指　令　名　称
S_bit ┤ SCR ├	LSCR　S_bit	装载指令
S_bit ——(SCRT)	SCRT　S_bit	转换指令
——(SCRE)	CSCRE	条件结束指令
┤——(SCRE)	SCRE	结束指令

（1）装载指令

装载指令 LSCR S_bit 表示一个 SCR 段（即顺序功能图中的步）的开始。指令中的操作数 S_bit 为顺序控制继电器 S（布尔 BOOL 型）的地址（如 S0.0），顺序控制继电器为 ON 状态时，执行对应的 SCR 段中的程序，反之则不执行。

（2）转换指令

转换指令 SCRT S_bit 表示一个 SCR 段之间的转换，即步活动状态的转换。当有信号流流过 SCRT 线圈时，SCRT 指令的后续步变为 ON 状态（活动步），同时当前步变为 OFF 状态（不活动步）。

（3）结束指令

结束指令 SCRE 表示 SCR 段的结束。

LSCR 指令中指定的顺序控制继电器被放入 SCR 堆栈和逻辑堆栈的栈顶，SCR 堆栈中 S 位的状态决定对应的 SCR 段是否执行。由于逻辑堆栈的栈顶装入了 S 位的值，所以将 SCR 指令直接连接到左母线上。

2．采用顺序控制继电器指令设计顺序功能图的方法

（1）单序列的编程方法

图 1-189 中的两条运输带顺序相连，按下起动按钮 I0.0，2 号运输带开始运行，10s 后 1 号运输带自动起动。停机的顺序与起动的顺序刚好相反，间隔时间为 10s。

在设计顺序功能图时只要将存储器位 M 换成相应的 S 就成为采用顺序控制继电器指令设计的顺序功能图了。

在设计梯形图时，用 LSCR（梯形图中为 SCR）指令和 SCRE 指令表示 SCR 段的开始和结束。在 SCR 段中用 SM0.0 的常开触点来驱动在该步中应为 ON 状态的输出点 Q 的线圈，并用转换条件对应的触点或电路来驱动转换后续步的 SCRT 指令。

如果用编程软件的"程序状态"功能来监视处于运行模式的梯形图，可以看到因为直接接在左母上，每一个 SCR 方框都是蓝色的，但是只有活动步对应的 SCRE 线圈通电，并且只有活动步对应的 SCR 段内的 SM0.0 常开触点闭合，不活动步的 SCR 段内的 SM0.0 的常开触点处于断开状态，因此 SCR 段内所有的线圈受到对应的顺序控制继电器的控制，SCR 段内线圈还受与它串联的触点或电路的控制。

首次扫描时，SM0.1 的常开触点接通一个扫描周期，使顺序控制继电器 S0.0 置位，初始步变为活动步，只执行 S0.0 对应的 SCR 段。按下起动按钮 I0.0，指令"SCRT S0.1"对应的线圈得电，使 S0.1 变为 ON 状态，操作系统使 S0.0 变为 OFF 状态，系统从初始步转换到第 2 步，只执行 S0.1 对应的 SCR 段。在该段中，因为 SM0.0 的常开触点闭合，T37 的线圈得电，开始定时。在梯形图结束处，因为 S0.1 的常开触点闭合，Q0.1 的线圈得电，2 号运输带开始运行。在操作系统没有执行 S0.1 对应的 SCR 段时，T37 的线圈不会得电。

T37 定时时间到时，T37 的常开触点闭合，将转换到步 S0.2。以后将一步一步地转换下去，直到返回初始步。

在图 1-188 中，Q0.1 在 S0.1～S0.3 这 3 步中均应工作，不能在这 3 步的 SCR 段内分别设置一个 Q0.1 的线圈，所以用 S0.1～S0.3 的常开触点组成的并联电路来驱动 Q0.1 的线圈。

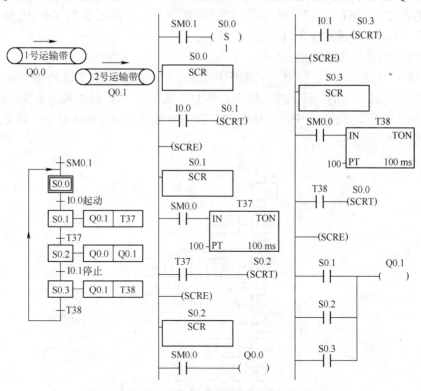

图 1-188　运输带控制系统的顺序功能图与梯形图

（2）并行序列的编程方法

图 1-189 是某控制系统的顺序功能图，图 1-190 是其相应的使用顺序控制继电器 SCR 指令编写的梯形图。

1）并行序列分支的编程。

图 1-189 中，步 S0.1 之后有一个并行序列的分支，当步 S0.1 是活动步，并且转换条件

I0.1 满足时，步 S0.2 与步 S0.4 应同时变为活动步，这是用 S0.1 对应的 SCR 段中 I0.1 的常开触点同时驱动指令"SCRT S0.2"和"SCRT S0.4"来实现的。与此同时，S0.1 被自动复位，步 S0.1 变为不活动步。

2）并行序列合并的编程。

图 1-189 中，步 S0.6 之前有一个并行序列的合并，因为转换条件为 1（总是满足），转换实现的条件是所有的前级步（即步 S0.3 和步 S0.5）都是活动步。图 1-189 中用 S、R 指令的编程方法，将 S0.3 和 S0.5 的常开触点串联，来控制对 S0.6 的置位和对 S0.3、S0.5 的复位，从而使步 S0.6 变为活动步，步 S0.3 和步 S0.5 变为不活动步。

（3）选择序列的编程方法

1）选择序列分支的编程。

图 1-189 中，步 S0.6 之后有一个选择序列的分支，如果步 S0.6 是活动步，并且转换条件 I0.4 满足，后续步 S0.7 将变为活动步，S0.6 变为不活动步。如果步 S0.6 是活动步，并且转换条件 I0.5 满足，后续步 S1.1 将变为活动步，S0.6 变为不活动步。

当 S0.6 为 ON 状态时，它对应的 SCR 段被执行，此时若转换条件 I0.4 为 ON 状态，该程序段中的指令"SCRT S0.7"被执行，将转换到步 S0.7。若 I0.5 为 ON 状态，将执行指令"SCRT S1.1"，转换到步 S1.1。

2）选择序列合并的编程。

图 1-189 中，步 S1.2 之前有一个选择序列的合并，当步 S1.0 为活动步，并且转换条件 I0.7 满足，或步 S1.1 为活动步，并且转换条件 I1.0 满足时，步 S1.2 都应变为活动步。在步 S1.0 和步 S1.1 对应的 SCR 段中，分别用 I0.7 和 I1.0 的常开触点驱动指令"SCRT S1.2"，就能实现选择序列的合并。

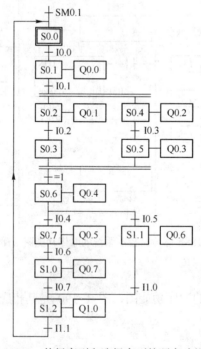

图 1-189 并行序列和选择序列的顺序功能图

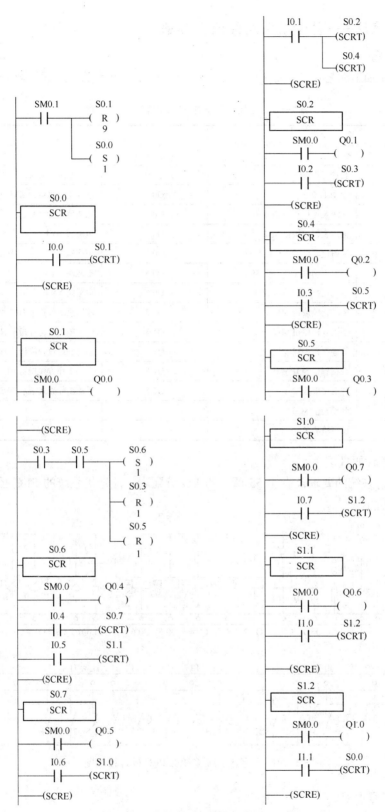

图 1-190 并行序列和选择序列的梯形图

1.12.4 项目实施——注塑机系统的 PLC 控制

1. I/O 分配

根据注塑机加工工艺流程及元件动作表可知，对输入、输出量进行分配如表 1-55 所示。

表 1-55 注塑机系统的 PLC 控制 I/O 分配表

输　入		输　出	
输入继电器	元　件	输出继电器	元　件
I0.0	自动工作方式	Q0.0	液压泵运行 KM1
I0.1	手动工作方式	Q0.1	注射电动机运行 KM2
I0.2	液压泵停止按钮 SB1	Q0.2	加热器运行 KA
I0.3	液压泵起动按钮 SB2	Q0.3	电磁阀 YV1
I0.4	注射电动机停止按钮 SB3	Q0.4	电磁阀 YV2
I0.5	注射电动机起动按钮 SB4	Q0.5	电磁阀 YV3
I0.6	自动运行起动按钮 SB5	Q0.6	电磁阀 YV4
I0.7	手动合模按钮 SB6	Q1.2	液压泵运行指示 HL1
I1.0	手动开模按钮 SB7	Q1.3	注射电动机运行指示 HL2
I1.1	急停按钮 SB8	Q1.4	温度到达设置值指示 HL3
I1.2	合模到位 SQ1	Q1.5	自动工作方式指示 HL4
I1.3	注射结束 SQ2	Q1.6	手动工作方式指示 HL5
I1.4	开模到位 SQ3		
I1.5	温度检测 K		

2. PLC 硬件原理图

根据本项目系统的要求及表 1-55 所示的 I/O 分配表，注塑机系统的 PLC 控制硬件原理图如图 1-191 所示。

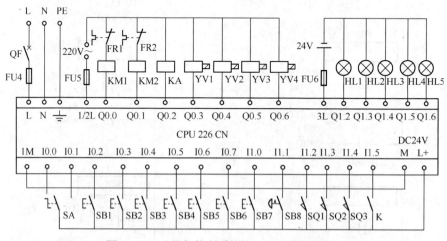

图 1-191 注塑机控制系统的 PLC 硬件接线图

3. 创建工程项目

创建一个工程项目，并将其命名为注塑机系统的 PLC 控制。

4．编辑符号表

编辑符号表如图 1-192 所示。

图 1-192　编辑符号表

5．设计梯形图程序

根据控制要求，画出自动工作方式下的顺序功能图如图 1-193 所示，采用顺序控制继电器指令 SCR 设计的顺序控制程序梯形图程序如图 1-194 所示。

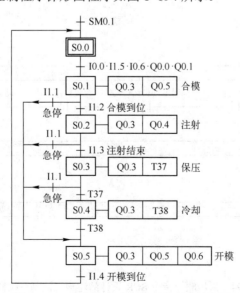

图 1-193　注塑机自动方式下的顺序功能图

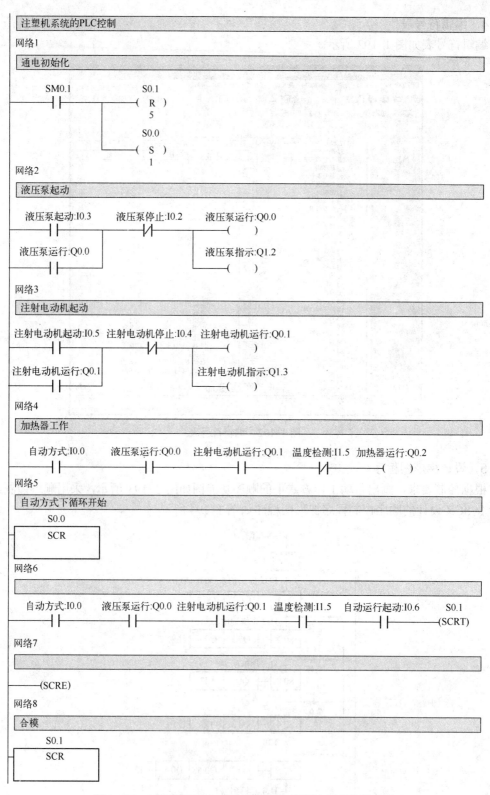

图 1-194　采用顺控指令 SCR 设计的注塑机控制系统梯形图

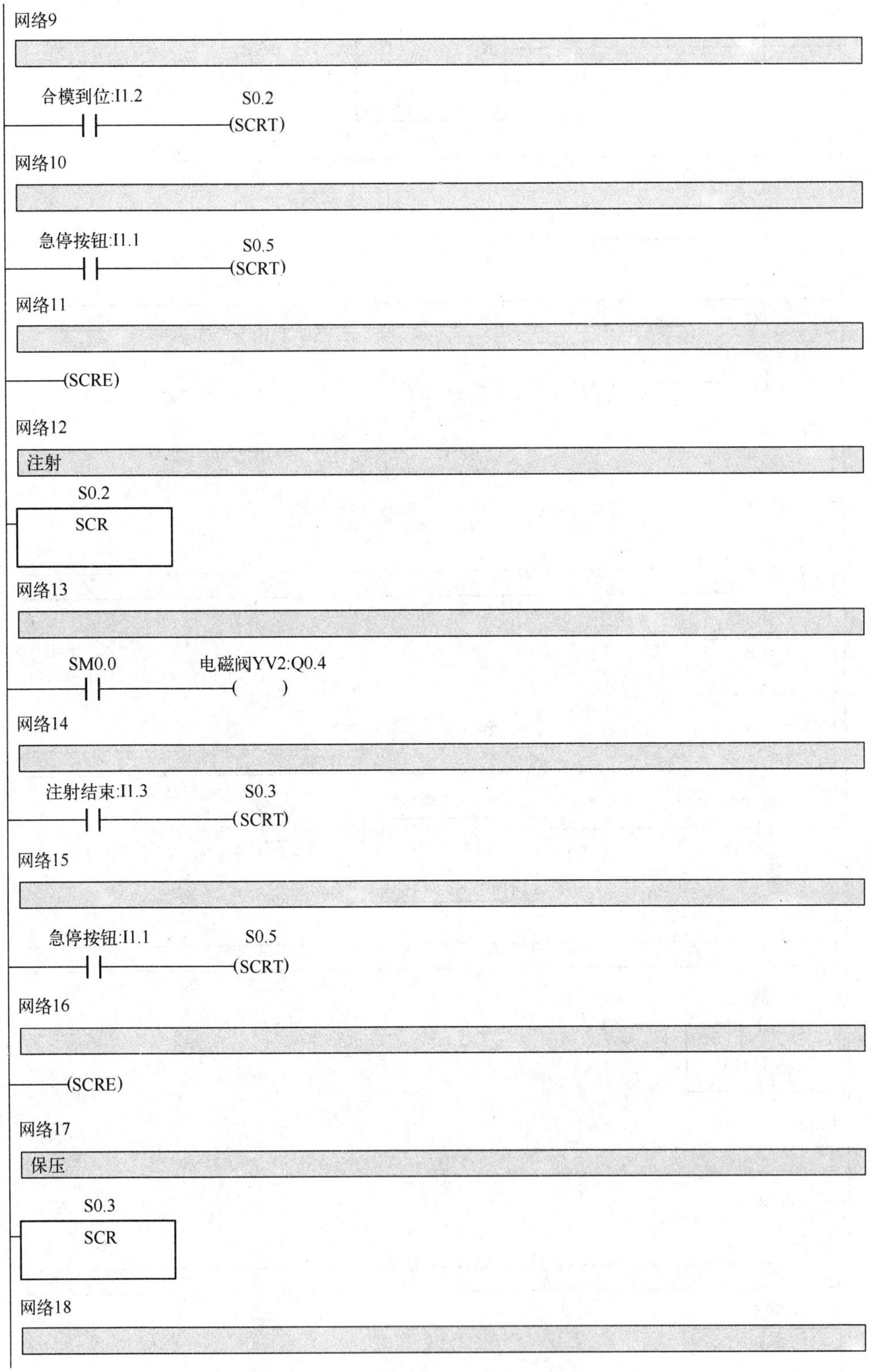

网络9

合模到位:I1.2   S0.2
├─┤ ├─────────────(SCRT)

网络10

急停按钮:I1.1   S0.5
├─┤ ├─────────────(SCRT)

网络11

├────(SCRE)

网络12

注射

S0.2
┌──────────┐
│   SCR   │
└──────────┘

网络13

SM0.0   电磁阀YV2:Q0.4
├─┤ ├─────────────(   )

网络14

注射结束:I1.3   S0.3
├─┤ ├─────────────(SCRT)

网络15

急停按钮:I1.1   S0.5
├─┤ ├─────────────(SCRT)

网络16

├────(SCRE)

网络17

保压

S0.3
┌──────────┐
│   SCR   │
└──────────┘

网络18

图 1-194　采用顺控指令 SCR 设计的注塑机控制系统梯形图（续）

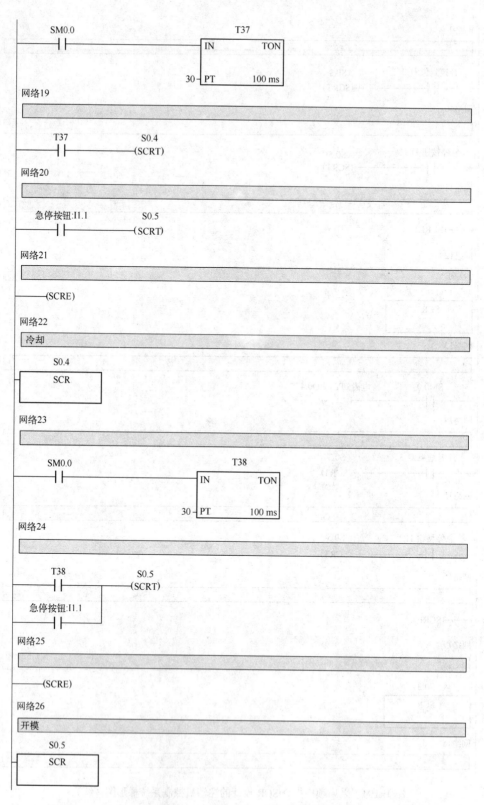

网络19

网络20

网络21

网络22
冷却

网络23

网络24

网络25

网络26
开模

图 1-194 采用顺控指令 SCR 设计的注塑机控制系统梯形图（续）

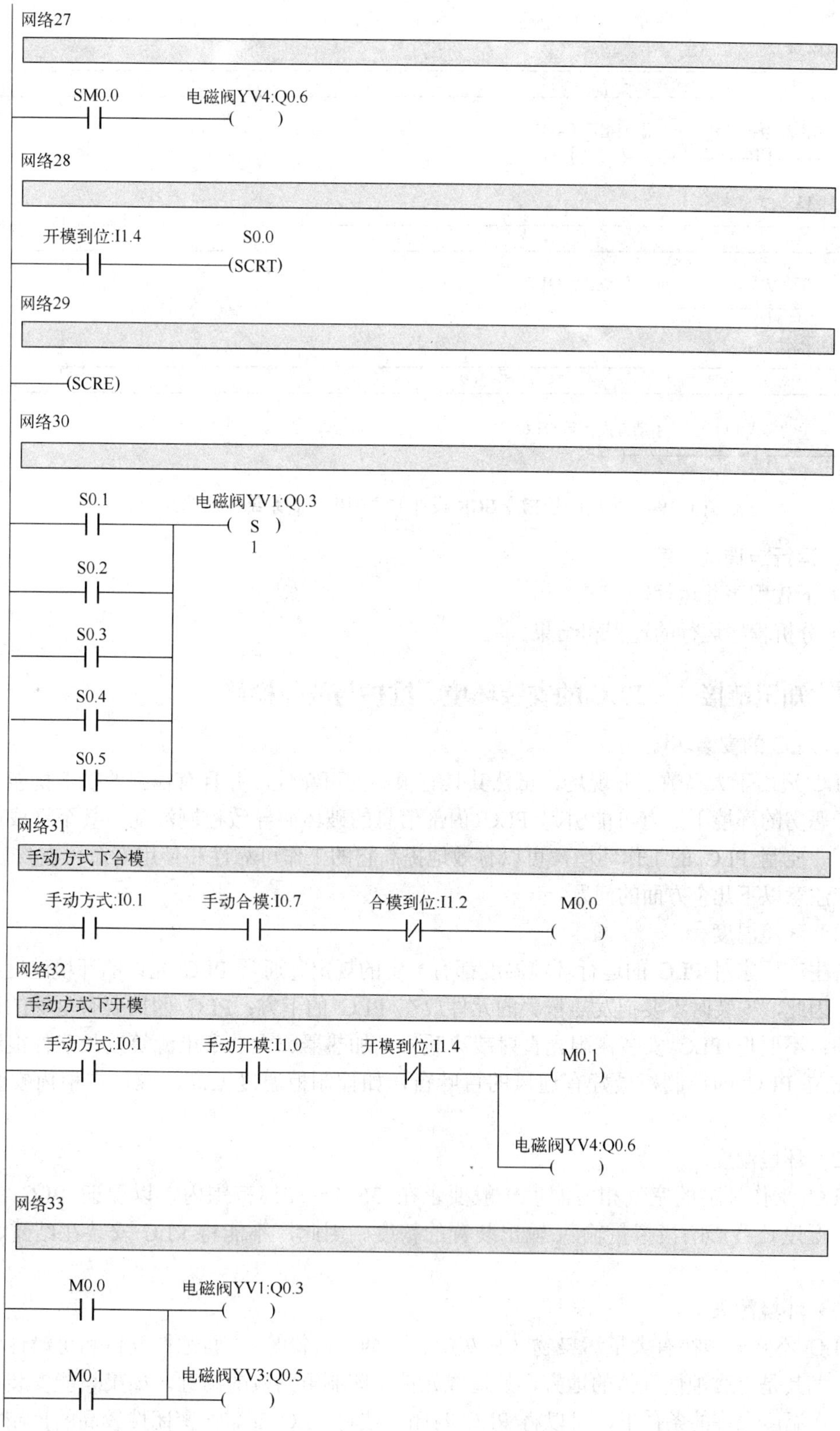

网络27

```
    SM0.0        电磁阀YV4:Q0.6
    ┤├              (    )
```

网络28

```
    开模到位:I1.4      S0.0
    ┤├            (SCRT)
```

网络29

```
    (SCRE)
```

网络30

```
    S0.1         电磁阀YV1:Q0.3
    ┤├        ┬    ( S )
                      1
    S0.2      │
    ┤├        │
    S0.3      │
    ┤├        │
    S0.4      │
    ┤├        │
    S0.5      │
    ┤├        ┘
```

网络31

手动方式下合模

```
   手动方式:I0.1   手动合模:I0.7   合模到位:I1.2      M0.0
    ┤├           ┤├           ┤/├           (    )
```

网络32

手动方式下开模

```
   手动方式:I0.1   手动开模:I1.0   开模到位:I1.4       M0.1
    ┤├           ┤├           ┤/├       ┬   (    )
                                        │
                                   电磁阀YV4:Q0.6
                                        └   (    )
```

网络33

```
    M0.0         电磁阀YV1:Q0.3
    ┤├        ┬    (    )
              │
    M0.1      │  电磁阀YV3:Q0.5
    ┤├        ┴    (    )
```

图 1-194 采用顺控指令 SCR 设计的注塑机控制系统梯形图（续）

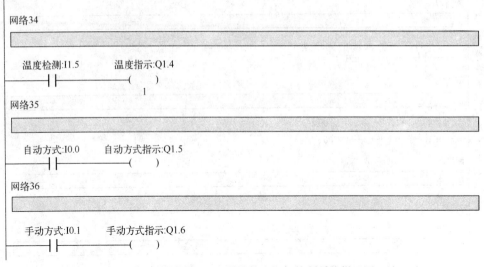

图 1-194　采用顺控指令 SCR 设计的注塑机控制系统梯形图（续）

6．运行与调试程序

1）下载程序并运行。

2）分析程序运行的过程和结果。

1.12.5　知识链接——PLC 的安装环境、维护与故障检修

1．PLC 的安装环境

PLC 适用于大多数工业现场，虽然其具有很高的可靠性，并且有很强的抗干扰能力，但在过于恶劣的环境下，有可能引起 PLC 内部信息的破坏而导致控制混乱，甚至造成内部元件损坏。控制 PLC 的工作环境，可以有效地提高它的工作可靠性和使用寿命。在安装 PLC 时，应注意以下几个方面的问题。

（1）环境温度

各生产厂家对 PLC 的运行环境温度都有一定的规定。通常 PLC 允许的环境温度在 0～55℃。因此，安装时不要把发热量大的元件放在 PLC 的下方；PLC 四周要有足够的通风散热空间；不要把 PLC 安装在阳光直射或离暖气、加热器、大功率电源等发热器件很近的场所；安装 PLC 的控制柜最好有通风的百叶窗，如控制柜温度太高，应该在柜内安装风扇散热。

（2）环境湿度

PLC 工作环境的空气相对湿度一般要求在 35%～85% 范围内，以保证 PLC 的绝缘性能。湿度还会影响模拟量输入/输出装置的精度。因此，不能将 PLC 安装在结露、雨淋的场所。

（3）环境污染

PLC 不宜安装在有大量污染物（如灰尘、油烟、铁粉等）、腐蚀性气体和可燃性气体的场所，尤其是有腐蚀性气体的地方，易造成元件及印制电路板的腐蚀。如果只能安装在这种场所，在温度允许的条件下，可以将 PLC 封闭，或将 PLC 安装在密闭性较高的控制室内，并安装空气净化装置。

（4）避免振动和冲击

PLC 安装控制柜应远离有强烈振动和冲击的场所，尤其是连续、频繁的振动。必要时可以采取措施来减轻振动和冲击的影响，以免造成接线或插件的松动。

（5）远离干扰源

PLC 应远离强干扰源，如大功率晶闸管装置、高频设备和大型动力设备等，同时 PLC 还应远离强电磁场和强放射源，以及易产生强静电的地方。

2．PLC 的维护与故障检修

PLC 的可靠性很高，但环境的影响及内部元件的老化等因素，也会造成 PLC 不能正常工作。如果能经常定期地做好维护、检修，就可以做到系统始终工作在最佳状态下。

（1）日常维护

1）定时巡视：各 I/O 板指示灯指示状态表明了控制点的运行状态信息，通过观察设备运行状态信息判断 PLC 控制是否正常；观察散热风扇运行是否正常；观察 PLC 柜有无异味。

2）定期检查：定期检查电源系统的供电情况，观察电源板的指示灯情况，通过测试孔测试电压；检查其工作温度；备用电池电压检查；检查仪表、设备输入信号是否正常；检查各控制回路信号是否正常；检查其工作湿度；保证其工作环境良好；连接电缆、管缆和连接点的检查；输入/输出中间继电器的检查；执行机构的检查等。

3）定期除尘：定期除尘可以保持电路板清洁，防止短路故障，提高元器件的使用寿命，对 PLC 控制系统是一种好的防护措施。另外出现故障也便于查找故障点。

4）保持外围设备及仪表输入信号畅通。

5）UPS 是保证 PLC 控制系统正常工作的重要外围设备，UPS 的日常维护也非常重要。

① 检查输入、输出电压是否正常。

② 定期除尘，根据经验需每半年除尘一次。

③ 检查 UPS 电池电压是否正常。

6）经常测量 PLC 与其他仪表的公共接地电阻值。

（2）故障检修

PLC 控制器因工作稳定、可靠而被广泛应用于生产中，虽故障率很低，但也有出故障的时候。当遇到 PLC 系统发生故障时，应从"问、闻、摸、看、查、换"几个方面着手进行检修。

1）问：当 PLC 出现故障时，首先询问现场工作人员，操作是否规范以及设备出现的故障现象，然后根据现象判别和推断引起故障的原因。

2）闻：打开 PLC 控制柜，用鼻子去闻一下，看是否有焦味或异味，看电气或电子元器件或线缆有无烧毁。

3）摸：用手去触摸 PLC 的 CPU，看其温度高不高，CPU 正常运行温度一般不超过 60℃。

4）看：看各板上的各模块指示灯是否正常。如电源指示灯 POWER、运行指示灯 RUN、停止指示灯 STOP、系统故障/诊断指示灯 SF/DIAG、PLC 的输入/输出指示灯等。

5）查：根据出现的故障现象，对照图纸和工艺流程用万用表等检测工具来寻找和判断故障所在位置。

6）换：对不确定的部位可进行部件替换来确定故障。

1.12.6 项目交流——SCR 指令使用注意事项、转换开关的作用、急停按钮的设置

1. SCR 指令使用注意事项

1）S7-200 PLC 中顺序控制继电器 S 位的有效范围为 S0.0～S31.7。

2）不能把同一个 S 位用于不同的程序中。如在主程序中使用了 S0.1，在子程序中就不能再用了。

3）不能在 SCR 段之间使用 JMP 和 LBL 指令，即不允许跳入或跳出 SCR 段。

4）不能在 SCR 段中使用 FOR、NEXT 和 END 指令。

5）在使用功能图时，状态继电器的编号可以不按顺序编排。

2. 转换开关的作用

在控制系统经过调整或设备更换模具后，都须经过调试，方可投入运行。系统设置手动工作方式主要是为了便于系统的调试。如本项目中的转换开关可转换自动和手动工作方式。在编写程序时，根据要求，一般情况下手动操作均为点动，如本项目中用手动工作方式实现合模和开模动作，才能保证调试工作安全、顺利地进行。当然，在本项目中可设置系统在工作过程中若将工作方式拨向手动，系统立即停止工作，等待手动操作命令的到来；也可设置系统在工作过程中，若将工作方式拨向手动，系统没有立即停止工作，而是等到本次工作循环结束后才停止。

如系统需要在自动和手动之间操作，可增加半自动工作方式。半自动工作方式，即系统每接到一个命令，系统动作一步。通常情况下，系统应根据实际情况和工作需要设置多种工作方式，以满足不同加工要求。

3. 急停按钮的设置

一般情况下，控制系统都须设置急停按钮，以保证在系统出现故障或异常情况时，能及时停止工作。急停按钮应为蘑菇按钮。本项目中设置的急停按钮未按此要求设置，请读者自行完成。

1.12.7 技能训练——轮胎硫化机的 PLC 控制

应用 PLC 对某轮胎硫化机进行控制，其控制系统的顺序功能图如图 1-195 所示。一个工作周期由初始、合模、反料、硫化、放气和开模 6 步组成，它们分别与 S0.0～S0.5 相对应。

此设备在实际运行中，"合模到位"和"开模到位"的限位开关（I0.1 和 I0.2）的故障率较高，容易出现合模、开模已到位，但是相应电动机不能停机的现象，甚至可能损坏设备。为了解决这个问题，在程序中设置了诊断和报警功能，例如在合模时（S0.1 为活动步），用 T40 延时。

在正常情况下，当合模到位时，T40 和延时时间还没到就转换到步 S0.2，T40 被复位，所以它不起作用。"合模到位"限位开关出现故障时，T40 使系统进入报警步 S0.6，Q0.0 控制的合模电动机断电，同时 Q0.4 接通报警装置，操作人员按复位按钮 I0.5 后解除报警。在开模过程中，用 T41 来实现保护延时。

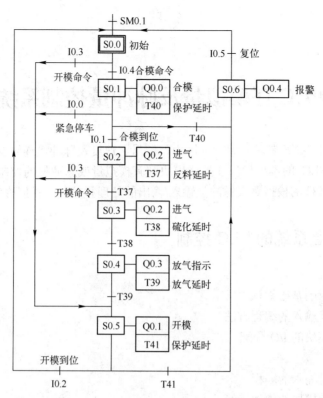

图 1-195 硫化机 PLC 控制的顺序功能图

训练点：顺序功能图的绘制；选择序列顺序功能图分支与合并的编程；采用顺序控制继电器指令的顺序控制梯形图设计方法的应用。

模块 2　PLC 在模拟量及脉冲量控制系统中的应用

工业控制领域中经常要求对温度、压力、流量、速度及脉冲等连续变化模拟量或脉冲量进行控制，众多 PLC 的本机模块或扩展模块都有模拟量或脉冲量的控制功能。本模块主要任务是熟练掌握 PLC 的模拟量及脉冲量输入/输出的处理和控制、扩展模块的灵活运用等。

项目 2.1　炉温系统的 PLC 控制

知识目标
- 掌握模拟量的基础知识
- 掌握模拟量输入的编程方法
- 掌握扩展模块的 I/O 分配

能力目标
- 掌握模拟量输入的编程
- 掌握模拟量模块的硬件接线
- 灵活运用模拟量扩展模块

2.1.1　项目引入

在工业生产自动控制系统中，为了保证产品质量，要求对工件的处理需要有严格的温度控制，并能进行自动检测，且根据检测结果进行相应的调节和控制。该控制系统主要实现对电加热炉温的实时控制（通过控制加热器的通、断来实现），并将调温、低温和高温信号以指示灯形式予以显示，具体要求如下。

1）系统有手动和自动加热两种工作方式。

2）系统由两组加热器进行加热，每组加热器功率为 10kW。

3）要求温度控制在 50~60℃，当温度低于 50℃或高于 60℃时，系统应能自动进行调节。

4）当温度在要求温度范围内时，绿灯亮，当温度低于或高于被控温度范围内时，系统能自动进行调节。调节时，绿灯闪烁以示系统处于调温状态，调节 5min 后如仍不能恢复到被控温度范围内，控制系统则自动切断加热器并进行报警，提示操作人员及时排查故障。故障报警时，温度低于 50℃时，黄灯闪烁，温度高于 60℃时，红灯闪烁。

2.1.2　项目分析

该项目中要求对温度进行实时控制。温度是一个连续变化的模拟量，应通过 PLC 的模拟量输入模块将模拟量数据读入 CPU，再经过数据处理，然后根据检测值与系统要求值进行比较，决定加热器的通断。要完成本项目，首先要对模拟量及西门子模拟量扩展模块的应用进行了解和掌握。

2.1.3 相关知识——模拟量、模拟量扩展模块及其寻址

1．模拟量

模拟量是区别于数据量的一个连续变化的电压或电流信号。模拟量可作为 PLC 的输入或输出，通过传感器或控制设备对控制系统的温度、压力、流量等模拟量进行检测或控制。通过模拟量转换模块或变送器可将传感器提供的电量或非电量转换为标准的直流电流（4～20mA、±20mA 等）或直流电压信号（0～5V、0～10V、±5V、±10V 等）。

变送器分为电流输出型和电压输出型。电压输出型变送器具有恒压源的性质，PLC 模拟量输入模块的电压输出端的输出阻抗很高。如果变送器距离 PLC 较远，则通过电路间的分布电容和分布电感感应的干扰信号，在模块的输出阻抗上将产生较高的干扰电压，所以在远程传送模拟量电压信号时，抗干扰能力很差。电流输出具有恒流源的性质，恒流源的内阻很大，PLC 的模拟量输出模块输入电流时，输入阻抗较低。线路上的干扰信号在模块的输入阻抗上产生的干扰电压很低，所以模拟量电流信号适用于远程传送，最大传送距离可达200m。并非所有模拟量模块都需要专门的变送器。

2．S7-200 PLC 模拟量扩展模块

S7-200 PLC 模拟量扩展模块主要有 3 种类型，每种扩展模块中 A/D、D/A 转换器的位数均为 12 位。模拟量输入/输出有多种量程可供用户选择，如 0～5V、0～10V、±100mV、±5V、±10V、4～20mA、0～100mA、±20mA 等。量程为 0～10V 时的分辨率为 2.5mV。

S7-200 PLC 模拟量扩展模块主要包括：EM231（模拟量输入模块）、EM232（模拟量输出模块）、EM235（模拟量混合模块）等，下面主要介绍 EM235 的使用。

（1）EM235 的端子与接线

SIEMENS S7-200 PLC 模拟量扩展模块 EM235 含有 4 路输入和 1 路输出，为 12 位数据格式，其端子及接线如图 2-1 所示。RA、A+、A-为第 1 路模拟量输入通道的端子，RB、

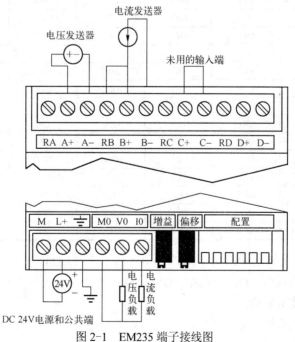

图 2-1　EM235 端子接线图

B+、B-为第 2 路模拟量输入通道的端子，RC、C+、C-为第 3 路模拟量输入通道的端子，RD、D+、D-为第 4 路模拟量输入通道的端子。M0、V0、I0 为模拟量输出端子，电压输出大小为-10～+10V，电流输出大小为 0～20mA。L+、M 接 EM235 的工作电源。

在图 2-1 中，第 1 路输入通道的输入为电压信号输入接法，第 2 路输入通道为电流信号输入接法。若模拟量输出为电压信号，则接端子 V0 和 M0。

（2）DIP 设定开关

EM235 有 6 个 DIP 设定开关，如图 2-2 所示。通过设定开关，可选择输入信号的满量程和分辨率，所有的输入信号设置成相同的模拟量输入范围和格式，如表 2-1 所示。

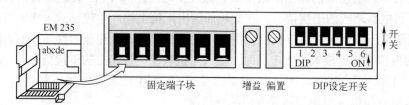

图 2-2　EM235 的 DIP 设定开关

表 2-1　EM235 的 DIP 开关设定表

单　极　性							
SW1	SW2	SW3	SW4	SW5	SW6	满量程输入	分辨率
ON	OFF	OFF	ON	OFF	ON	0～50mV	12.5μV
OFF	ON	OFF	ON	OFF	ON	0～100mV	25μV
ON	OFF	OFF	OFF	ON	ON	0～500mV	125μV
OFF	ON	OFF	OFF	ON	ON	0～1V	250μV
ON	OFF	OFF	OFF	OFF	ON	0～5V	1.25μA
ON	OFF	OFF	OFF	OFF	ON	0～20mA	5μA
OFF	ON	OFF	OFF	OFF	ON	0～10V	2.5mV
双　极　性							
SW1	SW2	SW3	SW4	SW5	SW6	满量程输入	分辨率
ON	OFF	OFF	ON	OFF	OFF	±25mV	12.5μV
OFF	ON	OFF	ON	OFF	OFF	±50mV	25μV
OFF	OFF	ON	ON	OFF	ON	±100mV	50μV
ON	OFF	OFF	OFF	ON	ON	±250mV	125μV
OFF	ON	OFF	OFF	ON	OFF	±500mV	250μV
OFF	OFF	ON	OFF	ON	OFF	±1V	500μV
ON	OFF	OFF	OFF	OFF	OFF	±2.5 V	1.25mV
OFF	ON	OFF	OFF	OFF	OFF	±5 V	2.5mV
OFF	OFF	ON	OFF	OFF	OFF	±10V	5mV

如本项目中温度传感器输出 0～10V 的电压信号至 EM235，该信号为单极性信号，则 DIP 开关应设为 OFF、ON、OFF、OFF、OFF、ON。

（3）EM235 的技术规范

EM235 的技术规范如表 2-2 所示。

表 2-2 EM235 的技术规范

模拟量输入特性	模拟量输入点数	4
	电压（单极性）信号类型	0～10V、0～5V 0～1V、0～500mV 0～100mV、0～50mV
	电压（双极性）信号类型	±10V、±5V、±2.5V ±1V、±500mV、±250mV ±100mV、±50mV、±25mV
	电流信号类型	0～20mA
	单极性量程范围	0～32 000
	双极性量程范围	−32 000～+32 000
	分辨率	12 位 A/D 转换器
模拟量输出特性	模拟量输出点数	1
	电压输出	±10V
	电流输出	0～20mA
	电压数据范围	−32 000～+32 000
	电流数据范围	0～32 000

（4）模拟量扩展模块的寻址

模拟量输入和输出为一个字长，所以地址必须从偶数字节开始。其格式如下。

AIW[起始字节地址]　例如：AIW4

AQW[起始字节地址]　例如：AQW2

一个模拟量的输入被转换成标准的电压或电流信号，如 0～10V，然后经 A/D 转换器转换成一个字长（16 位）数字量，存储在模拟量存储区 AI 中，如 AIW0。对于模拟量的输出，S7-200PLC 将一个字长的数字量，如 AQW2，用 D/A 转换器转换成模拟量。模拟量的输入/输出都是一个字长，应从偶数地址存放。

每个模拟量输入模块，按模块的先后顺序，地址为固定的顺序向后排，如 AIW0、AIW2、AIW4、AIW6 等。每个模拟量输出模块占两个通道，即使第一个模块只有一个输出 AQW0，如 EM235，第二个模块模拟量输出地址也应从 AQW4 开始寻址，依此类推。

2.1:4 项目实施——炉温系统的 PLC 控制

1. I/O 分配

根据项目分析，对输入、输出量进行分配，如表 2-3 所示。

表 2-3 炉温控制的 I/O 分配表

输　　入		输　　出	
输入继电器	元　　件	输出继电器	元　　件
I0.0	手动方式	Q0.0	加热器 1 运行
I0.1	自动方式	Q0.1	加热器 2 运行
I0.2	自动起动按钮	Q1.1	手动方式显示
I0.3	自动停止按钮	Q1.2	自动方式显示
I0.4	手动起动加热器 1	Q1.3	绿色指示灯
I0.5	手动停止加热器 1	Q1.4	黄色指示灯
I0.6	手动起动加热器 2	Q1.5	红色指示灯
I0.7	手动停止加热器 2	Q1.6	加热器 1 运行指示
		Q1.7	加热器 2 运行指示

2. PLC 硬件原理图

根据项目控制要求及表 2-3 所示的 I/O 分配表，炉温控制的 PLC 硬件原理图可绘制如图 2-3 所示。

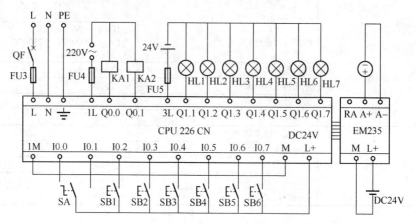

图 2-3　炉温控制的 PLC 硬件原理图

3. 创建工程项目

创建一个工程项目，并命名为炉温系统的 PLC 控制。

4. 编辑符号表

编辑符号表如图 2-4 所示。

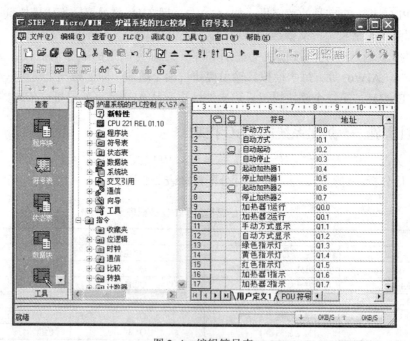

图 2-4　编辑符号表

5. 设计梯形图程序

设计的梯形图如图 2-5～图 2-7 所示。

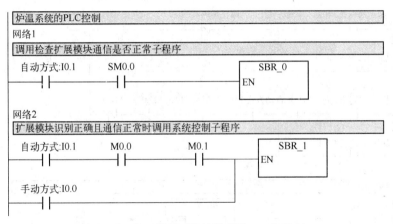

炉温系统的PLC控制

网络1

调用检查扩展模块通信是否正常子程序

```
自动方式:I0.1      SM0.0                    SBR_0
  ┤├──────────────┤├─────────────────┤EN
```

网络2

扩展模块识别正确且通信正常时调用系统控制子程序

```
自动方式:I0.1      M0.0      M0.1              SBR_1
  ┤├──────────┤├────────┤├──────────┐    ┤EN

手动方式:I0.0
  ┤├──────────────────────────────┘
```

图 2-5　炉温控制系统的梯形图——主程序

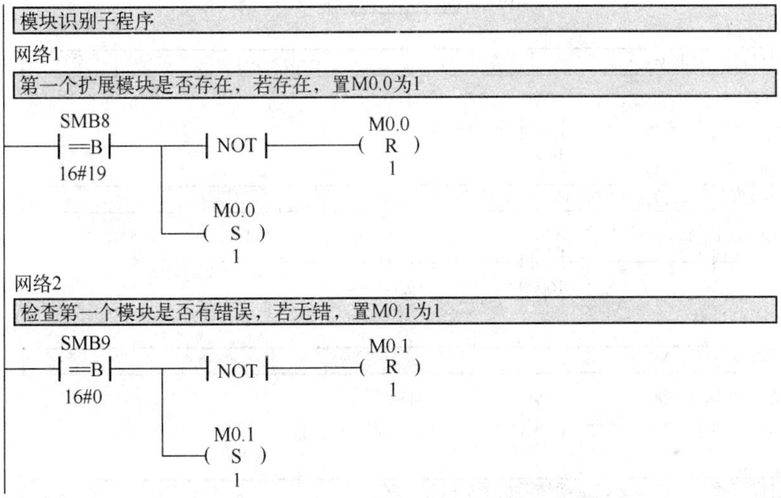

模块识别子程序

网络1

第一个扩展模块是否存在，若存在，置M0.0为1

```
   SMB8                              M0.0
  ─┤==B├──────────┤NOT├──────────( R )
   16#19                            1

                                   M0.0
                        ──────────( S )
                                   1
```

网络2

检查第一个模块是否有错误，若无错，置M0.1为1

```
   SMB9                              M0.1
  ─┤==B├──────────┤NOT├──────────( R )
   16#0                             1

                                   M0.1
                        ──────────( S )
                                   1
```

图 2-6　炉温控制系统的梯形图——模块识别子程序

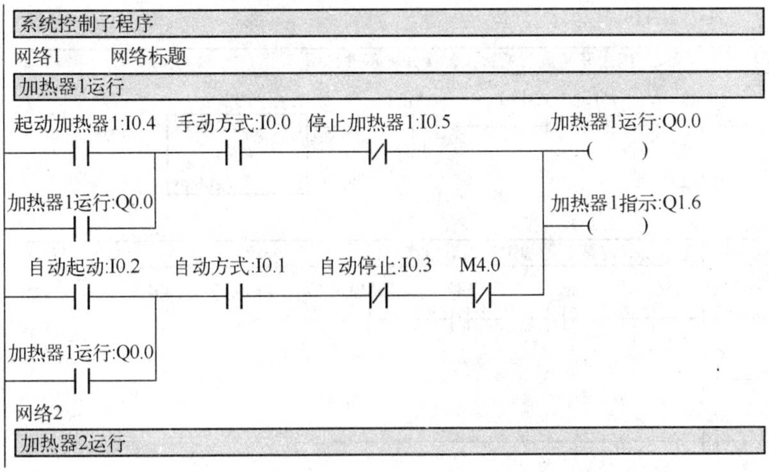

系统控制子程序

网络1　　网络标题

加热器1运行

```
起动加热器1:I0.4  手动方式:I0.0  停止加热器1:I0.5        加热器1运行:Q0.0
  ┤├───────────┤├───────────┤/├───────────────────( )

加热器1运行:Q0.0                                       加热器1指示:Q1.6
  ┤├──┐                                          ──( )

自动起动:I0.2    自动方式:I0.1    自动停止:I0.3    M4.0
  ┤├──┼────────┤├───────────┤/├───────────┤/├──┘

加热器1运行:Q0.0
  ┤├──┘
```

网络2

加热器2运行

图 2-7　炉温控制系统的梯形图——炉温控制子程序

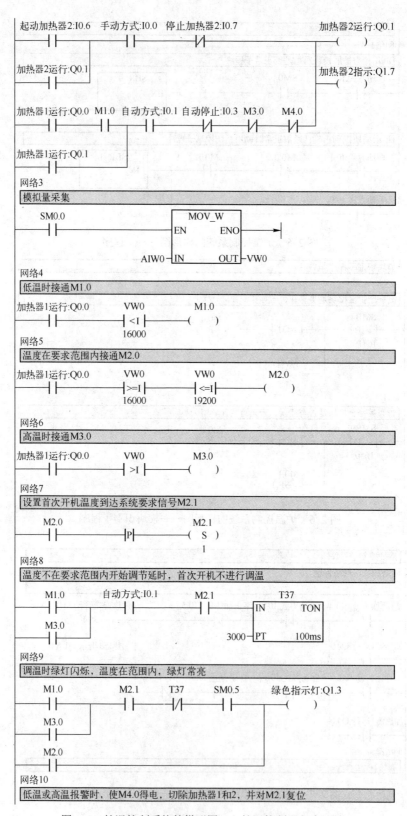

图 2-7 炉温控制系统的梯形图——炉温控制子程序（续）

186

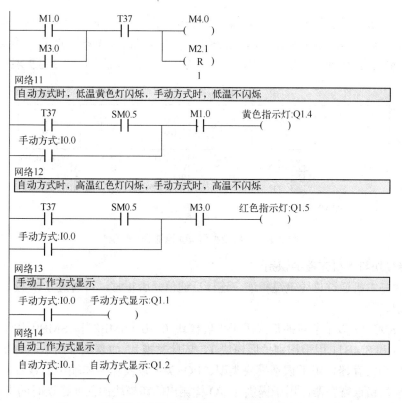

图 2-7 炉温控制系统的梯形图——炉温控制子程序（续）

6. 运行与调试程序

1）下载程序并运行。

2）分析程序运行的过程和结果。

2.1.5 知识链接——扩展模块的 I/O 分配、扩展模块与本机连接的识别

1. 模拟量电位器

S7-200 PLC 主机本身带有两个模拟量电位器（POT0 和 POT1）。通过调整该电位器，可以向 PLC 输入一个模拟量信号。经过 A/D 转换器，转换成字节型数字量，存储在 PLC 内部的两个特殊寄存器 SMB28 和 SMB29 中。

2. 扩展模块的 I/O 分配

S7-200 PLC CPU 本机的 I/O 数量有限，并有固定的地址分配，在本机输入或输出点不够，或模拟量输入或输出时，就需要使用扩展模块来增加输入或输出点数。扩展模块安装在本机 CPU 模块的右边。I/O 模块分为数字量输入、数字量输出、模拟量输入和模拟量输出 4 类。CPU 分配给数字量 I/O 模块的地址以字节为单位，一字节由 8 个数字量 I/O 点组成。扩展模块 I/O 点的字节地址由 I/O 的类型和模块在同类 I/O 模块链中的位置来决定。以图 2-8 中的数字量输出为例，分配给 CPU 模块的字节地址为 QB0 和 QB1，分配给 0 号扩展模块的字节地址为 QB2，分配给 3 号扩展模块的字节地址为 QB3 等。

某个模块的数字量 I/O 点如果不是 8 的整数倍，最后一字节中未用的位（如图 2-8 中的 I1.6 和 I1.7）不会分配给 I/O 链中的后续模块。可以像内部存储器标志那样来使用输出模块的最后一字节中未用的位。输入模块在每次更新输入时，都将输入字节中未用的位清零，因此不能将它们用做内部存储器标志位。模拟量扩展模块以 2 点（4 字节）递增的方式来分配地址，所以图 2-8 中 2 号扩展模拟量输出的地址应为 AQW4。即使未用 AQW2，它也不能分配给 2 号扩展模块使用。

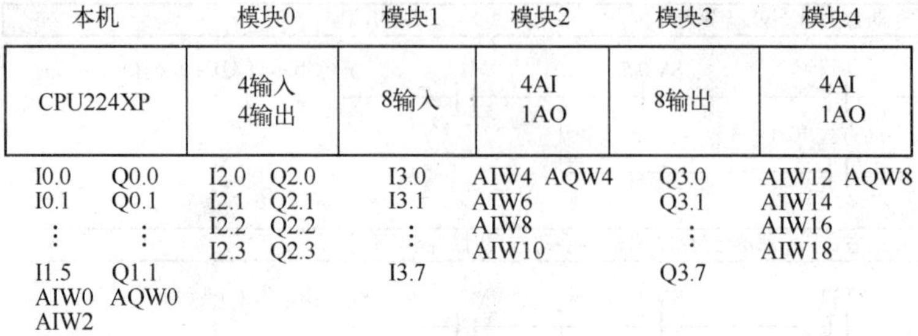

本机	模块0	模块1	模块2	模块3	模块4
CPU224XP	4输入 4输出	8输入	4AI 1AO	8输出	4AI 1AO

I0.0	Q0.0	I2.0	Q2.0	I3.0	AIW4	AQW4	Q3.0	AIW12 AQW8
I0.1	Q0.1	I2.1	Q2.1	I3.1	AIW6		Q3.1	AIW14
⋮	⋮	I2.2	Q2.2		AIW8		⋮	AIW16
		I2.3	Q2.3		AIW10			AIW18
I1.5	Q1.1			I3.7			Q3.7	
AIW0	AQW0							
AIW2								

图 2-8　本机及扩展 I/O 地址分配举例

3．扩展模块与本机连接的识别

扩展模块与本机通过总线电缆相连，连接后通信是否正常，可通过 I/O 模块标识和错误寄存器来识别。

SMB8～SMB21 以字节对的形式用于扩展模块 0～6（SMB8 和 SMB9 用于识别扩展模块 0，SMB10 和 SMB11 用于识别扩展模块 1，依此类推）。如表 2-5 所示，每字节对的偶数字节是模块标识寄存器，用于识别模块类型、I/O 类型以及输入和输出的数目。每字节对的奇数字节是模块错误寄存器，用于提供在 I/O 检测出的该模块的任何错误时的指示。

表 2-5　特殊存储器字节 SMB8～SMB21

SM字节	说明（只读）	
格式	偶数字节：模块标识寄存器 MSB　　　　　　LSB 7　　　　　　　　0 |m|t|t|a|i|i|q|q| m：0=模块已插入　1=模块未插入 tt：模块类型 　　00非智能I/O模块（一般I/O模块） 　　01智能I/O模块（非I/O模块） 　　10保留 　　11保留 a：I/O类型　0=数字量　1=模拟量 ii：输入 　　00无输入 　　01 2AI或8DI 　　10 4AI或16DI 　　11 8AI或32DI qq：输出 　　00 无输出 　　01 2AQ或8DQ 　　10 4AQ或16DQ 　　11 8AQ或32DQ	奇数字节：模块错误寄存器 MSB　　　　　　LSB 7　　　　　　　　0 |c|o|o|b|r|p|f|t| c：配置出错　0=无错　1=出错 b：总线故障或奇偶校验出错 r：超出范围出错 p：无任何用户电源出错 f：熔丝出错 t：接线盒松动出错

2.1.6　项目交流——扩展模块的使用、提高温度采样值精度

1．扩展模块使用

控制系统一般不建议使用扩展模块，若 I/O 点缺少的不多，可通过本书模块 1 项目 11

中提及的方法减少 I/O 点，一方面可节省系统硬件成本，另一方面可提高系统运行的可靠性和稳定性。在必须扩展的情况下再选择扩展模块。

本项目中测量的只是温度模拟信号，且只有模拟输入无模拟输出，故可采用温度检测专用的热电偶或热电阻模拟量扩展模块，如 EM231 TC，2 路热电偶输入或 EM231 TC，4 路热电偶输入或 EM231 RTD，2 路热电阻输入。在选择模拟量输入/输出通道数时，尽可能留有余量，以备扩展或通道损坏时使用。

2．提高温度采样值精度

本项目中对温度采样及控制的要求并不高，在很多工业应用中对温度的要求比较高，这时除选用高精度的温度传感器及专用的模拟量扩展模块外，还可通过采用多个温度传感器分散采样并加大系统检测频率（本项目采样周期为一个程序扫描周期），再将所有温度传感器的采样值加以平均后，作为系统温度的采样值，然后根据采样值，实时控制系统温度，以保证温度达到控制系统要求。

2.1.7　技能训练——模拟量输入信号的测量

用 CPU 扩展模块 EM235 进行模拟量输入信号测量。模拟量输入信号量程为 0~10V，要求通过 EM235 和 PLC 将模拟量输入值实时通过数码管加以显示。

训练点： 扩展模块 EM235 的使用；模拟量输入数据的处理；两位数的数码管显示方法。

项目 2.2　液位系统的 PLC 控制

知识目标
- 掌握模拟量闭环控制系统的组成
- 掌握模拟量与数字量的相互转换
- 掌握 PID 指令的使用

能力目标
- 掌握模拟量输出的编程
- 掌握 PID 指令的应用方法和步骤
- 能够进行简单的模拟量控制程序的设计

2.2.1　项目引入

在工业生产中经常使用储水箱，并要求水位保持恒定。某水箱供水系统是由变频器控制的给水泵构成的，给水泵的运行是通过检测水箱的水位高度，由变频器进行控制。控制系统具体要求如下。

1）系统有手动和自动两种工作方式。

2）要求水箱水位保持在水箱中心 -100mm ~ +100mm。

3）水箱水位在高于或低于水箱中心 150 mm 时，系统发出报警指示。

4）手动工作方式时，水泵工频运行；自动工作方式时，变频器受 PID 调节指令控制。

2.2.2　项目分析

该项目中要求对水箱水位进行实时控制，首先需要检测水箱水位。变频器的运行由 PLC

控制，当水位超出上限时，水泵停止运行；当低于水位下限时，水泵全速运行。当系统调试或变频器损坏时，系统应处于手动工作方式；当正常生产时，由 PLC 控制系统运行。

该项目中有水位模拟量的输入和控制变频器运行的模拟量输出，故可采用模拟量扩展模块 EM235，但由于其只有一个模拟量输出通道，如果这一输出一旦出现问题，那么系统就将失去作用。因此，本项目选用一个具有 4 个模拟量输入通道的 EM231 模块和一个具有 2 个模拟量输出通道的 EM232 模块。

由于该项目要求对水位采用 PID 调节指令控制，故先对模拟量闭环系统的组成和 PID 指令的应用进行了解和掌握。

2.2.3 相关知识——模拟量闭环控制系统的组成、PID 指令

1. 模拟量闭环控制系统的组成

模拟量闭环控制系统的组成如图 2-9 所示，点画线部分在 PLC 内。在模拟量闭环控制系统中，被控制量 $c(t)$（如温度、压力、流量等）是连续变化的模拟量，某些执行机构（如电动调节阀和变频器等）要求 PLC 输出模拟信号 $M(t)$，而 PLC 的 CPU 只能处理数字量。$c(t)$ 首先被检测元件（传感器）和变送器转换为标准量程的直流电流或直流电压信号 $pv(t)$，PLC 的模拟量输入模块用 A/D 转换器将它们转换为数字量 $pv(n)$。

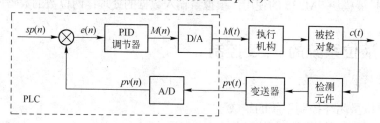

图 2-9　PLC 模拟量闭环控制系统的组成框图

PLC 按照一定的时间间隔采集反馈量，并进行调节控制的计算。这个时间间隔称为采样周期（或称为采样时间）。图中的 $sp(n)$、$pv(n)$、$e(n)$、$M(n)$ 均为第 n 次采样时的数字量，$pv(t)$、$M(t)$、$c(t)$ 为连续变化的模拟量。

如在温度闭环控制系统中，用传感器检测温度，温度变送器将传感器输出的微弱的电压信号转换为标准量程的电流或电压，然后送入模拟量输入模块，经 A/D 转换后得到与温度成比例的数字量，CPU 将它与温度设定值进行比较，并按某种控制规律（如 PID 控制算法）对误差进行计算，将计算结果（数字量）送入模拟量输出模块，经 D/A 转换后变为电流信号或电压信号，用来控制加热器的平均电压，实现对温度的闭环控制。

2. PID 指令

在工业生产过程中，模拟量 PID（由比例、积分、微分构成的闭合回路）调节是常用的一种控制方法。S7-200 PLC 设置了专门用于 PID 运算的回路表参数和 PID 回路指令，可以方便地实现 PID 运算。

（1）PID 算法

在一般情况下，控制系统主要针对被控参数 PV（又称为过程变量）与期望值 SP（又称为给定值）之间产生的偏差 e 进行 PID 运算。

典型的 PID 算法包括 3 项：比例项、积分项和微分项。即：输出 = 比例项+积分项+微分项。

$$M(t) = K_C e + K_i \int e dt + K_d de / dt$$

计算机在周期性采样并离散化后进行 PID 运算，算法如下所示。

$$Mn = Kc \times (SPn - PVn) + Kc \times (Ts/Ti) \times (SPn - PVn) + Mx + Kc \times (Td/Ts) \times (PV_{n-1} - PVn)$$

① 比例项 $Kc \times (SPn - PVn)$：能及时地产生与偏差成正比的调节作用，比例系数越大，比例调节作用越强，系统的调节速度越快，但比例系数过大会使系统的输出量振荡加剧，稳定性降低。

② 积分项 $Kc \times (Ts/Ti) \times (SPn - PVn) + Mx$：与偏差有关，只要偏差不为 0，PID 控制的输出就会因积分作用而不断变化，直到偏差消失，系统处于稳定状态，所以积分项的作用是消除稳态误差，提高控制精度，但积分的动作缓慢，给系统的动态稳定带来不良影响，很少单独使用。从式中可以看出，积分时间常数增大，积分作用减弱，消除稳态误差的速度减慢。

③ 微分项 $Kc \times (Td/Ts) \times (PV_{n-1} - PVn)$：根据误差变化的速度（即误差的微分）进行调节，具有超前和预测的特点。微分时间常数 Td 增大，超调量减少，动态性能得到改善，如 Td 过大，系统输出量在接近稳态时可能上升缓慢。

S7-200 PLC 根据参数表中的输入测量值、控制设定值及 PID 参数，进行 PID 运算，求得输出控制值。其参数表中有 9 个参数，全部为 32 位的实数，共占用 36 个字节，36～79 字节保留给自整定变量。PID 控制回路的参数表如表 2-6 所示。

表 2-6　PID 控制回路参数表

偏移地址	参　　数	数据格式	参数类型	数　据　说　明
0	过程变量当前值（PVn）	双字、实数	输入	在 0.0～1.0
4	给定值（SPn）	双字、实数	输入	在 0.0～1.0
8	输出值（Mn）	双字、实数	输出	在 0.0～1.0
12	增益（Kc）	双字、实数	输入	比例常量，可正可负
16	采样时间（Ts）	双字、实数	输入	以秒为单位，必须为正数
20	积分时间（Ti）	双字、实数	输入	以分钟为单位，必须为正数
24	微分时间（Td）	双字、实数	输入	以分钟为单位，必须为正数
28	上一次的积分值（Mx）	双字、实数	输出	在 0.0～1.0
32	上一次过程变量（PV_{n-1}）	双字、实数	输出	最近一次 PID 运算值

（2）PID 控制回路选项

在很多控制系统中，有时只采用一种或两种控制回路。例如，可能只要求比例控制回路或比例和积分控制回路，通过设置常量参数值选择所需的控制回路。

1）如果不需要积分运算（即在 PID 计算中无"I"），则应将积分时间 Ti 设为无限大。由于积分项有初始值，即使没有积分运算，积分项的数值也可能不为零。

2）如果不需要微分运算（即在 PID 计算中无"D"），则应将微分时间 Td 设定为 0.0。

3）如果不需要比例运算（即在 PID 计算中无"P"），但需要 I 或 ID 控制，则应将增益值 Kc 指定为 0.0。因为 Kc 是计算积分和微分公式中的系数，将循环增益设为 0.0 会导致在积分和微分项计算中使用的循环增益值为 1.0。

（3）PID 回路输入转换及标准化数据

S7-200 PLC 为用户提供了 8 条 PID 控制回路，回路号为 0~7，即可以使用 8 条 PID 指令实现 8 个回路的 PID 运算。

每个回路的给定值和过程变量都是实际数值，其大小、范围和工程单位可能不同。在 PLC 进行 PID 控制之前，必须将其转换成标准化浮点数表示法。步骤如下。

1）将回路输入量数值从 16 位整数转换成 32 位浮点数或实数。下列指令说明如何将整数数值转换成实数。

```
ITD    AIW0,   AC0        // 将输入数值转换成双字
DTR    AC0,    AC0        // 将 32 位整数转换成实数
```

2）将实数转换成 0.0~1.0 之间的标准化数值。用下式：

实际数值的标准化数值=实际数值的非标准化数值或原始实数/取值范围+偏移量

其中，取值范围=最大可能数值-最小可能数值=32 000（单极数值）或 64 000（双极数值）；偏移量：对单极数值取 0.0，对双极数值取 0.5；单极范围为 0~32 000，双极范围为 -32 000~+32 000。

将上述 AC0 中的双极数值（间距为 64 000）标准化。

```
/R     64000.0,  AC0       // 使累加器中的数据标准化
+R     0.5, AC0            // 加偏移量
MOVR   AC0,  VD100         // 将标准化数值写入 PID 回路参数表中
```

（4）PID 回路输出转换为成比例的整数

程序执行后，PID 回路输出 0.0~1.0 的标准化实数数值，必须被转换成 16 位成比例整数数值，才能驱动模拟输出。

PID 回路输出成比例实数数值 =（PID 回路输出标准化实数值-偏移量）×取值范围

程序如下所示。

```
MOVR   VD108,  AC0        // 将 PID 回路输出送入 AC0
-R     0.5,  AC0          // 双极数值减偏移量 0.5
*R     64000.0,  AC0      //AC0 的值乘以取值范围，变成比例实数数值
ROUND  AC0,  AC0          // 将实数四舍五入，变为 32 位整数
DTI    AC0,  AC0          //32 位整数转换成 16 位整数
MOVW   AC0, AQW0          //16 位整数写入 AQW0
```

（5）PID 指令

PID 指令：使能有效时，根据回路参数表中的过程变量当前值、控制设定值及 PID 参数进行 PID 运算。指令格式如表 2-7 所示。

说明如下。

1）程序中可使用 8 条 PID 指令，不能重复使用。

2）使 ENO=0 的错误条件：0006（间接地址），SM1.1（溢出，参数表起始地址或指定的 PID 回路指令号码操作数超出范围）。

3）PID 指令不对参数表输入值进行范围检查，必须保证过程变量和给定值积分项当前值和过程变量当前值在 0.0~1.0。

表 2-7 PID 指令格式

梯 形 图	语 句 表	说 明
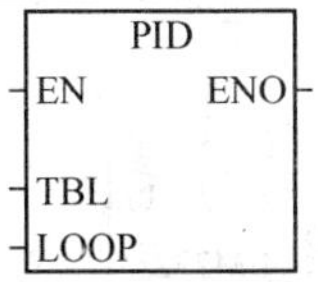 PID EN ENO TBL LOOP	PID TBL，LOOP	TBL：参数表起始地址 VB，数据类型：字节 LOOP：回路号，常量（0～7），数据类型：字节

（6）PID 控制回路的编程步骤

使用 PID 指令进行系统控制调节，可遵循以下步骤。

1）指定内存变量区回路表的首地址，如 VB200。

2）根据表 2-7 的格式及地址，把设定值 SPn 写入指定地址 VD204（双字、下同）、增益 Kc 写入 VD212、采样时间 Ts 写入 VD216、积分时间 Ti 写入 VD210、微分时间 Td 写入 VD224、PID 输出值由 VD208 输出。

3）设置定时中断初始化程序。PID 指令必须使用在定时中断程序中（中断事件 10 和 11）。

4）读取过程变量模拟量 AIWx，进行回路输入转换及标准化处理后写入回路表首地址 VD200。

5）执行 PID 回路运算指令。

6）对 PID 回路运算的输出结果 VD208 进行数据转换，然后送入模拟量输出 AQWx 作为控制调节的信号。

2.2.4 项目实施——液位系统的 PLC 控制

1. I/O 分配

根据项目分析可知，对输入、输出量进行分配如表 2-8 所示。

表 2-8 液位控制的 I/O 分配表

输 入		输 出	
输入继电器	元 件	输出继电器	元 件
I0.0	手动方式	Q0.0	工频运行
I0.1	自动方式	Q0.1	变频运行
I0.2	手动起动按钮	Q1.1	手动方式显示
I0.3	手动停止按钮	Q1.2	自动方式显示
		Q1.3	工频运行指示
		Q1.4	变频运行指示
		Q1.5	水位上限报警指示
		Q1.6	水位下限报警指示

2. PLC 硬件原理图

根据项目控制要求及表 2-8 的 I/O 分配表，液位控制系统的 PLC 硬件原理图如图 2-10 所示，电气控制主电路比较简单，在此省略。

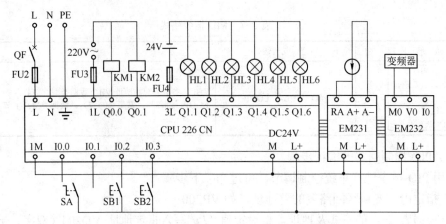

图 2-10　液位控制系统的 PLC 硬件原理图

3. 创建工程项目

创建一个工程项目，并命名为液位控制系统的 PLC 控制。

4. 编辑符号表

编辑符号表如图 2-11 所示。

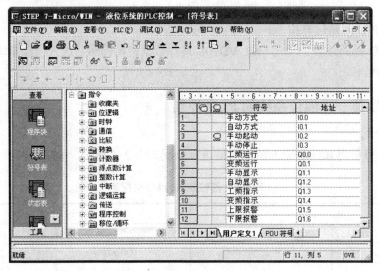

图 2-11　编辑符号表

5. 设计梯形图程序

本项目中水位由压差变送器检测，变送器的输出信号为 4～20mA。模拟量输入模块是将输入的信号转换为 12 位的数字量。输入信号与 A/D 转换数值表如表 2-9 所示。

表 2-9　输入信号与 A/D 转换数值表

	测量物理范围 −300mm～+300mm	控制范围 −100mm～+100mm	报警点 −150mm～+150mm
输入信号	4～20mA		
A/D 转换后数据	6 400～32 000	14 933～23 466	12 800～25 600

194

设计的梯形图如图 2-12～图 2-14 所示。

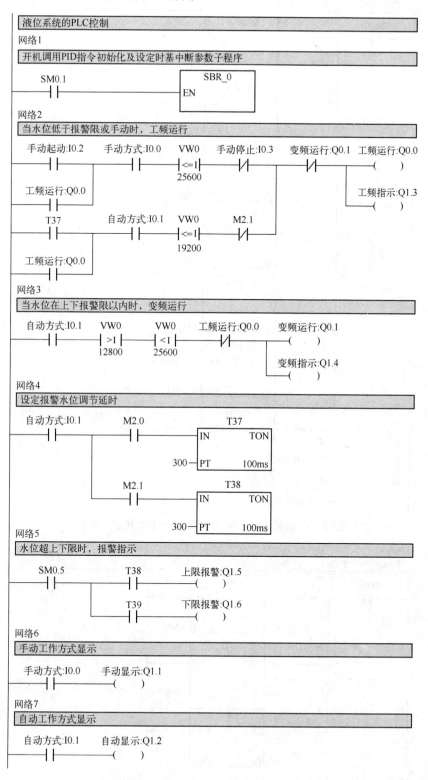

图 2-12　液位控制系统的梯形图——主程序

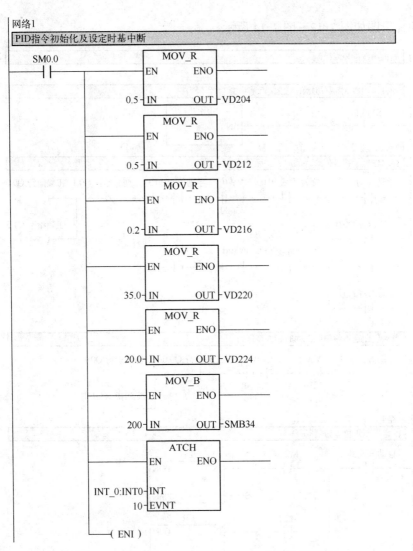

图 2-13   液位控制系统的梯形图——初始化子程序

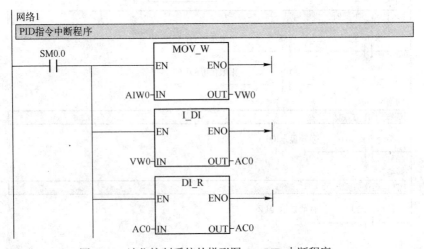

图 2-14   液位控制系统的梯形图——PID 中断程序

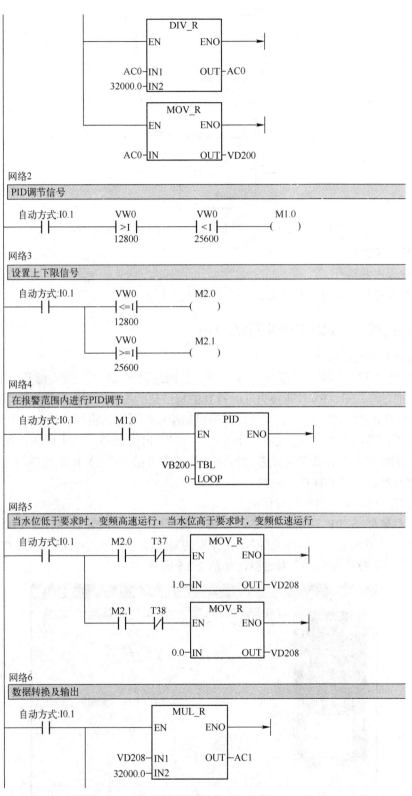

图 2-14 液位控制系统的梯形图——PID 中断程序（续）

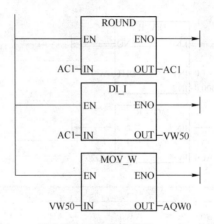

图 2-14 液位控制系统的梯形图——PID 中断程序（续）

6．运行与调试程序

1）下载程序并运行。

2）分析程序运行的过程和结果。

2.2.5 知识链接——PID 指令向导的应用

PID 指令向导的应用

S7-200 PLC 指令与回路表配合使用，CPU 的回路表有 23 个变量。编写 PID 控制程序时，首先要把过程变量（PV）转换为 0.0～1.0 的标准化的实数。PID 运算结束后，需要将回路输出（0.0～1.0 的标准化的实数）转换为可以送给模拟量输出模块的整数。为了让 PID 指令以稳定的采样周期工作，应在定时中断程序中调用 PID 指令。综上所述，如果直接使用PID 指令，则编程的工作量和难度都比较大。为了降低编写 PID 控制程序的难度，S7-200 PLC 的编程软件设置了 PID 指令向导。

（1）打开"PID 指令向导"对话框

打开编程软件 STEP 7-Micro/WIN，单击"指令树"→"向导"，双击"PID"图标，或执行菜单命令"工具"→"指令向导"，在弹出的对话框中选择"PID"，单击"下一步"按钮，即可打开"PID 指令向导"对话框，如图 2-15 所示。

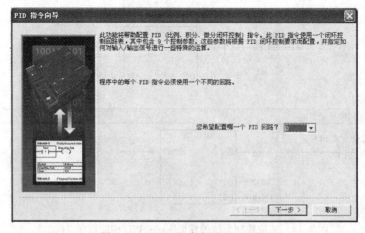

图 2-15 "PID 指令向导"对话框

（2）设定 PID 回路参数

选择 PID 回路编号（0～7）后，单击"下一步"按钮，进入"PID 参数设置"对话框，如图 2-16 所示。

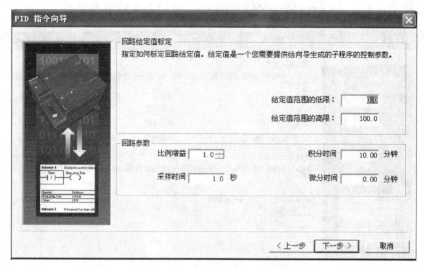

图 2-16 "PID 参数设置"对话框

1）定义回路给定值（SP）：在图 2-16 中，"回路给定值标定"设置区用于定义回路设定值（SP，即给定值）的范围，在"给定值范围的低限（Low Range）"和"给定值范围的高限（High Range）"文本框中分别输入实数，默认值为 0.0 和 100.0，表示给定值的取值范围占过程反馈（实际值）量程的百分比。这个范围是给定值的取值范围，也可以用实际的工程单位数值表示。

对于 PID 控制系统来说，必须保证给定值与过程反馈（实际值）的一致性。

给定值与反馈值的物理意义一致：这取决于被控制的对象，若是压力，则给定值也必须对应于压力值；若是温度，则给定值也必须对应于温度。

给定值与反馈值的数值范围对应：如果给定值直接是摄氏温度值，则反馈值必须是对应的摄氏温度值；如果反馈值直接使用模拟量输入的对应数值，则给定值也必须向反馈的数值范围换算。

给定值与反馈值的换算也可以有特定的比例关系，如给定值可以表示为以反馈的数值范围的百分比数值。

为避免混淆，建议采用默认百分比的形式。

2）比例增益：比例常数。

3）积分时间：如果不需要积分作用，则可以把积分时间设为无穷大"INF"。

4）微分时间：如果不需要微分回路，则可以把微分时间设为 0。

5）采样时间：PID 控制回路对反馈采样和重新计算输出值的时间间隔。在向导完成后，若想要修改此数，则必须返回向导中修改，不可在程序中或状态表中修改。

以上这些参数都是实数。可以根据"经验"或需要"粗略"设定这些参数，甚至采用默认值，具体参数还要进行设定。

（3）设定回路输入/输出值

单击图 2-16 中的"下一步"按钮，进入"PID 输入/输出参数设定"对话框，如图 2-17 所示。图中"回路输入选项"设置区用于设定过程变量的输入类型和范围。在图 2-17 中，首先设定过程变量 PV（Process Variable）的范围，然后定义输出类型。

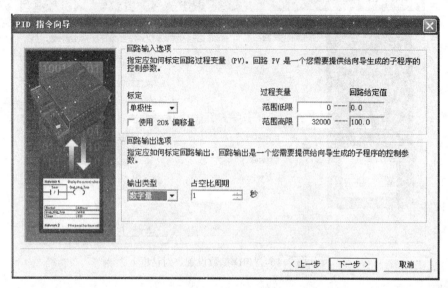

图 2-17 "PID 输入/输出参数设定"对话框

1）指定输入类型及取值范围。

Unipolar：单极性，即输入的信号为正，如 0～10V 或 0～20mA 等。

Bipolar：双极性，即输入信号在从负到正的范围内变化，如输入信号为±10V、±5V 等。

使用 20%偏移量：反馈输入取值范围在类型设置为 Unipolar 时，默认值为 0～32 000，对应输入量程范围 0～10V 或 0～20mA，输入信号为正；在类型设置为 Bipolar 时，默认的取值为-32 000～+32 000，对应的输入范围根据量程不同，可以是±10V、±5V 等；在选中"使用 20%偏移量"时，取值范围为 6 400～32 000，不可改变。如果输入为 4～20mA，则选单极性及此项，4mA 是 0～20mA 信号的 20%，所以选用 20%偏移，即 4mA 对应 6 400，20mA 对应 32 000。

注意：前面所提到的给定值范围，反馈输入也可以用工程制单位的数值。

2）设定输出类型及取值范围。

图 2-17 中"回路输出选项"设置区用于定义输出类型，可以选择模拟量输出或数字量输出。模拟量输出用来控制一些需要模拟量设定的设备，如比例阀、变频器等；数字量输出实际上是控制输出点的通断状态按一定的占空比变化，可以控制固态继电器。选择模拟量输出则需要设定回路输出变量值的范围，可以进行的选择如下。

Unipolar：单极性输出，可为 0～10V 或 0～20mA 等，范围低高限默认值为 0～32 000。

Bipolar：双极性输出，可为±10V、±5V 等，范围低高限取值为-32 000～+32 000。

20% Offset：如果选中 20%偏移，使输出为 4～20mA，范围低高限取值为 6 400～

32 000，不可改变。

如果选择了数字量输出，需要设定占空比的周期。

单击图 2-17 中的"下一步"按钮，进入"回路报警设定"对话框，如图 2-18 所示。

（4）设定回路报警选项

PID 指令向导提供了 3 个输出来反映过程值（PV）的低限报警、高限报警及模拟量输入模块错误状态。当报警条件满足时，输出置位为 1。这些功能只有在选中了相应的复选框后才起作用。

使能低限报警（PV）：用于设定过程值（PV）报警的低限，此值为过程值的百分数，默认值为 0.10，即报警的低限为过程值的 10%。此值最低可设为 0.01，即满量程的 1%。

使能高限报警（PV）：用于设定过程值（PV）报警的高限，此值为过程值的百分数，默认值为 0.90，即报警的低限为过程值的 90%。此值最高可设为 1.00，即满量程的 100%。

使能模拟量模块报错：用于设定模块与 CPU 连接时所处的模块位置。"0"就是第一个扩展模块的位置。

单击图 2-18 中的"下一步"按钮，为 PID 指令向导分配存储区，如图 2-19 所示。

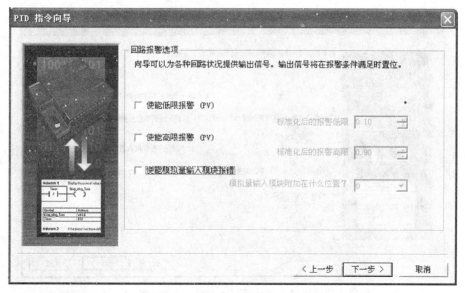

图 2-18 "回路报警设定"对话框

（5）指定 PID 运算数据存储区

PID 指令（功能块）使用了一个 120B 的 V 区参数表来进行控制回路的运算工作。此外，PID 向导生成的输入/输出量的标准化程序也需要运算数据存储区，需要为它们定义一个起始地址，要保证该起始地址的若干字节在程序的其他地方没有被重复使用。单击"建议地址"按钮，则向导将自动设定当前程序中没有用过的 V 区地址。自动分配的地址只是在执行 PID 向导时编译检测到的空闲地址。向导将自动为该参数表分配符号名，用户不必再为这些参数分配符号名，否则将导致 PID 控制不执行。

单击图 2-19 中的"下一步"按钮，则进入"定义向导所生成的 PID 初始化子程序和中断程序名及手/自动模式"对话框，如图 2-20 所示。

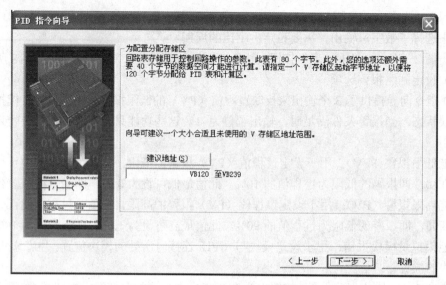

图 2-19 "分配存储区"对话框

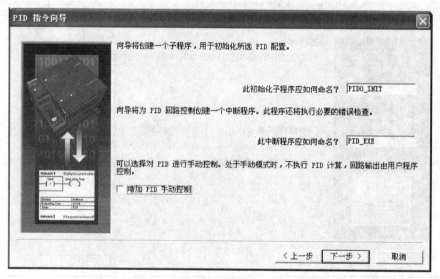

图 2-20 "定义向导所生成的 PID 子程序中断程序名及手/自动模式"对话框

（6）定义向导创建的初始化子程序和中断程序的程序名

向导定义的默认的初始化子程序名为"PID0_INIT"，中断程序名为"PID_EXE"，可以自行修改。

在该对话框中可以增加 PID 手动控制模式。在"PID 手动控制模式"设置区下，选择"增加 PID 手动控制"复选框，将回路输出设定为手动输出控制，此时还需要输入手动控制输出参数，它是一个介于 0.0～1.0 之间的实数，代表输出的 0%～100%，而不是直接去改变输出值。

注意：如果项目中已经存在一个 PID 配置，则中断程序名为只读，不可更改。因为一个项目中所有 PID 共用一个中断程序，它的名字不会被任何新的 PID 所更改。

PID 向导中断用的是 SMB34 定时中断，在使用了 PID 向导后，在其他编程时不要再用此中断，也不要向 SMB34 中写入新的数值，否则 PID 将停止工作。

（7）生成 PID 子程序、中断程序及符号表等

单击图 2-20 中的"下一步"按钮，将生成 PID 子程序、中断程序及符号表等，如图 2-21 所示。单击"完成"按钮，即完成 PID 向导的组态。之后，可在符号表中查看 PID 向导生成的符号表，包括各参数所用的详细地址及其注释，进而在编写程序时使用相关参数。如图 2-22 所示为 PID 向导生成的符号表示例。

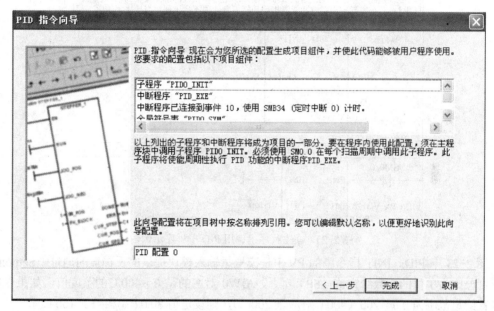

图 2-21　使用向导生成的 PID 子程序、中断程序及符号表等

			符号	地址	注释
1			PID0_Output_D	VD206	
2			PID0_Dig_Timer	VD202	
3			PID0_D_Counter	VW200	
4			PID0_D_Time	VD144	微分时间
5			PID0_I_Time	VD140	积分时间
6			PID0_SampleTime	VD136	采样时间（要修改请重新运行 PID 向导）
7			PID0_Gain	VD132	回路增益
8			PID0_Output	VD128	标准化的回路输出计算值
9			PID0_SP	VD124	标准化的过程给定值
10			PID0_PV	VD120	标准化的过程变量
11			PID0_Table	VB120	PID 0 的回路表起始地址

图 2-22　PID 向导生成的符号表示例

完成 PID 指令向导的组态后，指令树的子程序文件夹中已经生成了 PID 相关子程序和中断程序，需要在用户程序中调用向导生成的 PID 子程序。

（8）在程序中调用 PID 子程序

配置完 PID 向导，需要在程序中调用向导生成的 PID 子程序，如图 2-23 所示。需要注意的是，必须用 SM0.0 来无条件调用 PID0_INIT 程序。调用 PID 子程序时，不用考虑中断程序。子程序会自动初始化相关的定时中断处理事项，然后中断程序会自动执行。

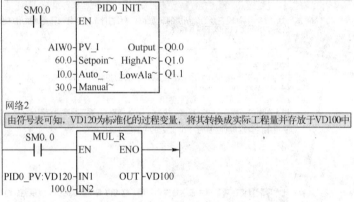

网络1

必须采用SM0.0来使能PID0_INIT子程序，SM0.0后不能串联任何其他条件，而且也不能有越过它的跳转；如果在子程序中调用PID0_INIT子程序，也必须仅使用SM0.0调用，以保证它的正常运行，过程反馈值（实际值）的模拟量输入地址为AIW0。设定值可以直接输入实数，如60.0，也可以输入变量地址（VDxx），根据向导中的设定范围0.0～100.0，此处应输入一个实数，如60，即为过程值的60%。

I0.0控制PID的手/自动方式。当I0.0为1时，为自动工作方式，经过PID运算从Q0.0输出；当I0.0为0时，PID将停止运算，Q0.0将输出占空比为30%的信号。若在向导中没有选择PID手动功能，则此项不会出现30.0，即为PID手动状态下的输出，此处可输入手动设定值的变量地址（VDxx），或直接输入常数。当高限报警条件满足时，相应的输出置位为1，此处为Q1.0，若在向导中没有使能高限报警功能，则此项不会出现；当低限报警条件满足时，相应的输出置位为1，此处为Q1.1，若在向导中没有使能低限报警功能，则此项不会出现；当模块出错时，相应的输出置位为1，若在向导中没有使能模块错误报警功能，则此项将不会出现。

网络2

由符号表可知，VD120为标准化的过程变量，将其转换成实际工程量并存放于VD100中

图 2-23　在主程序中调用 PID 子程序示例

图 2-23 中 PIDx_INIT 指令中的 PV_I 是模拟量输入模块提供的反馈值的地址，Setpoint_R 是以百分比为单位的实数给定值（SP）。假设 AIW0 对应的是 0～400℃的温度值，如果在向导中设置给定范围为 0.0～200（400℃对应于 200%），则设定值 80.0 (%)相当于 160℃。

BOOL 变量 Auto_Manual 为 1 时，该回路为自动工作方式（PID 闭环控制），反之为手动工作方式。Manual Output 是手动工作方式时标准化的实数输入值。

Output 是 PID 控制器的 INT 型输出值的地址，HighAlarm 和 LowAlarm 分别是 PV 超过上限和下限的报警信号输出，ModuleErr 是模拟量模块的故障输出信号。

2.2.6　项目交流——PID 指令使用注意事项、PID 指令参数的在线修改

1．PID 指令使用注意事项

1）在使用该指令前必须建立回路表，因为该指令是以回路表（TBL）提供的过程变量、设定值、增益、积分时间、微分时间、输出等参数为基础进行运算的。

2）PID 指令不检查回路表中的一些输入值，必须保证过程变量和设定值在 0.0～1.0。

3）该指令必须使用在以定时产生的中断程序中。

4）如果指令指定的回路表起始地址或 PID 回路号操作数超出范围，则在编译期间，CPU 将产生编译错误（范围错误），从而导致编译失败。如果 PID 算术运算发生错误，则特殊存储器标志位 SM1.1 置 1，并且中止 PID 指令的执行。在下一次执行 PID 运算之前，应改变引起算术运算错误的输入值。

2．PID 指令参数的在线修改

没有一个 PID 项目的参数是不需要修改而能直接运行的，因此在实际运行时，需要调试

PID 参数。由符号表中可以找到包括 PID 核心指令所用的控制回路表，包括比例系数、积分时间等。将此表中的地址复制到状态表中，可以在监控模式下在线修改 PID 参数，不必停机再次做配置。参数调试合适后，可以在数据块中写入，也可以再做一次向导，或者编程向相应的数据区传送参数。

2.2.7 技能训练——水储罐的恒压控制

用 PLC 实现水储罐恒压控制。水以变化的速率不断地从水储罐取出。变速泵用于以保持充足水压的速率添加水到储罐，并且也防止储罐空。此系统的设定值等于储罐达到充满 75% 水位。过程变量由浮点型测量器提供，它实时提供储罐充满程度的读数，可以从 0%（空）～ 100%（全部满）变化。输出是泵速的数值，允许泵在最大速度的 0%～100%范围内运行。

训练点：模拟量输入/输出数据的处理；PID 指令的应用。

项目 2.3 钢包车行走的 PLC 控制

知识目标
- 了解编码器有关知识
- 掌握高速计数器的基础知识
- 掌握高速计数器的编程方法

能力目标
- 掌握高速计数器的编程技巧
- 掌握高速计数器的向导使用
- 灵活运用高速计数器 HSC

2.3.1 项目引入

钢包车主要用于炼钢车间装载钢水包转运于各工艺工位，供模铸、连铸使用，或用于炉外精炼各工艺工位之间互相转移，故钢包车不同于一般的过跨或车间内转运的电动平车，其可靠性、运载平稳性和定位精度要求都比较高。对钢包车运行的控制要求如下。

1）钢包车在起步阶段，应保证平稳，故要求起动时低速运行。

2）钢包车行走至中段时，可加速、高速运行。

3）钢包车在接近工位（如加热位或吊包位）时，应保证平稳，以便准确定位，故要求低速运行。

4）若需要紧急停车时，如钢包车高速运行，则应先低速运行 5s 后，再停车（考虑钢包车的载荷惯性）；如低速运行，则可立即停车。

5）正常工作时，钢包车运行回原位，由编码器进行定位；当事故停车时，钢包车由手动操作回原位（由各位的限位开关控制）。

2.3.2 项目分析

该项目要求钢包车在起、停时保持平稳，故采用变频器驱动电动机完成；要求接近或返回工位时精确定位，故用编码器进行控制。系统根据编码器输入的脉冲数与设置值进行比较，来控制电动机的起动阶段、高速运行阶段和停车阶段。而电动机转速即编码器产生的脉冲频率较高，普通计数器难以胜任，会丢失计数脉冲，故需要用高速计数器来完成。因此，要完成本项目，需了解和掌握编码器和高速计数器的有关知识。

2.3.3　相关知识——编码器、高速计数器

1. 编码器

编码器（Encoder）是将角位移或直线位移转换成电信号的一种装置，是把信号（如比特流）或数据编制转换为可用于通信、传输和存储等的设备。按照其工作原理，编码器可分为增量式和绝对式两类。增量式编码器是将位移转换成周期性的电信号，再把这个电信号转变成计数脉冲，用脉冲的个数表示位移的大小。绝对式编码器的每一个位置对应一个确定的数字码，因此它的实际值只与测量的起始和终止位置有关，而与测量的中间过程无关。

（1）增量式编码器

光电增量式编码器的码盘上有均匀刻制的光栅。码盘旋转时，输出与转角的增量成正比的脉冲，需要用计数器来统计脉冲数。根据输出信号的个数，有 3 种增量式编码器。

1）单通道增量式编码器。

单通道增量式编码器内部只有 1 对光耦合器，只能产生一个脉冲序列。

2）双通道增量式编码器。

双通道增量式编码器又称为 A、B 相型编码器，内部有两对光耦合器，能输出相位差为90°的两组独立脉冲序列。正转和反转时，两路脉冲的超前、滞后关系刚好相反，如图 2-24所示。如果使用 A、B 相型编码器，PLC 可以识别出转轴旋转的方向。

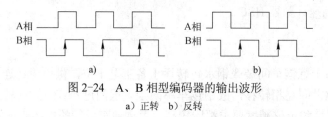

图 2-24　A、B 相型编码器的输出波形
a）正转　b）反转

3）三通道增量式编码器。

在三通道增量式编码器内部除了有双通道增量式编码器的两对光耦合器外，在脉冲码盘的另外一个通道还有一个透光段，每转 1 圈，输出一个脉冲，该脉冲称为 Z 相零位脉冲，用做系统清零信号，或坐标的原点，以减少测量的累积误差。

（2）绝对式编码器

N 位绝对式编码器有 N 个码道，最外层的码道对应于编码的最低位。每一码道有一个光耦合器，用来读取该码道的 0、1 数据。绝对式编码器输出的 N 位二进制数反映了运动物体所处的绝对位置，根据位置的变化情况，可以判别旋转的方向。

2. 高速计数器

在工业控制中有很多场输入的是一些高速脉冲，如编码器信号，这时 PLC 可以使用高速计数器对这些特定的脉冲进行加/减计数，来最终获取所需要的工艺数据（如转速、角度、位移等）。PLC 的普通计数器的计数过程与扫描工作方式有关，CPU 通过每一扫描周期

读取一次被测信号的方法来捕捉被测信号的上升沿。当被测信号的频率较高时，将会丢失计数脉冲，因此普通计数器的工作频率很低，一般仅有几十赫兹。高速计数器可以对普通计数器无法计数的高速脉冲进行计数。

（1）高速计数器简介

高速计数器（HSC，High Speed Counter）在现代自动控制中的精确控制领域有很高的应用价值，它用来累计比 PLC 扫描频率高得多的脉冲输入，利用产生的中断事件来完成预定的操作。

1）数量及编号。

高速计数器在程序中使用时，地址编号用 HSCn（或 HCn）来表示，HSC 表示编程元件名称为高速计数器，n 为编号。

HSCn 除了表示高速计数器的编号之外，还代表两方面的含义，即高速计数器位和高速计数器当前值。编程时，从所用的指令中可以看出是位还是当前值。

对于不同型号的 S7-200 PLC 主机，高速计数器的数量如表 2-10 所示。CPU 22x 系列的 PLC 最高计数频率为 30kHz，CPU 224XP CN 的 PLC 最高计数频率为 230kHz。

表 2-10　各主机的高速计数器数量

主 机 型 号	CPU 221	CPU 222	CPU 224	CPU 226
可用 HSC 数量	4		6	
HSC 编号范围	HSC0、HSC3、HSC4、HSC5		HSC0～HSC5	

2）中断事件类型。

高速计数器的计数和动作可采用中断方式进行控制，与 CPU 的扫描周期关系不大，各种型号的 PLC 可用的计数器的中断事件大致分为 3 类：当前值等于预置值中断、输入方向改变中断和外部信号复位中断。所有高速计数器都支持当前值等于预置值中断。

每个高速计数器的 3 种中断的优先级由高到低执行，不同高速计数器之间的优先级又按编号顺序由高到低执行，具体对应关系如表 2-11 所示。

表 2-11　高速计数器中断优先级

高速计数器	当前值等于预置值中断		计数方向改变中断		外部信号复位中断	
	事件号	优先级	事件号	优先级	事件号	优先级
HSC0	12	10	27	11	28	12
HSC1	13	13	14	14	15	15
HSC2	16	16	17	17	18	18
HSC3	32	19	无	无	无	无
HSC4	29	20	30	21	无	无
HSC5	33	23	无	无	无	无

3）高速计数器输入端子的连接。

各高速计数器对应的输入端子如表 2-12 所示。

表 2-12　高速计数器的输入端子

高速计数器	使用的输入端子	高速计数器	使用的输入端子
HSC0	I0.0、I0.1、I0.2	HSC3	I0.1
HSC1	I0.6、I0.7、I1.0、I1.1	HSC4	I0.3、I04.、I0.5
HSC2	I1.2、I1.3、I1.4、I1.5	HSC5	I0.4

在表 2-12 中所用到的输入点，如果不使用高速计数器，可作为一般的数字量输入点，或者作为输入/输出中断的输入点。只有在使用高速计数器时，才分配给相应的高速计数器，实现高速计数器产生的中断。在 PLC 实际应用中，每个输入点的作用是唯一的，不能对某一个输入点分配多个用途。因此要合理分配每一个输入点的用途。

（2）高速计数器的工作模式

1）高速计数器的计数方式。

① 单路脉冲输入的内部方向控制加/减计数，即只有一个脉冲输入端，通过高速计数器的控制字节的第 3 位来控制做加/减计数。该位为 1 时，加计数；该位为 0 时，减计数，如图 2-25 所示。

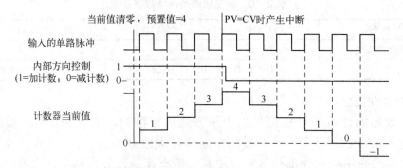

图 2-25　内部方向控制的单路加/减计数

该计数方式可调用当前值等于预置值中断，即当高速计数器的计数当前值与预置值相等时，调用中断程序。

② 单路脉冲输入的外部方向控制加/减计数，即只有一个脉冲输入端，有一个方向控制端，方向输入信号等于 1 时，加计数；方向输入信号等于 0 时，减计数，如图 2-26 所示。

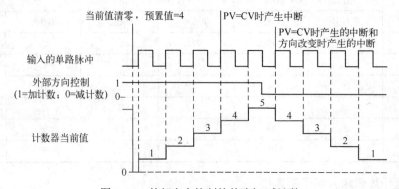

图 2-26　外部方向控制的单路加/减计数

该计数方式可调用当前值等于预置值中断和外部输入方向改变的中断。

③ 两路脉冲输入的单相加/减计数，即有两个脉冲输入端，一个是加计数脉冲，一个是减计数脉冲，计数值为两个输入端脉冲的代数和，如图 2-27 所示。

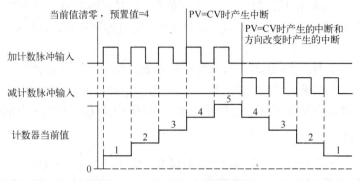

图 2-27　两路脉冲输入的单相加/减计数

该计数方式可调用当前值等于预置值中断和外部输入方向改变的中断。

④ 两路脉冲输入的双相正交计数，即有两个脉冲输入端，输入的两路脉冲 A 相、B 相，相位差 90°（正交）。A 相超前 B 相 90° 时，加计数；A 相滞后 B 相 90° 时，减计数。在这种计数方式下，可选择 1×模式（单倍频，一个时钟脉冲计一个数）和 4×模式（4 倍频，一个时钟脉冲计 4 个数），如图 2-28 和图 2-29 所示。

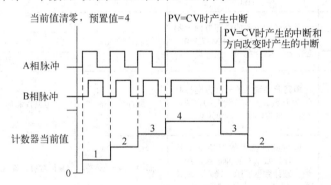

图 2-28　双相正交计数 1×模式

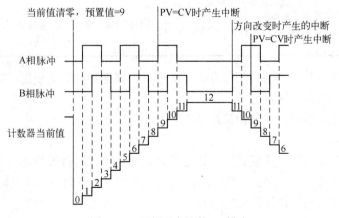

图 2-29　双相正交计数 4×模式

2）高速计数器的工作模式。

高速计数器有 13 种工作模式，模式 0～模式 2 采用单路脉冲输入的内部方向控制加/减计数；模式 3～模式 5 采用单路脉冲输入的外部方向控制加/减计数；模式 6～模式 8 采用两路脉冲输入的单相加/减计数；模式 9～模式 11 采用两路脉冲输入的双相正交计数；模式 12 只有 HSC0 和 HSC3 支持，HSC0 计 Q0.0 发出的脉冲数，HSC3 计 Q0.1 发出的脉冲数。

S7-200 PLC 有 HSC0～HSC5 六个高速计数器，每个高速计数器有多种不同的工作模式。HSC0 和 HSC4 有模式 0、1、3、4、6、7、8、9、10；HSC1 和 HSC2 有模式 0～模式 11；HSC3 和 HSC5 只有模式 0。每种计数器所拥有的工作模式和其占有的输入端子的数目有关，如表 2-13 所示。

表 2-13　高速计数器的工作模式和输入端子的关系及说明

HSC 编号及其对应的输入端子 / HSC 模式	功能及说明	占用的输入端子及其功能			
HSC0		I0.0	I0.1	I0.2	×
HSC4		I0.3	I0.4	I0.5	×
HSC1		I0.6	I0.7	I1.0	I1.1
HSC2		I1.2	I1.3	I1.4	I1.5
HSC3		I0.1	×	×	×
HSC5		I0.4	×	×	×
0	单路脉冲输入的内部方向控制加/减计数。控制字 SM37.3=0，减计数；SM37.3=1，加计数	脉冲输入端	×	×	×
1				复位端	×
2				复位端	起动
3	单路脉冲输入的外部方向控制加/减计数。方向控制端=0，减计数；方向控制端=1，加计数	脉冲输入端	方向控制端	×	×
4				复位端	×
5				复位端	起动
6	两路脉冲输入的双相正交计数。加计数端有脉冲输入，加计数；减计数端有脉冲输入，减计数	加计数脉冲输入端	减计数脉冲输入端	×	×
7				复位端	×
8				复位端	起动
9	两路脉冲输入的双相正交计数。A 相脉冲超前 B 相脉冲，加计数；A 相脉冲滞后 B 相脉冲，减计数	A 相脉冲输入端	B 相脉冲输入端	×	×
10				复位端	×
11				复位端	起动

选用某个高速计数器在某种工作方式下工作后，高速计数器所使用的输入不是任意选择的，必须按指定的输入点输入信号。

（3）高速计数器的控制字节和状态字节

1）控制字节。

定义了高速计数器的工作模式后，还要设置高速计数器的有关控制字节。每个高速计数器均有一个控制字节，它决定了计数器的计数允许或禁用、方向控制（仅限模式 0、1 和 2）或对所有其他模式的初始化计数方向、装入初始值和预置值等。控制字节每个控制位的说明如表 2-14 所示。

表 2-14 高速计数器的控制字节

HSC0	HSC1	HSC2	HSC3	HSC4	HSC5	说　　明
SM37.0	SM47.0	SM57.0	SM137.0	SM147.0	SM157.0	复位有效电平控制： 0=高电平有效；1=低电平有效
SM37.1	SM47.1	SM57.1	SM137.1	SM147.1	SM157.1	起动有效电平控制： 0=高电平有效；1=低电平有效
SM37.2	SM47.2	SM57.2	SM137.2	SM147.2	SM157.2	正交计数器计数速率选择： 0=4×计数速率；1=1×计数速率
SM37.3	SM47.3	SM57.3	SM137.3	SM147.3	SM157.3	计数方向控制位： 0=减计数；1=加计数
SM37.4	SM47.4	SM57.4	SM137.4	SM147.4	SM157.4	向 HSC 写入计数方向： 0=无更新；1=更新计数方向
SM37.5	SM47.5	SM57.5	SM137.5	SM147.5	SM157.5	向 HSC 写入预置值： 0=无更新；1=更新预置值
SM37.6	SM47.6	SM57.6	SM137.6	SM147.6	SM157.6	向 HSC 写入初始值： 0=无更新；1=更新初始值
SM37.7	SM47.7	SM57.7	SM137.7	SM147.7	SM157.7	HSC 指令执行允许控制： 0=禁用 HSC；1=启用 HSC

2）状态字节。

每个高速计数器都有一个状态字节，状态位表示当前计数方向以及当前值是否大于或等于预置值。每个高速计数器状态字节的状态位如表 2-15 所示，状态字节的 0～4 位不用。监控高速计数器状态的目的是使外部事件产生中断，以完成重要的操作。

表 2-15 高速计数器状态字节的状态位

HSC0	HSC1	HSC2	HSC3	HSC4	HSC5	说　　明
SM36.5	SM46.5	SM56.5	SM136.5	SM146.5	SM156.5	当前计数方向状态位： 0=减计数；1=加计数
SM36.6	SM46.6	SM56.6	SM136.6	SM146.6	SM156.6	当前值等于预置值状态位： 0=不相等；1=相等
SM36.7	SM46.7	SM56.7	SM136.7	SM146.7	SM156.7	当前值大于预置值状态位： 0=小于或等于；1=大于

（4）高速计数器指令及使用

1）高速计数器指令。

高速计数器指令有两条：高速计数器定义指令 HDEF 和高速计数器指令 HSC。指令格式如表 2-16 所示。

表 2-16 高速计数器指令格式

梯　形　图	HDEF –EN　ENO– –HSC –MODE	HSC –EN　ENO– –N
语句表	HDEF　HSC，MODE	HSC　N
功能说明	高速计数器定义指令 HDEF	高速计数器指令 HSC
操作数	HSC：高速计数器的编号，为常量（0～5） MODE 工作模式，为常量（0～11）	N：高速计数器的编号，为常量（0～5）
ENO=0 的出错条件	SM4.3（运行时间），0003（输入点冲突），0004（中断中的非法指令），000A（HSC 重复定义）	SM4.3（运行时间），0001（HSC 在 HDEF 之前），0005（HSC/PLS 同时操作）

① 高速计数器定义指令 HDEF。指令指定高速计数器 HSCx 的工作模式。工作模式的选择即选择了高速计数器的输入脉冲、计数方向、复位和起动功能。每个高速计数器只能用一条"高速计数器定义"指令。

② 高速计数器指令 HSC。根据高速计数器控制位的状态和按照 HDEF 指令指定的工作模式,控制高速计数器。参数 N 指定高速计数器的编号。

2)高速计数器指令的使用。

① 每个高速计数器都有一个 32 位初始值和一个 32 位预置值,初始值和预置值均为带符号的整数值。要设置高速计数器的初始值和预置值,必须设置控制字,如表 2-17 所示,令其第 5 位和第 6 位为 1,允许更新初始值和预置值,初始值和预置值写入特殊内部标志位存储区。然后执行 HSC 指令,将新数值传输到高速计数器。初始值和预置值占用的特殊内部标志位存储区如表 2-17 所示。

表 2-17 HSC0～HSC5 初始值和预置值占用的特殊内部标志位存储区

要装入的数值	HSC0	HSC1	HSC2	HSC3	HSC4	HSC5
初始值	SMD38	SMD48	SMD58	SMD138	SMD148	SMD158
预置值	SMD42	SMD52	SMD62	SMD142	SMD152	SMD162

除控制字节以及预置值和初始值外,还可以使用数据类型 HSC(高速计数器当前值)加计数器编号(0、1、2、3、4 或 5)读取每个高速计数器的当前值。因此,读取操作可直接读取当前值,但只有用上述 HSC 指令才能执行写入操作。

② 执行 HDEF 指令之前,必须将高速计数器控制字节的位设置成需要的状态,否则将采用默认设置。默认设置如下:复位和起动输入高电平有效,正交计数速率选择 4× 模式。执行 HDEF 指令后,就不能再改变计数器的设置。

3)高速计数器指令的初始化。

① 用 SM0.1 对高速计数器指令进行初始化。

② 在初始化程序中,根据希望的控制设置控制字(SMB37、SMB47、SMB57、SMB137、SMB147、SMB157),如设置 SMB47=16#F8,则允许计数、允许写入初始值、允许写入预置值、更新计数方向为加计数,若将正交计数设为 4× 模式,则复位和起动设置为高电平有效。

③ 执行 HDEF 指令,设置 HSC 的编号(0～5),设置工作模式(0～11)。如 HSC 的编号设置为 1,工作模式输入设置为 11,则为既有复位又有起动的正交计数工作模式。

④ 把初始值写入 32 位当前寄存器(SMD38、SMD48、SMD58、SMD138、SMD148、SMD158)。如写入 0,则清除当前值,用指令 MOVD 0,SMD48 实现。

⑤ 把预置值写入 32 位当前寄存器(SMD42、SMD52、SMD62、SMD142、SMD152、SMD162)。如执行指令 MOVD 1000,SMD52,则设置预置值为 1000。若写入预置值为 16#00,则高速计数器处于不工作状态。

⑥ 为了捕捉当前值等于预置值的事件,将条件 CV=PV 中断事件(如事件 13)与一个中断程序相联系。

⑦ 为了捕捉计数方向的改变,将方向改变的中断事件(如事件 14)与一个中断程序相联系。

⑧ 为了捕捉外部复位，将外部复位中断事件（如事件 15）与一个中断程序相联系。

⑨ 执行全部中断允许指令（ENI）允许 HSC 中断。

⑩ 执行 HSC 指令使 S7-200 PLC 对高速计数器进行编程。

⑪ 编写中断程序。

2.3.4 项目实施——钢包车行走的 PLC 控制

1．I/O 分配

根据项目分析，对输入、输出量进行分配，如表 2-18 所示。

表 2-18　钢包车行走控制的 I/O 分配表

输　入		输　出	
输入继电器	元　件	输出继电器	元　件
I0.0	编码器脉冲输入	Q0.0	电动机正转
I0.4	手动方式	Q0.1	电动机反转
I0.5	自动方式	Q0.2	低速运行
I0.6	工位 1→工位 2 按钮	Q0.3	高速运行
I0.7	工位 2→工位 1 按钮	Q1.1	手动方式显示
I1.0	工位 1 限位开关	Q1.2	自动方式显示
I1.1	工位 2 限位开关	Q1.3	电动机正转显示
I1.2	急停按钮	Q1.4	电动机反转显示

2．PLC 硬件原理图

根据项目控制要求及表 2-18 所示的 I/O 分配表，钢包车行走控制的 PLC 硬件原理图可绘制如图 2-30 所示。

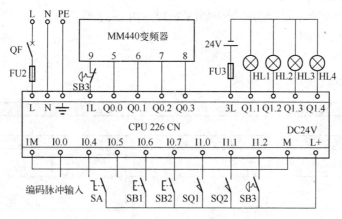

图 2-30　钢包车行走控制的 PLC 硬件原理图

3．创建工程项目

创建一个工程项目，并命名为钢包车行走的 PLC 控制。

4．编辑符号表

编辑符号表如图 2-31 所示。

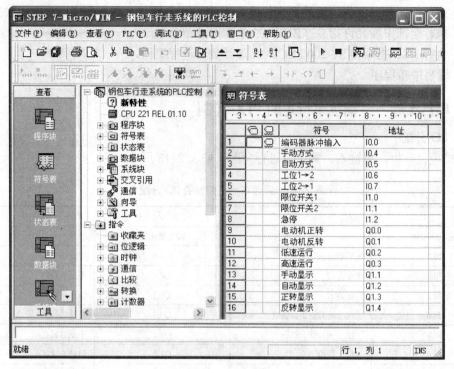

图 2-31 编辑符号表

5. 设计梯形图程序

本项目将电动机的运行分 3 个阶段控制，即对应高速计数器 HSC 的 3 个计数段：第一计数段为 0～500（低速起动阶段）；第二计数段为 500～1500（高速运行阶段）；第三计数段为 1500～2000（低速停止阶段）。

按照系统的控制要求设计的梯形图如图 2-32～图 2-37 所示。

6. 运行与调试程序

1）下载程序并运行。

2）分析程序运行的过程和结果。

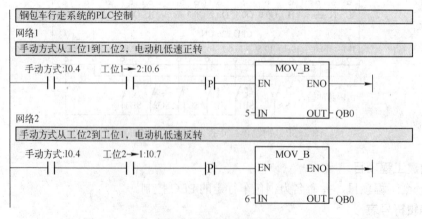

图 2-32　钢包车行走控制系统的梯形图——主程序

214

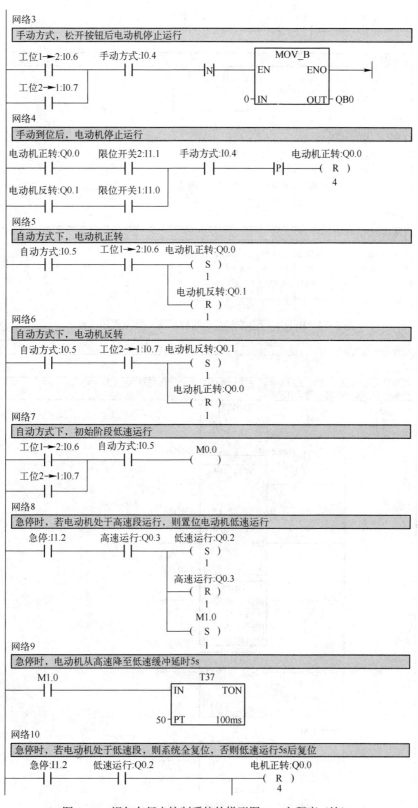

图 2-32 钢包车行走控制系统的梯形图——主程序(续)

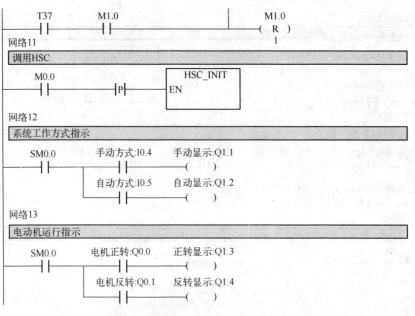

图 2-32 钢包车行走控制系统的梯形图——主程序（续）

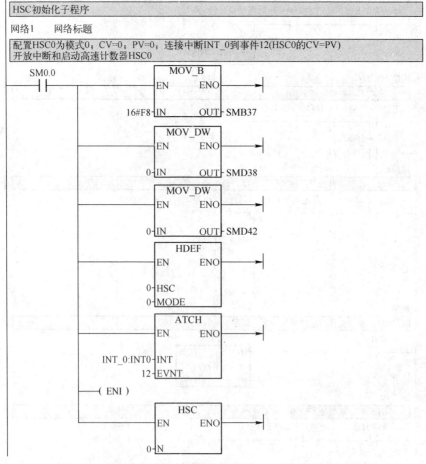

图 2-33 钢包车行走控制系统的梯形图——HSC 初始化子程序

216

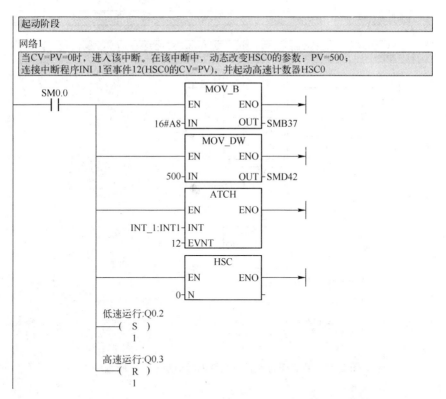

図 2-34 钢包车行走控制系统的梯形图——中断程序 0

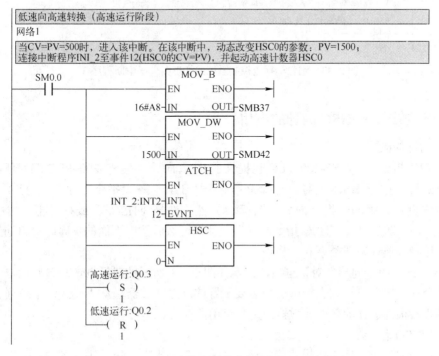

图 2-35 钢包车行走控制系统的梯形图——中断程序 1

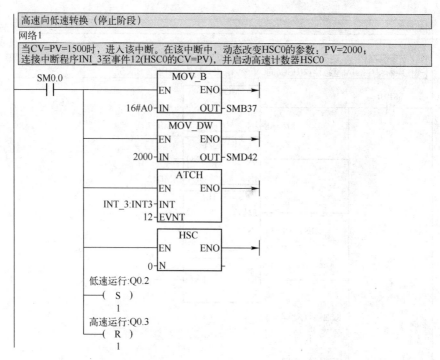

图 2-36　钢包车行走控制系统的梯形图——中断程序 2

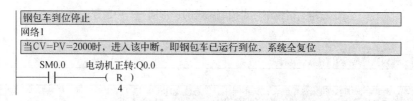

图 2-37　钢包车行走控制系统的梯形图——中断程序 3

2.3.5　知识链接——HSC 向导的应用

HSC 向导的应用

正如 PID 指令一样，S7-200 PLC 也提供了 HSC 向导。在 S7-200 PLC 编程环境中，使用以下方式可以打开 HSC 向导。选择菜单命令"工具"→"指令向导"，选择"HSC"即可；或单击浏览条中的"指令向导"图标，然后选择"HSC"；或打开指令树中的"向导"文件夹，并随后打开"HSC 指令向导"对话框，然后按照下面的步骤即可自动生成。

（1）选择高速计数器类型和工作模式

打开"HSC 指令向导"对话框后，出现如图 2-38 所示的对话框。从该对话框的"您希望配置哪个计数器"下拉列表框中选择需要配置的高速计数器，从"模式"下拉列表框中选择工作模式，根据选择的高速计数器决定其可用的模式。

（2）指定初始参数

高速计数器的类型和工作模式确定后，单击"下一步"按钮，进入图 2-39 所示的"指定初始参数"对话框。

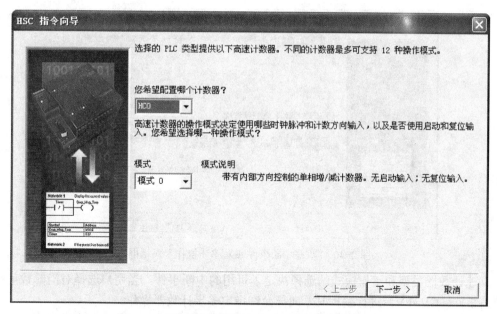

图 2-38 "选择高速计数器类型和工作模式"对话框

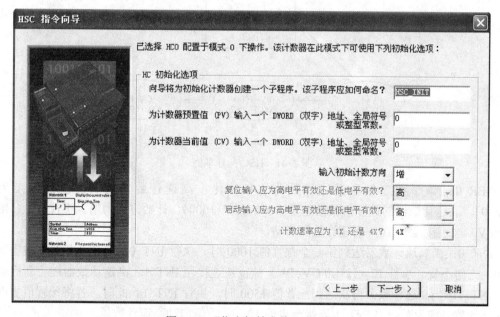

图 2-39 "指定初始参数"对话框

初始化参数包括：为初始化计数器创建的子程序指定一个默认名称，用户也可以指定一个不同的名称，但不要使用现有子程序名称；为高速计数器 CV 和 PV 指定一个双字地址、全局符号或整型常数；指定初始计数方向。

（3）程序中断事件/编程多步操作

高速计数器的有关参数初始化后，单击"下一步"按钮，进入如图 2-40 所示的"指定程序中断事件/编程多步操作"对话框。

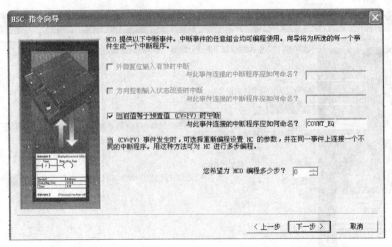

图 2-40 "程序中断事件/编程多步操作"对话框

高速计数器类型和工作模式的选择决定了可用的中断事件。当用户选择对当前数值等于预置值事件（CV=PV）进行编程时，向导允许指定多步计数器操作。

图 2-41 所示为一个简化的、3 个步骤的 HSC 应用例。

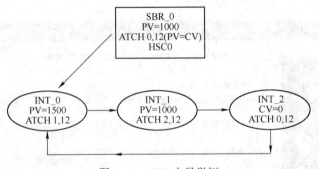

图 2-41 HSC 向导举例

SBR_0：该子程序包含高速计数器的初始化。高速计数器的当前值被指定为 0（CV=0），高速计数器的预置值被指定为 1000（PV=1000），计数方向为增。事件 12（HSC0 CV=PV）被连接至 INT0，高速计数器启动。

INT_0：当高速计数器达到第一个预置值 1000 时，执行 INT_0。高速计数器值被更改为 1500，方向不变。事件 12（HSC0 CV=PV）被重新连接至 INT_1，高速计数器被重新启动。

INT_1：当高速计数器再次达到预置值 1500 时，执行 INT_1。此时，若将预置值更改为 1000，计数方向为减，将 INT_1 连接至事件 12，并重新启动高速计数器。

INT_2：当高速计数器减计数达到预置值 1000 时，执行 INT_2。此时，若将当前值设为 0（CV=0），将计数器更改为增计数方向。事件 12 被重新连接至 INT_0，至此则完成了高速计数器操作的循环。

图 2-42 显示高速计数器随时间的变化。每个（CV=PV）中断事件均标有该事件调用的 INT 程序。

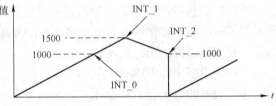

图 2-42 高速计数器当前值随时间的变化

（4）生成代码

完成 HSC 参数配置后，可以检查高速计数器使用的子程序/中断程序列表。如图 2-43 所示，在单击"完成"按钮后，允许向导为 HSC 生成必要的程序代码。代码包括用于高速计数器初始化的子程序。另外，为用户选择编程的每一个事件生成一个中断程序。对于多步应用，则为每一个步生成一个中断程序。

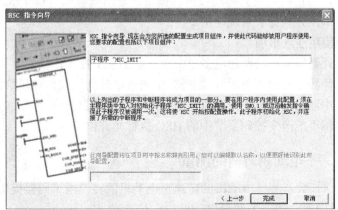

图 2-43 生成程序代码

要使能高速计数器操作，必须从主程序中调用含初始化代码的子程序，如图 2-44 所示，如使用 SM0.1 或边沿触发指令确保该子程序只被调用一次。

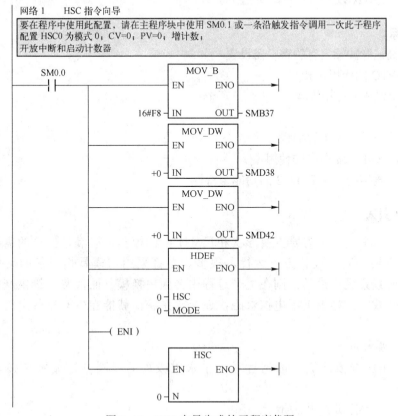

图 2-44 HSC 向导生成的子程序代码

2.3.6 项目交流——按钮的复用、HSC中断使用注意事项

1. 按钮的复用

按钮的复用就是同一按钮在不同工作方式下所起的作用不同，如本项目中的 I0.6（从工位 1→工位 2 按钮）和 I0.7（从工位 2→工位 1 按钮），系统在手动工作方式下，为点动按钮；在自动工作下，为正向或反向起动按钮。按钮的复用既可以节省 PLC 的输入点数，也节约了系统硬件成本，并且易于系统维护。

2. HSC 中断使用注意事项

如果一个高速计数器编程时要使用多个中断（如 HSC1 在工作模式 3 下可以产生当前值等于预置值中断和计数方向改变中断），则每个中断可以分别地被允许和禁止。

使用外部复位中断时，不能在中断程序中写入一个新的当前值。

在中断程序内部不能改变控制字节中的 HSC 执行允许位。

2.3.7 技能训练——电动机转速的测量

用 PLC 的高速计数器测量电动机的转速。电动机的转速由编码器提供，通过高速计数器 HSC 并利用定时中断（50ms）测量电动机的实时转速。

训练点：编码器的使用；高速计数器的使用；定时中断的使用。

项目 2.4 永磁吸盘的 PLC 控制

知识目标
- 掌握高速脉冲输出有关寄存器设置
- 掌握 PTO 的应用步骤
- 掌握 PWM 的应用步骤

能力目标
- 掌握高速脉冲输出的编程
- 掌握 PTO/PWM 向导的使用
- 了解位置控制模块 EM253 的功能与特性

2.4.1 项目引入

在工业生产中，经常需要更换形状和尺寸不同的模具，以满足生产的需要。模具在机器设备上需要夹紧，设备方可运行。很多设备都采用与模具相配套的硬件来夹紧模具；如果需要频繁更换模具，则在生产过程中会因更换模具而浪费大量生产时间，从而降低企业生产效率。如果采用电控永磁快速换模系统，就能在生产设备上对各种模具进行快速更换。

控制系统要求如下。

1）要求用脉冲方式通过晶闸管对一个永磁吸盘的线圈进行加磁（夹紧）和退磁（放松）。

2）要求有加磁和退磁状态指示。

2.4.2 项目分析

该项目要求用电控永磁系统对生产设备进行模具更换。电控永磁系统的基本原理是利用不同永磁材料的不同特性，通过电控系统对内部磁路的分布进行控制和转换，使永磁磁场在系统内部自身平衡。对外表征为退磁，即模具放松状态；或释放到吸盘表面，对外表征为加磁，即模具夹紧状态。当永磁吸盘的励磁线圈正向激励后，可以吸合模具，永磁吸盘处于加磁状态；当永磁吸盘的励磁线圈反向激励后，可以放松模具，永磁吸盘处于退磁状态。

由于该项目要求对电控永磁系统采用脉冲方式进行控制，故要对高速脉冲输出指令 PLS 的应用进行了解和掌握。

2.4.3 相关知识——高速脉冲输出 PTO 及 PWM

1．高速脉冲输出概述

高速脉冲输出功能是指可以在 PLC 的某些输出端产生高速脉冲，用来驱动负载实现精确控制，这在步进电动机控制中有广泛的应用。PLC 的数字量输出分继电器和晶体管输出，继电器输出一般用于开关频率不高于 0.5Hz（通 1s，断 1s）的场合，对于开关频率较高的应用场合则应选用晶体管输出。

（1）高速脉冲输出的形式

高速脉冲有两种输出形式：高速脉冲序列（或称为高速脉冲串）输出 PTO（Pulse Train Output）和宽度可调脉冲输出 PWM（Pulse Width Modulation）。

脉冲串输出数量：每种 S7-200 PLC 主机最多可提供两个高速脉冲输出端，支持的最高脉冲频率为 100kHz，种类可以是以上两种形式的任意组合。

（2）高速脉冲的输出端子

在 S7-200 PLC 中，只有输出继电器 Q0.0 和 Q0.1 具有高速脉冲输出功能。如果不需要使用高速脉冲输出时， Q0.0 和 Q0.1 可以作为普通的数字量输出点使用；一旦需要使用高速脉冲输出功能时，必须通过 Q0.0 和 Q0.1 输出高速脉冲，此时，如果对 Q0.0 和 Q0.1 执行输出刷新，强制输出，立即输出等指令时，均无效。

在 Q0.0 和 Q0.1 编程时用做高速脉冲输出，但未执行脉冲输出指令时，可以用普通位操作指令设置这两个输出位，以控制高速脉冲的起始和终止电位。

（3）相关寄存器

每个高速脉冲发生器对应一定数量特殊标志寄存器，这些寄存器包括控制字节寄存器、状态字节寄存器和参数数值寄存器，用以控制高速脉冲的输出形式、反映输出状态和参数值。各寄存器分配如表 2-19 所示。

表 2-19　相关寄存器表

Q0.0 寄存器	Q0.1 寄存器	名称及功能描述
SMB66	SMB76	状态字节，在 PTO 方式下，跟踪脉冲串的输出状态
SMB67	SMB77	控制字节，控制 PTO/PWM 脉冲输出的基本功能
SMW68	SMW78	周期值，字型，PTO/PWM 的周期值，范围：2～65 535ms 或 10～65 535μs
SMW70	SMW80	脉宽值，字型，PWM 的脉宽值，范围：0～65 535ms/μs

Q0.0 寄存器	Q0.1 寄存器	名称及功能描述
SMD72	SMD82	脉冲数，双字型，PTO 的脉冲数，1～4 294 967 295
SMB166	SMB176	段数，多段管线 PTO 进行中的段数，范围：1～255
SMB168	SMB178	偏移地址，多段管线 PTO 包络表的起始字节的偏移地址

1）状态字节。

每个高速脉冲输出都有一个状态字节，程序运行时，根据运行状况，自动使某些位置位。可以通过程序来读相关位的状态，用以作为判断条件来实现相应的操作。状态字节中各状态位的功能如表 2-20 所示。

表 2-20　状态字节表

Q0.0 寄存器	Q0.1 寄存器	功 能 描 述
SM66.0	SM76.0	保留不用
SM66.1	SM76.1	
SM66.2	SM76.2	
SM66.3	SM76.3	
SM66.4	SM76.4	PTO 包络表因计算错误而终止：0=无错误，1=终止
SM66.5	SM76.5	PTO 包络表因用户命令而终止：0=无错误，1=终止
SM66.6	SM76.6	PTO 管线溢出：0=无溢出，1=有溢出
SM66.7	SM76.7	PTO 空闲：0=执行中，1=空闲

2）控制字节。

每个高速脉冲输出都对应一个控制字节，通过对控制字节中指定位的编程，可以根据操作要求，设置字节中的各控制位，如脉冲输出允许、PTO/PWM 模式选择、单段/多段选择、更新方式、时间基准、允许更新等。控制字节中各控制位的功能如表 2-21 所示。

表 2-21　控制字节表

Q0.0 寄存器	Q0.1 寄存器	功 能 描 述
SM67.0	SM77.0	允许更新 PTO/PWM 周期值：0=不更新，1=更新
SM67.1	SM77.1	允许更新 PWM 脉冲宽度值：0=不更新，1=更新
SM67.2	SM77.2	允许更新 PTO 脉冲输出数：0=不更新，1=更新
SM67.3	SM77.3	PTO/PWM 的时间基准选择：0=μs，1=ms
SM67.4	SM77.4	PWM 的更新方式：0=异步更新，1=同步更新
SM67.5	SM77.5	PTO 单段/多段输出选择：0=单段，1=多段
SM67.6	SM77.6	PTO/PWM 的输出模式选择：0=PTO，1=PWM
SM67.7	SM77.7	允许 PTO/PWM 脉冲输出：0=禁止，1=允许

在控制字节中，所有位的默认值均为 0，如果希望改变系统的默认值，可参照表 2-22

给出的控制字节的参考值，选择并确定控制字节的取值。

表 2-22　PTO/PWM 控制字节参考值

控 制 字 节	允　　许	输 出 方 式	时　　基	更新输出脉冲	更 新 脉 宽	更 新 周 期
16#81	是	PTO	1μs	不	不	更新
16#84	是	PTO	1μs	更新	不	不
16#85	是	PTO	1μs	更新	不	更新
16#89	是	PTO	1ms	不	不	更新
16#8C	是	PTO	1ms	更新	不	不
16#8D	是	PTO	1ms	更新	不	更新
16#A0	是	PTO	1μs	不	不	不
16#C1	是	PWM	1μs	不	不	更新
16#C2	是	PWM	1μs	不	更新	不
16#C3	是	PWM	1μs	不	更新	更新
16#C9	是	PWM	1ms	不	不	更新
16#CA	是	PWM	1ms	不	更新	更新
16#CB	是	PWM	1ms	不	更新	更新

（4）脉冲输出指令

脉冲输出指令功能为：使能有效时，检查用于脉冲输出（Q0.0 或 Q0.1）的特殊存储器位，激活由控制位定义的脉冲操作。有一个数据输入 Q0.x 端：字类型，必须是 0 或 1 的常数。指令格式如表 2-23 所示。

表 2-23　脉冲输出（PLS）指令格式

梯　形　图	语　句　表	操　作　数
![PLS EN ENO Q0.X]	PLS　Q	Q：常量（0 或 1）

2. 高速脉冲串输出 PTO

高速脉冲串输出（PTO）用来输出指定量的方波（占空比为 50%）。用户可以控制方波的周期和脉冲数。状态字节中的最高位用来指示脉冲串输出是否完成，脉冲串的输出完成同时可以产生中断，因而可以调用中断程序完成指定操作。

（1）周期和脉冲数

周期：单位可以是微秒（μs）或毫秒（ms）；为 16 位无符号数，周期变化范围是 10～65 535μs 或 2～65 535ms。通常应设定周期数为偶数。若设置为奇数，则会引起输出波形占空比的轻微失真。如果编程时设定周期单位小于 2，则系统默认按 2 进行设置。

脉冲数：用双字长无符号数表示，脉冲数取值范围是 1～4 294 967 295。如果编程时指定脉冲数为 0，则系统默认脉冲数为 1。

（2）PTO 的种类

PTO 方式中，如果要输出多个脉冲串，允许脉冲串进行排队，形成管线，当前输出的脉冲串完成后，立即输出新脉冲串，这保证了脉冲串顺序输出的连续性。

根据管线的实现方式，将 PTO 分成两种：单段管线和多段管线。

1）单段管线。

单段管线中只能存放一个脉冲串的控制参数（即入口），一旦起动了一个脉冲串进行输出时，就需要用指令立即为下一脉冲串更新特殊寄存器，并再次执行脉冲串输出指令。当前脉冲串输出完成后，立即自动输出下一脉冲串。重复这一操作可以实现多个脉冲串的输出。

采用单段管线 PTO 的优点是：各个脉冲串的时间基准可以不同。

采用单段管线 PTO 的缺点是：编程复杂且烦琐，当参数设置不当时，会造成各个脉冲串之间连接的不平滑。

2）多段管线。

多段管线是指在变量 V 存储区建立一个包络表。包络表存储各个脉冲串的参数，相当于有多个脉冲串的入口。多段管线可以用 PLS 指令起动，运行时，主机自动从包络表中按顺序读出每个脉冲串的参数进行输出。编程时必须装入包络表的起始变量 V 存储区的偏移地址，运行时只使用特殊存储区的控制字节和状态字节。

包络表由包络段数和各段构成。每段长度为 8 个字节，包括：脉冲周期值（16 位）、周期增量值（16 位）和脉冲计数值（32 位）。以包络 3 段的包络表为例，包络表的结构如表 2-24 所示。

表 2-24　包络表结构

字节偏移地址	名　称	描　述
VBn	段标号	段数，为 1~255，数 0 将产生非致命错误，不产生 PTO 输出
VBn+1	段 1	初始周期，取值范围为 2~65 535
VBn+3		每个脉冲的周期增量，符号整数，取值范围为-32 768~+32 767
VBn+5		输出脉冲数，为 1~4 294 967 295 之间的无符号整数
VBn+9	段 2	初始周期，取值范围为 2~65 535
VBn+11		每个脉冲的周期增量，符号整数，取值范围为-32 768~+32 767
VBn+13		输出脉冲数，为 1~4 294 967 295 之间的无符号整数
VBn+17	段 3	初始周期，取值范围为 2~65 535
VBn+19		每个脉冲的周期增量，符号整数，取值范围为-32 768~+32 767
VBn+21		输出脉冲数，为 1~4 294 967 295 之间的无符号整数

采用多段管线 PTO 的优点是：编程非常简单，可按照周期增量区的数值自动增减周期的数量，这在步进电动机的加速和减速控制时非常方便。

采用多段管线 PTO 的缺点是：包络表中的所有脉冲的周期必须采用同一基准，当执行 PLS 指令时，包络表中的所有参数均不能改变。

（3）PTO 的中断事件类型

高速脉冲串输出可以采用中断方式进行控制，各种型号的 PLC 可用的高速脉冲串输出的中断事件有两个，如表 2-25 所示。

表 2-25　PTO 的中断事件

中断事件号	事件描述	优先级（在 I/O 中断中的关系）
19	PTO0 高速脉冲串输出完成中断	0
20	PTO1 高速脉冲串输出完成中断	1

（4）PTO 的使用步骤

1）确定高速脉冲串的输出端（Q0.0 或 Q0.1）和管线的实现方式（单段或多段）。

2）进行 PTO 的初始化，利用特殊继电器 SM0.1 调用初始化子程序。

3）编写初始化子程序。

● 设置控制字节，将控制字写入 SMB67 或 SMB77。

● 写入初始周期值、周期增量值和脉冲个数。

● 如果是多段 PTO，则装入包络表的首地址（可以子程序的形式建立包络表）。

● 设置中断事件。

● 编写中断服务子程序。

● 设置全局开中断。

● 执行 PLS 指令。

● 退出子程序。

（5）PTO 的应用示例

1）控制要求。

某台步进电动机的运行曲线如图 2-45 所示，电动机从 A 点（频率为 2kHz）开始加速运行，加速阶段的脉冲数为 400 个；到 B 点（频率为 10kHz）后变为恒速运行，恒速阶段的脉冲数为 4000 个，到 C 点（频率为 10kHz）后开始减速，减速阶段的脉冲数为 200 个；到 D 点（频率为 2kHz）后指示灯亮，表示从 A 点到 D 的运行过程结束。

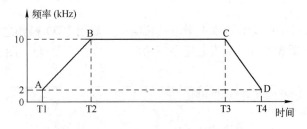

图 2-45　步进电动机运行曲线

2）确定控制方案。

① 选择由 Q0.0 输出，由图 2-45 可知，选择 3 段管线（AB 段、BC 段、CD 段）PTO 输出形式。

② 确定周期的时基单位，因为在 BC 段输出的频率最大，为 10kHz，对应的周期为

$100\mu s$，因此选择时基单位为μs，向控制字节SMB67写入控制字16#A0。

③ 确定初始周期值和周期增量值。

初始周期值的确定：每段管线初始频率换算成时间即可。

AB段为$500\mu s$，BC段为$100\mu s$，CD段为$100\mu s$。

周期增量值的确定：可通过公式（Tn+1-Tn）/N。

式中Tn+1为该段结束的周期时间；

Tn为该段开始的周期时间；

N为该段的脉冲数。

④ 建立包络表。设包络表的首地址为VB100，包络表中的参数如表2-26所示。

表2-26 包络表的参数

V 变量存储区地址	参 数 名 称		参 数 值
VB100	总包络段数		3
VW101	加速阶段	初始周期值	$500\mu s$
VW103		周期增量值	$-1\mu s$
VD105		输出脉冲数	400
VW109	恒速阶段	初始周期值	$100\mu s$
VW111		周期增量值	$0\mu s$
VD113		输出脉冲数	4000
VW117	减速阶段	初始周期值	$100\mu s$
VW119		周期增量值	$2\mu s$
VD121		输出脉冲数	200

⑤ 设置中断事件，编写中断服务子程序。

当3段管线PTO输出完成时，对应的中断事件号为19，用中断连接指令将中断事件号19与中断服务子程序INT_0连接起来，编写中断服务子程序。

⑥ 设置全局开中断ENI。

⑦ 执行PLS指令。

为了减小不连续输出对波形造成不平滑的影响，在启用PTO操作之前，将用于Q0.0或Q0.1的输出映像寄存器设为0。系统主程序的梯形图程序如图2-46～图2-49所示。

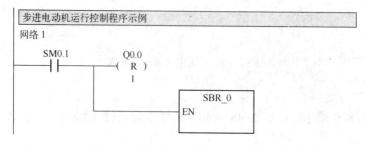

图2-46 步进电动机控制——主程序

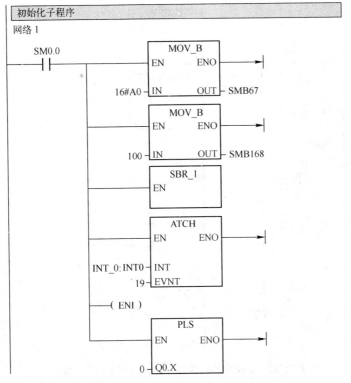

图 2-47　步进电动机控制——初始化子程序

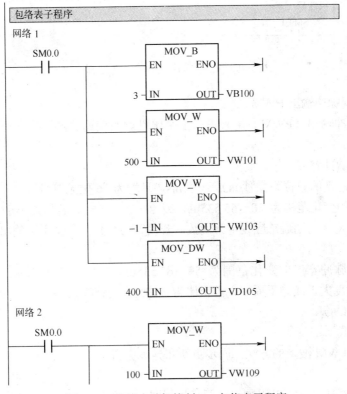

图 2-48　步进电动机控制——包络表子程序

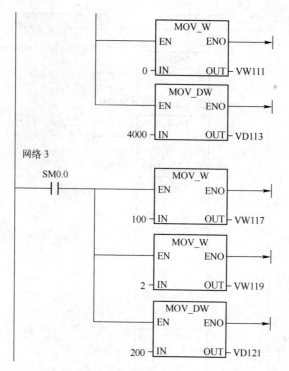

图 2-48　步进电动机控制——包络表子程序（续）

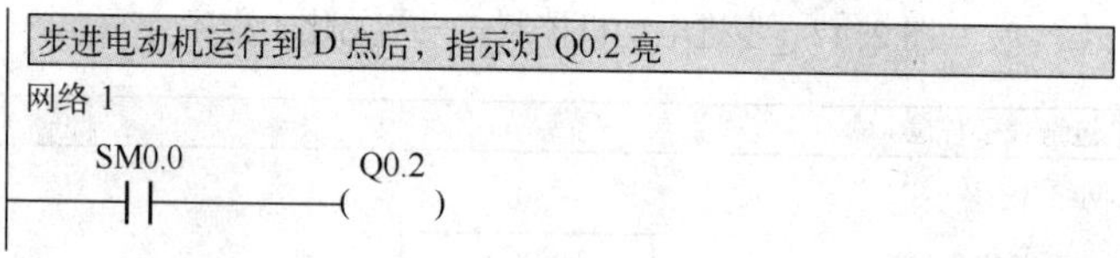

<pre>
┌─────────────────────────────────────┐
│ 步进电动机运行到 D 点后，指示灯 Q0.2 亮 │
└─────────────────────────────────────┘
网络 1
       SM0.0   Q0.2
  ─────┤ ├────────────( )
</pre>

图 2-49　步进电动机控制——中断程序

3．宽度可调脉冲输出 PWM

宽度可调脉冲输出（PWM）用来输出占空比可调的调速脉冲。用户可以控制脉冲的周期和脉冲宽度。

（1）周期和脉冲宽度

周期和脉宽时基的单位为微秒μs 或毫秒 ms，且均为 16 位无符号数。

周期：周期的变化范围为 50～65 535μs，或 2～65 535ms。若周期小于 2 个时基，则系统默认为 2 个时基。周期通常应设定为偶数，若设置为奇数，则会引起输出波形占空比的轻微失真。

脉冲宽度：脉冲宽度的变化范围为 50～65 535μs，或 2～65 535ms。占空比为 0%～100%，若脉冲宽度大于或等于周期，占空比为 100%，是连续接通；若脉冲宽度为 0，占空比为 0%，则输出断开。

（2）更新方式

有两种更新 PWM 波形的方法：同步更新和异步更新。

1）同步更新。

不需要改变时基时，可以用同步更新。执行同步更新时，波形的变化发生在周期边缘形成平滑转换。

2）异步更新。

需要改变 PWM 的时基时，则应使用异步更新。异步更新会使高速脉冲输出功能被瞬时禁用，与 PWM 波形不同步。这样可能造成控制设备的抖动。

常见的 PWM 操作是脉冲宽度不同，但周期保持不变，即不要求时基改变。因此选择适合于所有周期的时基，尽量使用同步更新。

（3）PWM 的使用步骤

1）确定高速 PWM 的输出端（Q0.0 或 Q0.1）。

2）进行 PWM 的初始化，利用特殊继电器 SM0.1 调用初始化子程序。

3）编写初始化子程序。

① 设置控制字节，将控制字节写入 SMB67（或 SMB77）。如 16#C1，其意义是：选择并允许 PWM 方式的工作，以μs 为时间基准，允许更新 PWM 的周期时间。

② 将字型数据的 PWM 周期值写入 SMW68（或 SMW78）。

③ 将字型数据的 PWM 脉冲宽度值写入 SMW70（或 SMW80）。

④ 如果希望随时改变脉冲宽度，可以重新向 SMB67 中装入控制字，如 16#C2 或 16#C3。

⑤ 执行 PLS 指令，PLC 自动对 PWM 的硬件做初始化编程。

⑥ 退出子程序。

4）如果希望在子程序中改变 PWM 的脉冲宽度，则进行以下操作。

① 将希望的脉冲宽度值写入 SMW70。

② 执行 PLS 指令，PLC 自动对 PWM 的硬件做初始化编程。

③ 退出子程序。

5）如果希望采用同步更新的方式，则进行以下操作。

① 执行中断指令。

② 将 PWM 输出反馈到一个具有中断输入能力的输入点，建立与上升沿中断事件相关联的中断连接（此事件仅在一个扫描周期内有效）。

③ 编写中断服务程序，在中断程序中改变脉冲宽度，然后禁止上升沿中断。

④ 执行 PLS 指令。

⑤ 退出子程序。

（4）PWM 的应用示例

1）控制要求。

试设计程序，从 PLC 的 Q0.0 端输出高速脉冲。该脉冲宽度的初始值为 0.5s，周期固定为 5s，其脉冲宽度每周期增加 0.5s，当脉冲宽度达到设定的 4.5s 时，脉冲宽度改为每周期递减 0.5s，直到脉冲宽度为 0。以上过程重复执行。

2）方案确定。

① 因为每个周期都有操作，所以须把 Q0.0 接到 I0.0，采用 I0.0 上升沿中断的方法完成脉冲宽度的递增和递减。

② 编写两个中断程序。一个中断程序实现脉冲宽度递增，一个中断程序实现脉冲宽度递减，并设置标志位 M0.0，在初始化操作时使其置位，执行脉冲宽度递增中断程序，当脉

冲宽度达到 4.5s 时，使其复位，执行脉冲宽度递减中断程序。

③ 在子程序中完成 PWM 的初始化操作，选用输出端 Q0.0，控制字节为 SMB67，控制字节设定为 16#DA（允许 PWM 输出，Q0.0 为 PWM 方式，同步更新，时基为 ms，允许更新脉冲宽度，不允许更新周期）。

根据控制要求编写的程序梯形图如图 2-50～53 所示。

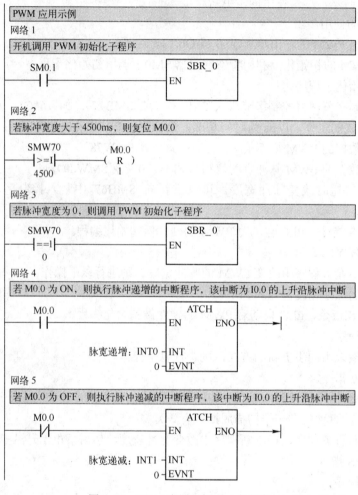

图 2-50 PWM 应用示例——主程序

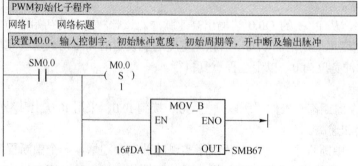

图 2-51 PWM 应用示例——初始化子程序

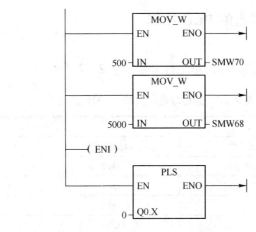

图 2-51 PWM 应用示例——初始化子程序（续）

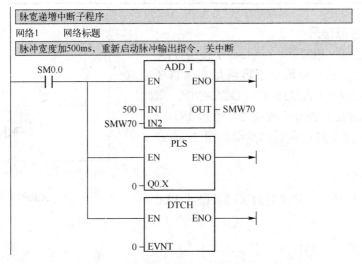

图 2-52 PWM 应用示例——递增中断子程序

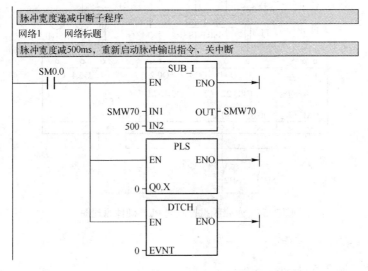

图 2-53 PWM 应用示例——递减中断子程序

2.4.4 项目实施——永磁吸盘的 PLC 控制

1. I/O 分配

根据项目分析可知, 对输入、输出量进行分配如表 2-27 所示。

表 2-27 永磁吸盘控制的 I/O 分配表

输 入		输 出	
输入继电器	元 件	输出继电器	元 件
I0.0	加磁按钮	Q0.0	加磁脉冲
I0.1	退磁按钮	Q0.1	退磁脉冲
		Q0.2	控制回路接触器
		Q0.4	已加磁指示
		Q0.5	已退磁指示

2. PLC 硬件原理图

永磁吸盘控制的 PLC 设计核心在于使用 PLC 的高速脉冲输出, 晶体定输出型可满足本项目要求, 故本项目选择 CPU226 CN DC/DC/DC 型 PLC。根据该项目控制要求及表 2-27 所示 I/O 分配, 永磁吸盘控制的 PLC 硬件原理图如图 2-54 和图 2-55 所示。

3. 创建工程项目

创建一个工程项目, 并命名为永磁吸盘的 PLC 控制。

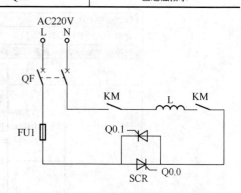

图 2-54 加磁和退磁主回路

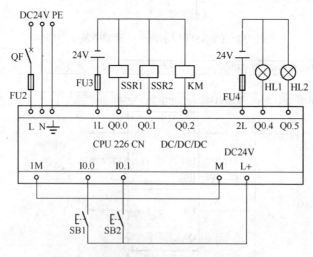

图 2-55 永磁吸盘控制的 PLC 硬件原理图

4. 编辑符号表

编辑符号表如图 2-56 所示。

图 2-56　编辑符号表

5．设计梯形图程序

本项目中需要注意的是，接触器 KM 闭合和断开有一个过程，因此在本程序中设置了 200ms 的等待时间，以确保系统的安全。程序采用输出 PTO 单管线 100 个脉冲，周期为 2ms。设计的梯形图如图 2-57 所示。

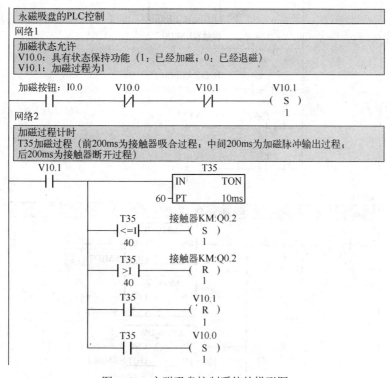

图 2-57　永磁吸盘控制系统的梯形图

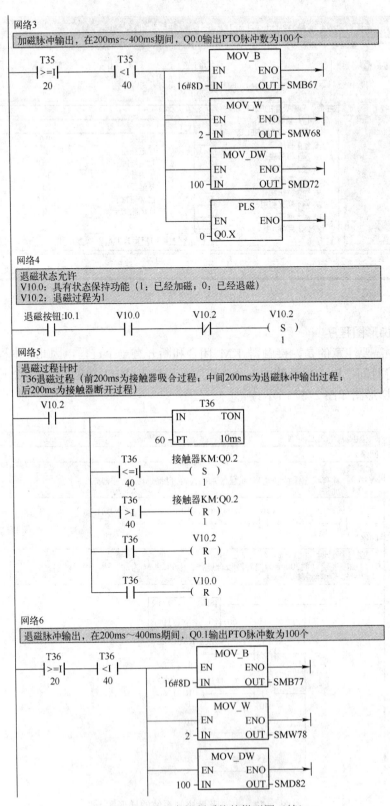

图 2-57 永磁吸盘控制系统的梯形图（续）

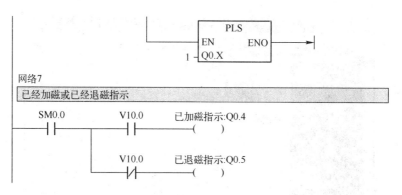

图 2-57　永磁吸盘控制系统的梯形图（续）

6．运行与调试程序

1）下载程序并运行。

2）分析程序运行的过程和结果。

2.4.5　知识链接——PTO/PWM 向导的应用、位置控制模块 EM253

1．PTO/PWM 向导的应用

使用 PTO/PWM 向导，如图 2-58 所示，可以方便地解决 PTO 输出包络的计算问题和复杂的参数设置。在 S7-200 PLC 编程环境中，使用以下方式可以打开 PTO/PWM 向导。选择菜单命令"工具"→"位置控制向导"，选择"配置 S7-200 PLC 内置 PTO/PWM"操作；或单击浏览条中的"位置控制向导"图标；或打开指令树中的"向导"文件夹，并随后打开"位置控制向导"对话框。然后按照下面的步骤操作即可自动生成 PTO/PWM 项目代码。

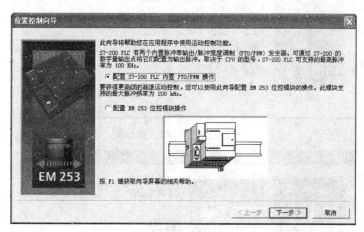

图 2-58　"位置控制向导"对话框

（1）指定一个脉冲发生器

S7-200 PLC 有两个脉冲发生器，即 Q0.0 和 Q0.1，按如图 2-59 所示指定希望配置的脉冲发生器。

（2）编辑现有的 PTO/PWM 配置

如果项目中已有一个配置，用户可以从项目中删除该配置，或者将现有的配置移至另一个脉冲发生器。如果项目中没有配置，则继续执行下一个步骤。

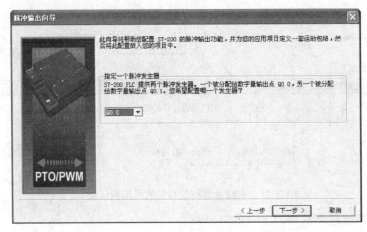

图 2-59 "指定一个脉冲发生器"对话框

（3）选择 PTO 或 PWM，并选择时间基准

选择脉冲串输出（PTO）或脉冲宽度调制（PWM）配置脉冲发生器，如图 2-60、2-61 所示。PTO 模式，可以启用高速计数器，计算输出脉冲数目；PWM 模式需要为周期时间和脉冲选择一个时间基准（μs 和 ms）。

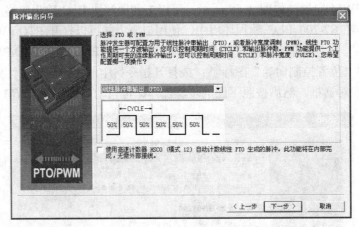

图 2-60 PTO 模式操作

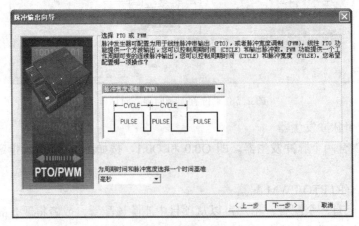

图 2-61 PWM 模式操作

（4）指定电动机速度

如图 2-62 所示，该对话框为用户的工程应用指定最高速度（MAX_SPEED）和开始/停止（SS_SPEED）。

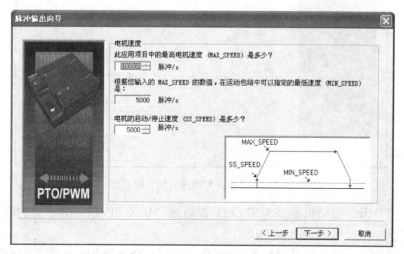

图 2-62 "电动机速度"对话框

MAX_SPEED：在电动机转矩能力范围内输入应用的最高工作速度。驱动负载所需要的转矩由摩擦力、惯性和加速/减速时间决定。"位置控制向导"会计算和显示由位控模块指定的 MAX_SPEED 所能够控制的最低速度。

SS_SPEED：在电动机的能力范围内输入一个数值，用于低速驱动负载。如果SS_SPEED 数值过低，电动机和负载可能会在运行开始和结束时颤动或跳动。如果SS_SPEED 数值过高，电动机可能在起动时丧失脉冲，并且在尝试停止时负载可能会驱动电动机。

MIN_SPEED：其值由计算得出，用户不能在此域中输入其他数值。如图 2-63 所示为 MAX_SPEED 与 SS_SPEED 的速度示意图。

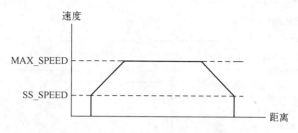

图 2-63 SS_SPEED 与 MAX_SPEED 速度示意图

电动机数据有指定电动机和给定负载开始/停止（或拉入/拉出）速度的不同方法。通常，有用的 SS_SPEED 数值是 MAX_SPEED 数值的 5%～15%。SS_SPEED 数值必须大于由用户对 MAX_SPEED 的规定所显示的最低速度。

（5）设置加速和减速时间

如图 2-64 所示为设置加速与减速时间，并以毫秒（ms）为单位指定下列时间。

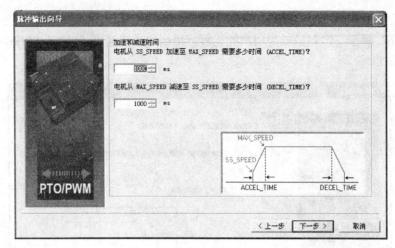

图 2-64 "加速和减速时间"对话框

ACCEL_TIME：电动机从 SS_SPEED 加速至 MAX_SPEED 所需要的时间，默认值=1000ms。

DECEL_TIME：电动机从 MAX_SPEED 减速至 SS_SPEED 所需要的时间，默认值=1000ms。

加速时间和减速时间的默认设置均为 1s，通常电动机所需要时间不到 1s。

电动机加速和减速时间由反复试验决定。用户应当在开始时用"位置控制向导"输入一个较大的数值。当测试应用时，再根据要求调整有关数值。可以通过逐渐减少时间直至电动机开始停顿为止的方法，优化该应用的设置。

（6）定义每个已配置的轮廓

如图 2-65 所示，"运动包络定义"对话框用于为每个选定要配置的轮廓指定一个符号名。在此定义的符号名是在 PTOx_RUN 子程序中输入的参数。

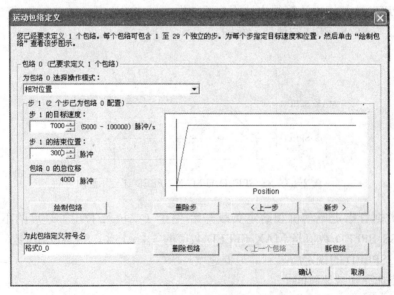

图 2-65 "运动包络定义"对话框

针对每个轮廓，必须选取下列参数。

1）操作模式：根据操作模式（相对位置或单速连续旋转）配置此轮廓。如果选择单速连续旋转，必须输入一个目标速度。图 2-66 显示了几种不同的操作模式。

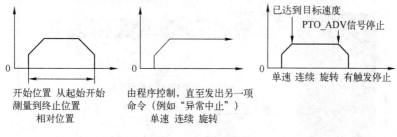

图 2-66　操作模式

2）轮廓的步骤：步骤是工件移动的固定距离，包括在加速时间和减速时间所走过的距离。每个轮廓最多可有 4 个单独的步骤。用户可以为每个步骤指定目标速度和结束位置。如果有不止一个步骤，可单击"新步"按钮，然后为轮廓的每个步骤输入此信息。图 2-67 显示了 4 个可能的轮廓，但还可能有其他组合。

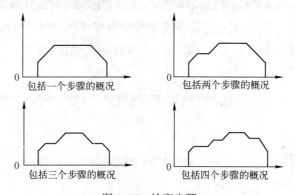

图 2-67　轮廓步骤

只需单击"绘制包络"按钮，即可查看根据"位置控制向导"的计算做出的该步骤的图形表示，从而可以轻易地查看和编辑每个步骤。利用"位置控制向导"，可以在定义轮廓时输入一个符号名，为每个轮廓定义符号名。

在完成轮廓的配置后，可以将它保存至配置。用户所有配置和轮廓信息都存储在数据块 V 内存赋值的 PTOx_Data 页内。

（7）设定轮廓数据的起始 V 内存地址

PTO 向导在 V 内存中以受保护的数据块页形式生成 PTO 轮廓模式，如图 2-68 所示。PWM 向导不使用 V 内存模板。

（8）生成项目代码

生成项目代码如图 2-69 所示。用"位置控制向导"生成的 PTO 配置的项目组件包括以下部分。

1）PTOx_CTRL（初始化和控制 PTO 操作）：应在每次程序扫描时（于 EN 输入处）启用，并且子程序调用，且在程序中只执行一次。

2）PTOx_RUN（运行 PTO 轮廓）：用于执行特定运动轮廓，当用户定义了一个或多个运动轮廓后，此子程序将由"脉冲输出向导"配置生成。

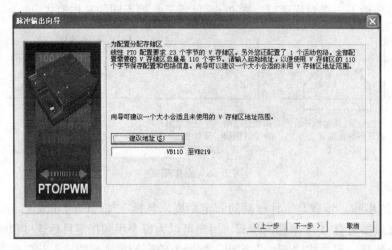

图 2-68 "为配置分配存储区"对话框

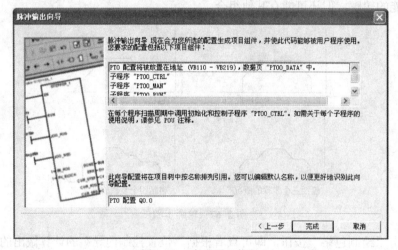

图 2-69 生成项目代码

3）PTOx_MAN（手动 PTO 模式）子程序：可用来在程序控制下指挥脉冲发生。

4）PTOx_LDPOS（载入位置）子程序：用来将某当前位置参数载入 PTO 操作。当用户选取了脉冲计数的高速计数器时，"脉冲输出向导"会创建此子程序。

5）PTOx_ADV（前进）子程序：会停止当前的连续运动轮廓，并按照在向导轮廓定义中规定的脉冲数前进。如果已在"位置控制向导"中指定了至少一个启用 PTOx_ADV 选项的单速连续旋转，就会创建此子程序。

6）PTOx_SYM（全局符号表）：用于"脉冲输出向导"配置中使用的变量。

7）PTOx_Data（数据块页）：由向导配置使用的 V 内存数据，此数据包含参数表和运动轮廓定义。

2. 位置控制模块 EM253

除了 S7-200 PLC 自带的高速脉冲之外，EM253 位置控制模块还可以为用户提供单轴、开环位置控制所需要的功能和特性。

EM253 模块的特点如下所示。

1）提供高速控制，速度从每秒 20 个脉冲到每秒 20 万个脉冲。

2）支持急停（S 曲线）或线性的加速、减速功能。

3）提供可组态的测量系统，既可以使用工程单位（英寸或厘米），也可以使用脉冲数。

4）提供可组态的啮合间隙补偿。

5）运行绝对、相对和手动的位控方式。

6）提供多达 25 组的移动包络，每组最多可能有 4 种速度。

7）提供 4 种不同的参考点寻找模式，每种模式都可对起始的寻找方向和最终的接近方向进行选择。

8）提供 5 个数字输入和 4 个数字输出与用户的运动控制应用相连。

使用 STEP 7-Micro/WIN 可生成位控模块所使用的全部组态和移动包络信息，这些信息可以和程序块一起下载到 S7-200 PLC 中。由于位控模块所需要的信息都存储在 S7-200 PLC CPU 中，所以在更换位控模块时不必重新编程或组态。

位置控制模块 EM253 的具体功能和应用请参考相关参考书或模块应用说明。

2.4.6 项目交流——变量存储区 V 的另用、断电数据保持的设置

1. 变量存储区 V 的另用

S7-200 PLC 中位存储区（M0.0～M31.7）类似于继电器控制系统中的中间继电器，用来存储中间操作状态或其他控制信息。如果在一个复杂的控制系统中位存储区资源使用完，这时可用变量存储区 V 来代替位存储区 M，当然局部存储区 L 也可以这样使用。

2. 断电数据保持的设置

西门子 S7-200 PLC 提供了断电数据保持功能，即在电源断电的情况下，其工作状态或工作过程数据需要保持，待电源恢复正常时继续使用。

可通过以下方法设置断电数据保持功能。

1）单击浏览条中的"系统块"图标█，打开如图 2-70 所示的"系统块"对话框。

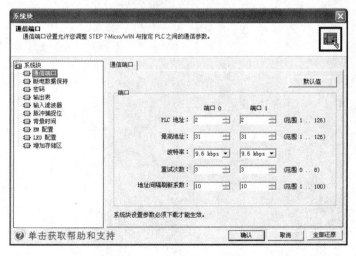

图 2-70 "系统块"对话框

2）选择"系统块"目录下的"断电数据保持"，打开如图 2-71 所示的界面，选择偏移量和单元数目后，单击"确定"按钮即可。从图 2-71 中可以看出，S7-200 PLC 可以进行断电数据保持的存储器有 V、T、C 和 M。

2.4.7　技能训练——灯泡的亮度控制

用 PLC 的高速脉冲输出，控制灯泡的亮度。通过调速模拟电位器的设置值改变输出端 Q0.0 或 Q0.1 方波信号的脉冲宽度，从而调节灯泡的亮度。

训练点： 模拟电位器的使用；PWM 的使用。

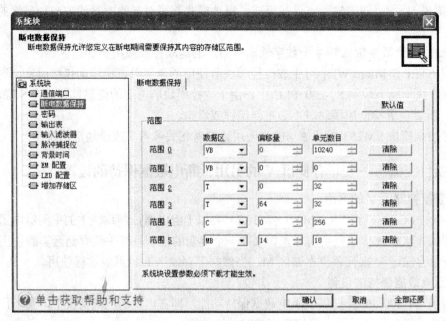

图 2-71　设置断电数据保持功能界面

模块3　PLC在网络通信控制系统中的应用

随着计算机网络技术的快速发展，现代化企业的自动控制水平已由传统的单机自动化、集中控制系统发展到多级分布式控制系统。目前几乎所有的PLC产品都配置了通信和联网功能。本模块的主要任务是掌握PLC的通信及网络的基础知识、S7-200 PLC的通信组态、S7-200 PLC的通信协议及实现（如PPI、USS等协议）、熟练掌握PLC与其他设备（如PLC、变频器）之间的通信等。

项目3.1　送风和水循环系统的PLC控制

知识目标
- 了解通信的基础知识
- 掌握通信实现的组态
- 掌握PPI通信协议

能力目标
- 熟练应用NETR和NETW指令
- 熟练应用NETR/NETW指令向导
- 灵活运用PPI通信

3.1.1　项目引入

为了保证零件的喷漆质量及外观光泽，很多工业产品的覆盖件在喷表面漆时都会在无尘的喷漆室中进行。由于喷漆时漆雾会散布到整个喷漆室，这样会影响喷漆操作者的工作视线，并且周围的漆雾会给他们的健康带来严重危害。为了改善喷漆操作者的工作环境，要求从喷漆室上方送风，将漆雾下压至喷漆室下方的循环水表面上，再通过循环水将漆雾带走。对送风和水循环系统的要求如下。

1）送风和水循环系统均由一台PLC控制。

2）送风和水循环系统均能因对方故障而停止本机。

3）送风电动机和水循环电动机均有运行和故障指示，并能实时显示对方的运行或故障状态。

3.1.2　项目分析

本项目要求送风系统和水循环系统均由一台PLC控制，还要求两台电动机能因对方故障而停止本机控制，这要求两系统能实时地将运行状态传至对方并进行控制，即要求两系统通过通信建立实时监控。S7-200 PLC的通信方式有多种，较为简单且应用较广的PPI通信可满足本项目的控制要求。

3.1.3 相关知识——S7-200 PLC 的通信概述及实现、PPI 的网络通信

1. S7-200 PLC 的通信概述

（1）通信类型与连接

在 S7-200 系列 PLC 与上位机的通信网络中，可以把上位机作为主站，或者把人机界面 HMI 作为主站。主站可以对网络中的其他设备发出初始化请求，从站只是响应来自主站的初始化请求，不能对网络中的其他设备发出初始化请求。

主站与从站之间有两种连接方式。

1）单主站：只有一个主站，连接一个或多个从站，如图 3-1 所示。

2）多主站：有两个及以上的主站，连接多个从站，如图 3-2 所示。

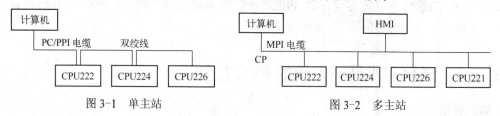

图 3-1　单主站　　　　　　　　　　　图 3-2　多主站

（2）通信协议

S7-200 系列的 PLC 主要用于现场控制，在主站和从站之间的通信一般采用公司专用的协议，可以采用 3 个标准化协议和 1 个自由口协议。

1）PPI（Point Point Interface）协议。

PPI 协议（点对点接口协议）是西门子公司专门为 S7-200 系列 PLC 开发的通信协议。PPI 协议是主/从协议，利用 PC/PPI 电缆，将 S7-200 系列 PLC 与装有 STEP 7 Micro/WIN 编程软件的计算机连接起来，组成 PC/PPI（单主站）的主/从网络连接。

在 PC/PPI 网络中，主站可以是其他 PLC（如 S7-300 PLC）、编程器或人机界面 HMI（如 TD400）等，网络中所有的 S7-200 PLC 都默认为是从站。

如果在程序中指定某个 S7-200 PLC 为 PPI 主站模式，则在 RUN 工作方式下，可以作为主站，可使用相关的通信指令对其他的 PLC 主机进行读/写操作；与此同时，它还可以作为从站响应主站的请求或查询。

对于任何一个从站，PPI 不限制与其通信的主站的数量，但是在网络中，最多只能有 32 个主站。

如果选择了 PPI 高级协议，则允许建立设备之间的连接，S7-200 PLC CPU 的每个通信口支持 4 个连接，EM277 仅支持 PPI 高级协议，每个模块支持 6 个连接。

2）MPI（Multi Point Interface）协议。

MPI 协议（多点接口协议）可以是主/主协议或主/从协议。通过在计算机或编程设备中插入 1 块多点适配卡（MPI 卡，如 CP5611），组成多主站网络。

如果网络中的 PLC 都是 S7-300，由于 S7-300 PLC 都默认为网络主站，则可建立主/主网络连接，如果有 S7-200 PLC，则可建立主/从网络连接。由于 S7-200 PLC 在 MPI 网络都默认为从站，因此它只能作为从站，从站之间不能进行通信。

3）Profibus-DP 协议。

Profibus-DP 协议用于分布式 I/O（远程 I/O）的高速通信。在 S7-200 PLC 中，CPU

222、CPU 224 和 CPU 226 都可以增加 EM227 PROFIBUS-DP 扩展模块，支持 Profibus-DP 网络协议。最高传送速率可达 12Mbit/s。

Profibus-DP 网络通常有 1 个主站和几个 I/O 从站，主站初始化网络，核对网络上的从站设备和组态情况。如果网络中有第 2 个主站，则它只能访问第 1 个主站的各个从站。

4）TCP/IP。

S7-200 PLC 配备了以太网模块 CP 243-1 或互联网模块 CP 243-1 IT 后，支持 TCP/IP 以太网通信协议，计算机应安装以太网网卡。安装了 STEP 7-Micro/WIN 之后，计算机上会有一个标准的浏览器，可以用它来访问 CP 243-1 IT 模块的主页。

5）用户定义的协议（自由端口协议）。

在自由端口模式，由用户自定义与其他通信设备通信的协议。Modbus RTU 通信与西门子变频器的 USS 通信，就是建立在自由端口模式基础上的通信协议。

自由端口模式通过使用接收中断、发送中断、字符中断、发送指令（XMT）和接收指令（RCV），实现 S7-200 PLC 通信口与其他设备的通信。

（3）通信设备

1）通信端口。

S7-200 系列的 PLC 中，CPU 221、CPU 222 和 CPU 224 有 1 个 RS-485 串行通信端口，定义为端口 0，CPU 224 XP 和 CPU 226 有两个 RS-485 串行通信端口，分别定义为端口 0 和端口 1。这些通信端口是符合欧洲标准 EN 50170 中 Profibus 标准的 RS-485 兼容 9 针 D 型接口。RS-485 串行接口的外形如图 3-3 所示，端口引脚与 Profibus 的名称对应关系如表 3-1 所示。

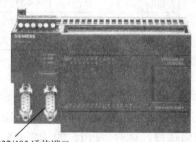

RS-232/485 通信端口

图 3-3　RS-485 串行接口外形

表 3-1　S7-200 PLC CPU 通信端口引脚与 Profibus 名称的对应关系

连 接 器	引 脚 号	profibus 名称	端口 0/端口 1
	1	屏蔽	机壳接地
	2	24V 返回逻辑地	逻辑地
	3	RS-485 信号 B	RS-485 信号 B
	4	发送申请	RTS（TTL）
	5	5V 返回	逻辑地
	6	+5V	+5V、串联 100Ω电阻
	7	+24V	+24V
	8	RS-485 信号 A	RS-485 信号 A
	9	不用	10 位协议选择（输入）
	连接器外壳	屏蔽	机壳接地

2）PC/PPI 电缆。

PC/PPI 电缆为多主站电缆，一般用于 PLC 与计算机通信，是一种低成本的通信方式。根据计算机接口方式不同，PC/PPI 电缆有两种不同的形式，分别是 RS-232/PPI 多主站电缆和 USB/PPI 电缆，电缆外形如图 3-4 所示。

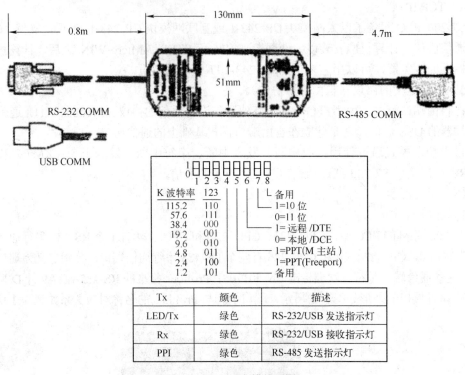

Tx	颜色	描述
LED/Tx	绿色	RS-232/USB 发送指示灯
Rx	绿色	RS-232/USB 接收指示灯
PPI	绿色	RS-485 发送指示灯

图 3-4　PC/PPI 电缆外形图

① PC/PPI 电缆的连接。

图 3-5 所示为计算机与 PLC 之间的连接。将 PC/PPI 电缆上标有 "PC" 的 RS-232 端口连接到计算机的 RS-232 通信接口，标有 "PPI" 的 RS-485 端口连接到 CPU 模块的通信端口，拧紧两边螺钉即可。

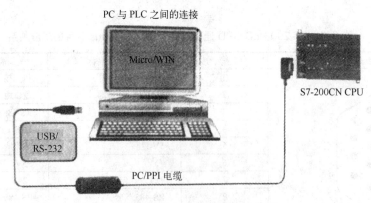

图 3-5　通过 PC/PPI 电缆连接 PC 与 PLC

在 PC/PPI 电缆上有 8 个 DIP 开关，其中 1/2/3 号开关用于选择通信波特率。这里的选择应与编程软件中设置的波特率一致。一般通信速度的默认值 9 600bit/s。5 号开关为 PPI/自由口通信选择，6 号开关为远程/本地选择，7 号开关选择 10 位或 11 位 PPI 通信协议。

② PC/PPI 电缆的通信设置。

在 STEP 7-Micro/WIN 编程软件中选择指令树中的"通信"，双击"设置 PG/PC 接口"，如图 3-6 所示。在如图 3-7 所示的"设置 PG/PC 接口"对话框中，双击"PC/PPI cable（PPI）"选项，打开"属性-PC/PPI cable（PPI）"对话框，如图 3-8 所示，在对话框中选择传输速率（一般为 9.6Kbit/s）。

图 3-6　编程软件接口

图 3-7　"设置 PG/PC 接口"对话框

图 3-8　"属性-PC/PPI cable（PPI）"对话框

3）网络连接器。

为了能够把多个设备容易地连接到网络中，西门子公司提供两种网络连接器：一种是标准网络连接器（引脚分配如表 3-1 所示），另一种是带编程接口的连接器，其网络连接器及终端口接线图如图 3-9 所示。后者在不影响现有网络连接的情况下，允许再连接一个编程站或者一个 HMI 设备到网络中。带编程接口的连接器将 S7-200 PLC 的所有信号（包括电源引脚）传到编程接口。这种连接器对于那些从 S7-200 PLC 取电源的设备（如 TD200）尤为有用。

两种连接器都有两组螺钉连接端子，可以用来连接输入连接电缆和输出连接电缆。两种连接器也都有网络偏置和终端匹配的选择开关，同时在终端位置的连接器要安装偏置和终端电阻，该开关在 ON 位置时的内部接线如图 3-9b 所示，在 OFF 位置时未连接终端电阻。接在网络端部的连接器的上的开关应放在 ON 位置，如图 3-9a 所示。

A、B 线之间的终端电阻可以吸收网络上的反射波，有效地增强信号强度。两端的终端电阻并联后应基本上等于传输线相对于通信频率的特性阻抗。390Ω 的偏置电阻用于在电气情况复杂时确保 A、B 信号的相对关系，保证 0、1 信号的可靠性。

进行网络连接时，连接的设备应共享一个共同的参考点。参考点不同时，在连接电缆中会产生电流，这些电流会造成通信故障或损坏设备，需要将通信电缆所连接的设备进行隔离。

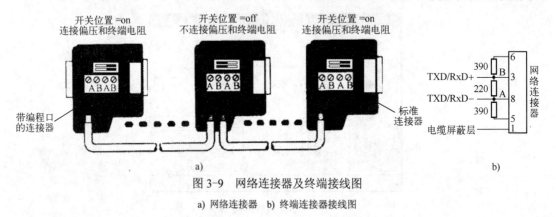

图 3-9　网络连接器及终端接线图

a) 网络连接器　b) 终端连接器接线图

4）网络中继器。

RS-485 中继器为网段提供偏置电阻和终端电阻。中继器有以下用途。

① 增加网络的长度。

在网络中使用一个中继器可以使网络的通信距离扩展 50m。如图 3-10 所示，如果在已连接的两个中断器之间没有其他结点，那么网络的长度将能达到波特率允许的最大值。在一个串联网络中，用户最多可以使用 9 个中继器，但是网络的总长度不能超过 9 600m。

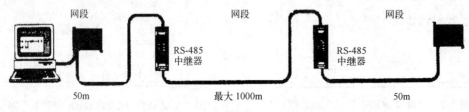

图 3-10　带中继器的网络

② 为网络增加设备。

在 9 600 的波特率下，50m 距离之内，一个网段最多可以连接 32 个设备。使用一个中继器允许用户在网络中再增加 32 个设备，可以把网络再延长 1 200m。

③ 实现不同网段的电气隔离。

如果不同的网段具有不同的地电位，则将它们隔离会提高网络的通信质量。一个中继器在网络中被算做网段的一个结点，但是它没有被指定的站地址。

5）EM277 PROFIBUS-DP 模块。

EM277 PROFIBUS-DP 模块是专门用于 Profibus-DP 协议通信的智能扩展模块。它的外形如图 3-11 所示，EM277 机壳上有一个 RS-485 接口，通过接口可将 S7-200 PLC CPU 连接至网络，它支持 Profibus-DP 和 MPI 从站协议。其他的地址选择开关可进行地址设置，地址范围为 0～99。

6）CP 243-1 和 CP 243-1 IT 模块。

CP 243-1 和 CP 243-1 IT 都是一种通信处理器，用于 S7-200 PLC 自动化系统中。它们可用于将 S7-200 PLC 系统连接到工业以太网（IE）中。通过它们可以使用 STEP 7-Micro/WIN，对 S7-200 PLC 进行远程组态、编程和诊断。而且，一台 S7-200 PLC 还可通过以太网与其他 S7-200 PLC、S7-300 PLC 或 S7-400 PLC 控制器进行通信，并可与 OPC 服务器进行通信。

另外，基于 CP 243-1 IT 的 IT 功能，可以实现监控，如果需要，还可以通过 Web 浏览器，从一台联网的工控机中控制自动化系统，并将诊断报文通过 E-mail 在系统中发送。使用IT 功能，可以非常容易地与其他计算机以及控制器系统交换全部文件。

CP 243-1 和 CP 243-1 IT 模块的外形是一致的，如图 3-12 所示。

图 3-11 EM277 模块图   图 3-12 CP 243-1 和 CP 243-1 IT 模块外形图

2. S7-200 PLC 的通信实现

在实际进行 S7-200 系列 PLC 通信时，主要工作包括：建立通信方案，选择通信器件，进行参数组态。

（1）建立通信方案

通信前要根据实际需要建立通信方案，主要考虑如下方面。

1）主站与从站之间的连接形式：单主站还是多主站，可通过软件组态进行设置。

在 S7-200 PLC 的通信网络中，如果使用了 PPI 电缆，则安装了编程软件 STEP 7-Micro/WIN 的计算机或西门子公司提供的编程器（如 PG740），默认设置为主站。如果网络中还有 S7-300 PLC 或 HMI 等，则可设置为多主站，否则可设置为单主站，网络中所有的S7-200 PLC 都默认为从站，有时可以在程序中指定某个 S7-200 PLC 为 RUN 工作方式下的PPI 主站模式。

2）站号：站号是网络中各个站的编号，网络中的每个设备（PC、PLC、HMI）都要分配唯一的编号（站地址）。站号 0 是安装编程软件 STEP 7-Micro/WIN 的计算机或编程器的默认地址，操作面板（如 TD200，OP7 等）的默认站号为 1，与站号 0 相连的第 1 台 PLC 的默认站号为 2。一个网络中最多可以有 127 个站地址（站号 0~126）。

3）实现通信的器件：在 STEP 7-Micro/WIN 中，支持通信的器件如表 3-2 所示。

表 3-2 STEP 7-Micro/WIN 支持的通信器件

通 信 器 件	功　　能	支持的波特率/bit/s	支持的协议
PC/PPI 电缆	PC-PLC 的电缆连接器	9.6k/19.2k	PPI
CP5511	笔记本电脑用 PCMCIA 卡	9.6k/19.2k/187.5k	PPI、MPI、PROFIBUS
CP5511	PCI 卡		
MPI	PG 中集成的 PCISA 卡		
端口 0	串行通信口 0	9.6k	
端口 1	串行通信口 1	19.2k/187.5k	
EM277 模块	Profibus-DP 扩展模块	9.6k~12M	MPI、PROFIBUS

（2）进行参数组态

在编程软件 STEP 7-Micro/WIN 中，对通信硬件参数进行设置，即通信参数组态，涉及到通信设置、通信器件的安装/删除、PC/PPI（MPI、MODEM 等）参数设置。

下面以 PC/PPI 电缆为例，介绍参数组态方法。其他通信器件的参数组态方法与 PC/PPI 电缆组态方法基本相同。

1）通信设置。

在 STEP 7-Micro/WIN 编程接口中，单击引导窗口中的"通信"按钮，进入"通信"对话框，如图 3-13 所示。

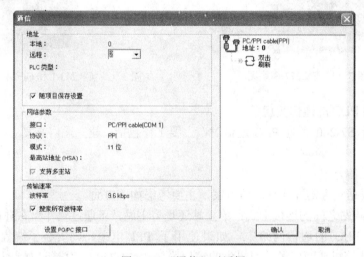

图 3-13 "通信"对话框

在图 3-13 中所显示的参数配置如下。本地地址：0；远程地址：2；通信接口：PC/PPI cable（COM1）；通信协议：PPI；传送模式：11 位；传输速率：9.6Kbit/s。

2）安装/删除通信器件。

在图 3-13 中，双击"PC/PPI 电缆"图标，出现通信器件设置对话框，如图 3-14 所示。

图 3-14　通信器件设置对话框

在接口设置区，单击"选择"按钮，弹出"安装/删除接口"对话框，如图 3-15 所示。

安装：在左边"选择"列表框中单击选择要安装的通信器件，单击"安装"按钮后，按照安装向导逐步安装通信器件。安装完成后，在右边"已安装"列表框中将出现已经安装的通信器件。

删除：在右边"已安装"列表框中选中要删除的通信器件，单击"卸载"按钮后，按照卸载向导逐步卸载通信器件，该器件将从"已安装"列表框中消失。

3）通信器件参数设置。

如果在如图 3-14 所示的对话框中，单击"属性"按钮，将弹出参数设置对话框，如图 3-16 所示。

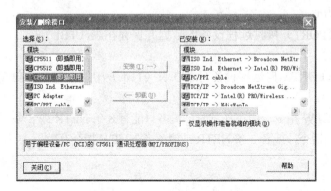

图 3-15　安装/删除对话框

图 3-16　参数设置对话框

单击进入"PPI"选项卡，该选项卡用于设置 PPI 通信参数，图 3-16 中显示的是系统默认值。站地址：0；超时时间：1s；单主站；传输速率：9.6Kbit/s；最高站地址：31。

单击进入"本地连接"选项卡，用于设置本机的连接属性，包括选择串行通信口 COM1 或 COM2，是否选择调制解调器。默认值是 COM1，不选择调制解调器。

3. PPI 的网络通信

在 SIMATIC S7 的网络中，S7-200 PLC 被默认为是从站。只有在采用 PPI 通信协议时，如果某些 S7-200 系列的 PLC 在用户程序中允许 PPI 主站模式，这些 PLC 主机才可以在 RUN 工作方式下作为主站，这样就可以用通信指令读取其他 PLC 主机的数据。

（1）PPI 主站模式设定

在 S7-200 PLC 的特殊继电器 SM 中，SMB30（SMB130）是用于设定通信端口 0（通信端口 1）的通信方式。由 SMB30（SMB130）的低 2 位决定通信端口 0（通信端口 1）的通信协议，即 PPI 从站、自由口和 PPI 主站。只要将 SMB30（SMB130）的低 2 位设置为 2#10，就允许该 PLC 主机为 PPI 主站模式，可以执行网络读/写指令。

（2）PPI 网络通信指令

在 S7-200 PLC 的 PPI 主站模式下，网络通信指令有两条，分别为 NETR（Network Read）和 NETW（Network Write）。其指令梯形图和语句表如表 3-3 所示。

表 3-3 PPI 网络通信指令的梯形图及语句表

梯 形 图	语 句 表	指 令 名 称
NETR EN ENO TBL PORT	NETR TBL，PORT	网络读指令
NETW EN ENO TBL PORT	NETW TBL，PORT	网络写指令

TBL：缓冲区首址，操作数为字节；PORT：操作端口，CPU 224XP 和 CPU 226 为 0 或 1，S7-200 系列 PLC 的其他机型只能为 0。

网络读 NETR 指令是通过端口（PORT）接收远程设备的数据并保存在表（TBL）中。可从远方站点最多读取 16 字节的信息。

网络写 NETW 指令是通过端口（PORT）向远程设备写入在表（TBL）中的数据。可向远方站点最多写入 16 字节的信息。

在程序中可以写任意多条 NETR/NETW 指令，但在任意时刻最多只能有 8 条 NETR 或 8 条 NETW 指令、4 条 NETR 或 4 条 NETW 指令，或者 2 条 NETR 或者 6 条 NETW 指令有效。

（3）主站与从站传送数据表的格式

1）数据表格式。

在执行网络读/写指令时，PPI 主站与从站间传送数据表（TBL）的格式如表 3-4 所示。

表 3-4 数据表格式

字节偏移地址	名 称	描 述							
0	状态字节	D	A	E	0	E1	E2	E3	E4
1	远程站地址	被访问的 PLC 从站地址							
2	指向远程站数据区的指针	存放被访问数据区（I、Q、M 和 V 数据区）的首地址（被访问资料区的间接指针）							
3									
4									
5									

字节偏移地址	名　称	描　述
6	数据长度	远程站上被访问数据区的长度
7	数据字节 0	执行 NETR 指令后，存放从远程站接收的数据
8	数据字节 1	
…	…	执行 NETW 指令后，存放要向远程站发送的数据
22	数据字节 15	

2）状态字节说明。

数据表的第 1 字节为状态字节，各个位的意义如下。

① D 位：操作完成位。0：未完成；1：已完成。

② A 位：有效位，操作已被排队。0：无效；1：有效。

③ E 位：错误标志位。0：无错误；1：有错误。

④ E1、E2、E3、E4 位：错误码。如果执行读/写指令后 E 位为 1，则由这 4 位返回一个错误码。这 4 字节构成的错误码及含义如表 3-5 所示。

表 3-5　错误代码表

E1、E2、E3、E4	错　误　码	说　明
0000	0	无错误
0001	1	时间溢出错误，远程站点不响应
0010	2	接收错误：奇偶校验错，回应时帧或检查时出错
0011	3	离线错误：相同的站地址或无效的硬件引发冲突
0100	4	队列溢出错误：启动了超过 8 条 NETR 和 NETW 指令
0101	5	违反通信协议：没有在 SMB30 中允许 PPI 协议而执行网络指令
0110	6	非法参数：NETR 和 NETW 指令中包含非法或无效的值
0111	7	没有资源：远程站点正在忙中，如上装或下装顺序正在处理中
1000	8	第 7 层错误，违反应用协议
1001	9	信息错误：错误的数据地址或不正确的数据长度
1010～1111	A～F	未用，为将来的使用保留

3.1.4　项目实施——送风和水循环系统的 PLC 控制

1. I/O 分配

根据项目分析可知，对输入、输出量进行分配如表 3-6、表 3-7 所示。

表 3-6　送风控制系统的 I/O 分配表

输　入		输　出	
输入继电器	元　件	输出继电器	元　件
I0.0	起动按钮	Q0.0	送风机运行
I0.1	停止按钮	Q0.4	送风机运行指示
I0.2	热继电器	Q0.5	送风机故障指示
		Q0.6	水循环电动机运行指示
		Q0.7	水循环电动机故障指示

表 3-7 水循环控制系统的 I/O 分配表

输 入		输 出	
输入继电器	元 件	输出继电器	元 件
I0.0	起动按钮	Q0.0	水循环电动机运行
I0.1	停止按钮	Q0.4	水循环电动机运行指示
I0.2	热继电器	Q0.5	水循环电动机故障指示
		Q0.6	送风机运行指示
		Q0.7	送风机故障指示

2. PLC 硬件原理图

根据项目控制要求及表 3-6、表 3-7 所示的 I/O 分配表，送风循环控制系统的 PLC 硬件原理图可绘制如图 3-17、图 3-18 所示。

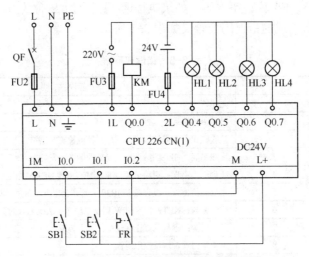

图 3-17 送风控制系统的 PLC 硬件原理图

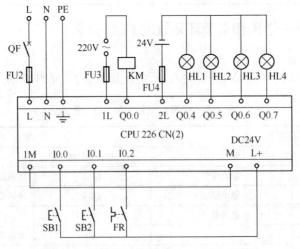

图 3-18 水循环控制系统的 PLC 硬件原理图

3. 创建工程项目

创建两个工程项目，并命名为送风水循环系统的 PLC 控制——送风系统和送风循环系统的 PLC 控制——水循环系统。

4. 编辑符号表

编辑符号表如图 3-19、图 3-20 所示。

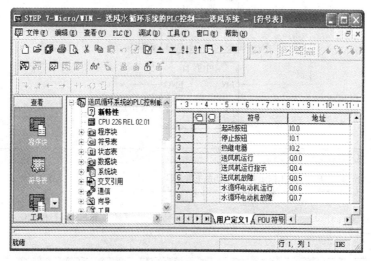

图 3-19　送风系统编辑符号表

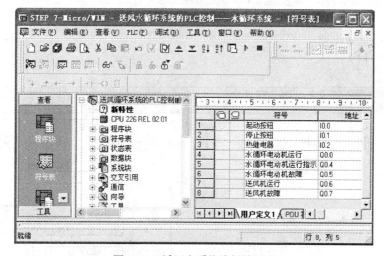

图 3-20　循环水系统编辑符号表

5. 设计梯形图程序

设计的梯形图主站程序（送风系统）、从站程序（水循环系统）如图 3-21、图 3-22所示。

6. 运行与调试程序

1）下载程序并运行。

2）分析程序运行的过程和结果。

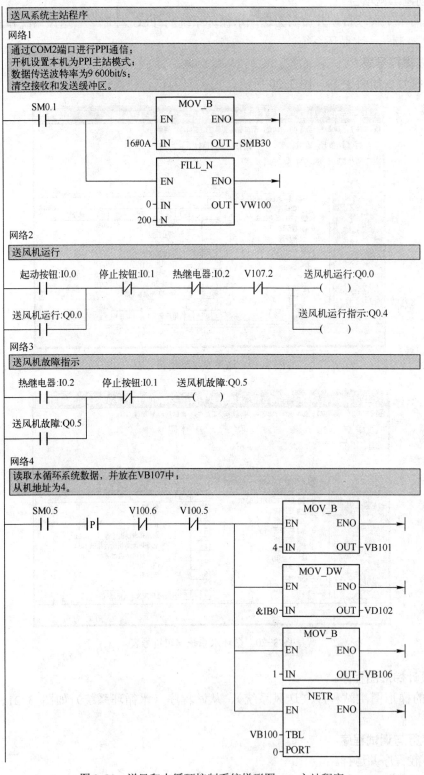

图 3-21 送风和水循环控制系统梯形图——主站程序

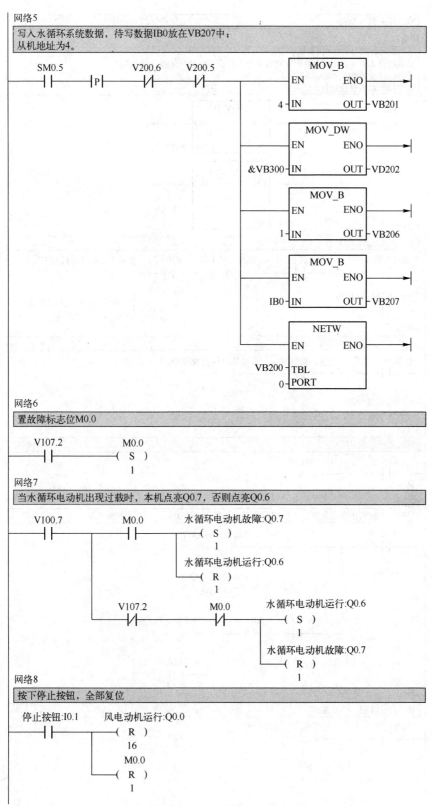

图 3-21　送风和水循环控制系统梯形图——主站程序（续）

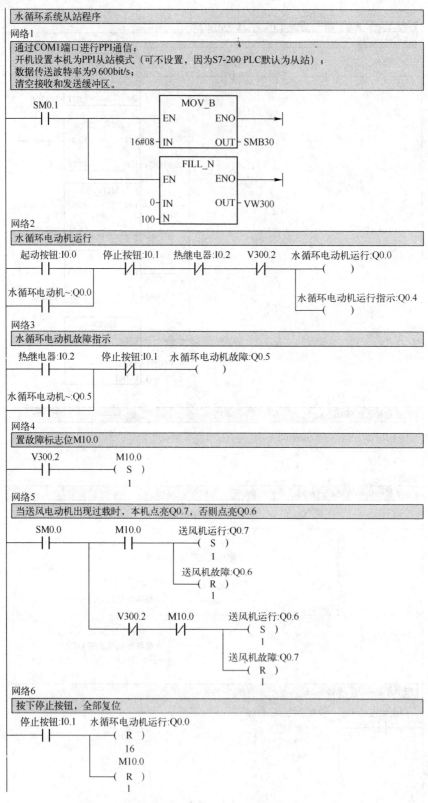

图 3-22　送风和水循环控制系统梯形图——从站程序

3.1.5 知识链接——NETR/NETW 指令向导的应用

NETR/NETW 指令向导的应用

下面通过一个示例，说明"网络读取"和"网络写入"指令向导的应用。在本示例中要求将主站的 I0.0～I0.7 的状态映射到从站的 Q0.0～Q0.7，同时将从站的 I0.0～I0.7 状态映射到主站的 Q0.0～Q0.7。

（1）指定用户需要的网络操作数目

用户使用 NETR/NETW 指令向导，可以简化网络操作配置。向导将询问初始化选项，并根据用户选择生成完成的配置。向导允许配置多达 24 项独立的网络操作，并生成代码调用这些操作。

在本例中，选择 2 项网络读/写操作，如图 3-23 所示。

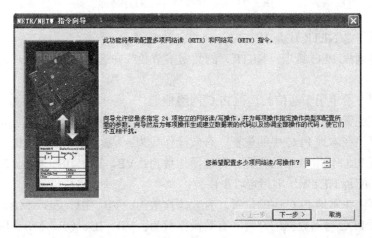

图 3-23　指定用户需要的网络操作数目

（2）指定端口号和子程序名称

如果项目可能已经包含一个 NETR/NETW 向导配置，则所有以前建立的配置均被自动加载向导。向导会提示用户完成以下两个步骤之一。

1）选择编辑现有的配置，其方法是单击"下一步"按钮。

2）选择从项目中删除现有的配置，方法是选择"删除"复选框，并单击"完成"按钮。

如果不存在以前的配置，则向导会询问以下信息。

1）PLC 必须被设为 PPI 主站模式才能进行通信。用户要指定通信将通过 PLC 的哪一个端口进行。

2）向导建立一个用于执行具体网络操作的参数化子程序。向导还为子程序指定一个默认名称。

本例中新建一个配置，选择 PLC 端口 0 进行通信，可执行子程序采用默认名称 NET_EXE，如图 3-24 所示。

（3）指定网络操作

对于每项网络操作，用户需要提供下列信息。

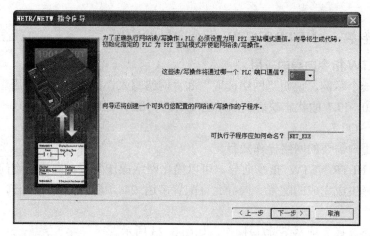

图 3-24　指定端口号和子程序名称

1）指定操作是 NETR 还是 NETW。

2）指定从远程 PLC 读取（NETR）的数据字节数或向远程 PLC 写入（NETW）的数据字节数。

3）指定用户希望用于通信的远程 PLC 网络地址。

4）如果在配置 NETR，指定以下内容。

① 数据存储在本地 PLC 中的位置。有效操作数为：VB、IB、QB、MB、LB。

② 从远程 PLC 读取数据的位置。有效操作数为：VB、IB、QB、MB、LB。

5）如果在配置 NETW，则指定以下内容：

① 数据存储在本地 PLC 中的位置。有效操作数为：VB、IB、QB、MB、LB。

② 向远程 PLC 写入数据的位置。有效操作数为：VB、IB、QB、MB、LB。

本例中，第一项操作为 NETR 指令，读取字节数为 1，远程站地址为 6，数据传输为 VB307（本地）和 VB200（远程），如图 3-25 所示；单击"下一项操作"按钮，进入第二项 NETW 指令，写入字节数为 1，远程站地址为 6，数据传输为 VB207（本地）和 VB300（远程），如图 3-26 所示。

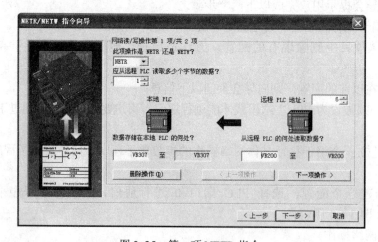

图 3-25　第一项 NETR 指令

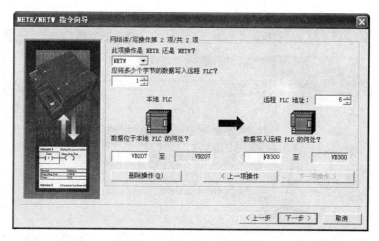

图 3-26　第二项 NETW 指令

（4）指定 V 存储区

对于用户配置的每一项网络操作，要求有 12 字节的 V 存储区。用户指定可放置配置的 V 存储区起始地址。向导会自动建议一个地址，但可以编辑该地址。

本例中采用建议地址 VB19～VB37 即可，如图 3-27 所示。

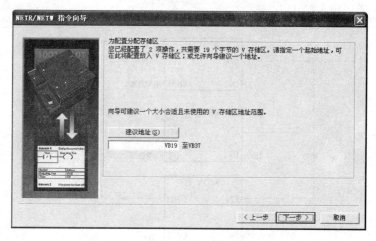

图 3-27　分配 V 存储区

（5）生成程序代码

回答完上述询问后，单击图 3-28 中的"完成"按钮，S7-200 PLC 指令向导将为指定的网络操作生成代码。由向导建立的子程序成为项目的一部分。

要在程序中使能网络通信，需要在主程序块中调用执行子程序（NET_EXE）。每次扫描周期时，使用 SM0.0 调用该子程序，如图 3-29 所示。这样会启动配置网络操作执行。

从站程序相对简单，主要在开机时清空 V 存储区数据，并将输入、输出与 V 存储区数据进行映像即可，如图 3-30 所示。

NET_EXE 子程序功能块中 INT 型参数"Timeout"（超时）为 0 表示不设置超时定时器，为 1～32 767 则是以秒为单位的定时器时间。

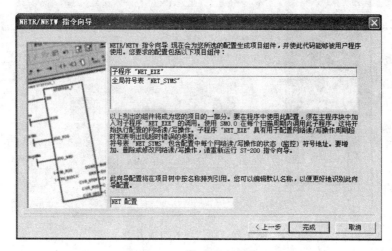

图 3-28 生成程序代码

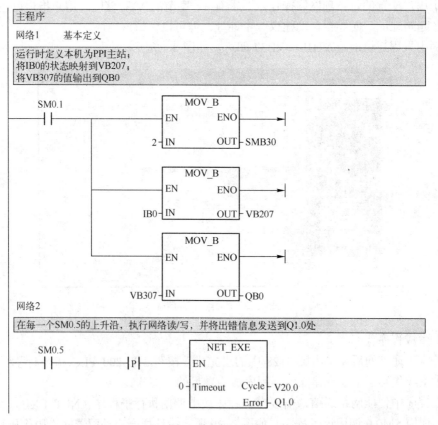

图 3-29 主站程序

　　每次完成所有网络操作时，都会触发 BOOL 变量"Cycle"（周期），所有网络读/写操作每完成一次时，切换状态。BOOL 变量"Error"（错误）为 0 表示没有错误，为 1 表示有错误，错误代码在 NETR/NETW 的状态字节中。

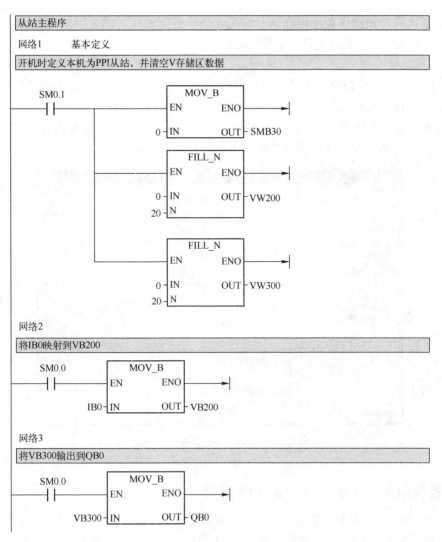

图 3-30 从站程序

3.1.6 项目交流——送风和水循环系统的电动机起停、异地控制、编辑站号

1．送风和水循环系统的电动机起停

在实际工程中送风电动机和水循环电动机为 2～3 台，起动时多为降压起动，本项目为简化编程工作量均设 1 台且为直接起动。在实际应用中送风和水循环系统的电动机起动也应有先后顺序，即送风电动机先起动，水循环电动机后起动；送风电动机先停止，水循环电动机后停止。如果送风电动机因损坏不能起动或未起动，则水循环电动机运行也起不到带走漆雾的效果（漆雾不会自然下沉至喷漆室地下的水面上）；在送风电动机停止数秒后，水循环电动机再停止，这样才能将漂浮在水面的漆全部带走。

2．异地控制

在网络系统中，主站和从站一般相隔距离较远，如果在系统的输入/输出点有余量的情况下，可以使用异地控制，即在主站中可以起停从站，在从站中可以起停主站。这样的异地控制有很多优点，如操作者可以在某一站起动整个控制系统，当某一站出现异常紧急情况时，可以在就近的任一站停止整个系统的运行等。

3. 编辑站号

PPI 网络上的所有站点都应当具有不同的网络地址，否则通信将无法正常进行。现通过 PLC 的端口 0 将本机地址改为 4 来说明如何编辑主机或从机站地址。单击浏览条上的"系统块"图标，打开如图 3-31 所示的对话框。将端口 0 下方的 PLC 地址改为 4，并单击"确定"按钮，然后通过 PC/PPI 电缆将系统块下载到 CPU 模块即可。

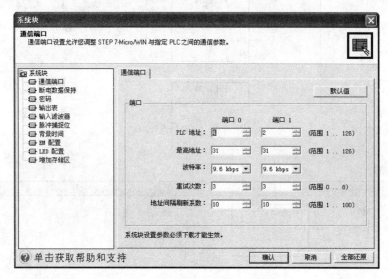

图 3-31　通过系统块编辑站点地址

3.1.7　技能训练——多台 PLC 的 PPI 通信

多台 S7-200 PLC 的 PPI 通信。3 台 S7-200 PLC 通过 PORT0 口进行通信，甲机为主站，乙机和丙机为从站，通过 PPI 通信实现乙机的 I0.0 使丙机电动机实现星形/三角形起动，乙机的 I0.1 停止丙机电动机的运行；丙机的 I0.0 使乙机电动机实现星形/三角形起动，丙机的 I0.1 停止乙机电动机的运行。PPI 通信程序由甲机完成。

训练点：PPI 通信的应用；NETR/NETW 指令的应用；NETR/NETW 指令向导的应用。

项目 3.2　面漆线传输系统的 PLC 控制

知识目标
- 掌握 USS 通信协议
- 了解自由口通信指令
- 了解 EM277 模块的使用

能力目标
- 掌握 PLC 与变频器的通信连接
- 掌握 USS 通信协议

- 能够进行 PLC 与变频器通信的简单编程

3.2.1　项目引入

面漆是指涂在机械（如交通工具、农业装备等）零件表面的漆膜，它能提高零件的抗腐蚀性和抗磨损性，达到保护机械表面质量、延长其寿命的作用。同时，它还具有装饰和美化机械设备的功能。面漆线控制系统主要由送风系统、传输系统、水循环系统、烘干系统等组成。送风系统主要是将喷漆室内操作者周围空气中的漆雾压入地下，这样能有效改善操作者的工作环境，减轻漆雾对操作者的危害；传输系统主要是传送待喷面漆的机械零件，要求传输速度可调，可适应不同体积的机械零件；水循环系统主要是将由风力压入水表面的漆雾带走；烘干系统是将面漆进行烘干，下线后可直接投入生产装配。

为突出 PLC 与变频器之间的通信，本项目只涉及整个控制系统的传输子系统，具体控制系统要求如下。

1）PLC 与变频器之间通过 USS 协议（通用串行接口协议）进行数据通信。

2）通过 PLC 控制变频器的起动、自由停止、制动停止和正反转。

3）通过 PLC 读取变频器参数（输出电压）、设置变频器参数（输入变频器运行频率）。

4）要求有变频器运行显示、运行方向显示、禁止运行及故障显示等。

3.2.2　项目分析

变频器在工业控制中的应用越来越广泛，但由于硬件设备的限制，变频器接线不仅接线麻烦而且信息传输量少，利用 USS 通信协议作为 S7-200 PLC 和西门子公司 MicroMaster 变频器之间的通信，不仅编程的工作量小，使用的接线少，而且传送信息量大，维护和扩展系统功能也很方便。

本项目通过 USS 通信协议进行控制传输线，主要控制传输线的运行速度，并能实时回馈系统运行的有关参数和运行状态。为了能掌握并熟练使用 USS 通信协议，本项目的相关知识中重点讲述此通信协议。

3.2.3　相关知识——USS 通信协议概述及其专用指令

1. USS 通信协议概述

西门子公司的变频器都有一个串行通信接口，采用 RS-485 半双工通信方式，以 USS（Universal Serial Interface Protocol，通用串行接口协议）通信协议作为现场监控和调试协议，其设计标准适用于工业环境的应用对象。USS 协议是主从结构的协议，规定了在 USS 总线上可以有一个主站和最多 30 个从站，总线上的每个从站都有一个站地址（在从站参数中设置），主站依靠它识别每个从站，每个从站也只能对主站发来的报文做出响应并回送报文，从站之间不能直接进行数据通信。另外，还有一种广播通信方式，主站可以同时给所有从站发送报文，从站在接收到报文并做出相应的回应后可不回送报文。

（1）使用 USS 协议的优点

1）USS 协议对硬件设备要求低，减少了设备之间布线的数量。

2）无需重新布线就可以改变控制功能。

3）可通过串行接口设置来修改变频器的参数。

4）可连续对变频器的特性进行监测和控制。

5）利用 S7-200 PLC CPU 组成 USS 通信的控制网络具有较高的性价比。

（2）S7-200 PLC CPU 通信接口的引脚分配

S7-200 PLC CPU 上的通信口是与 RS-485 兼容的 D 型连接器，符合欧洲标准。表 3-8 给出了通信口的引脚分配。

表 3-8 S7-200 CPU 通信接口的引脚分配

连 接 器	针	Profibus 名称	端口 0/端口 1
	1	屏蔽	机壳接地
	2	24V 返回逻辑地	逻辑地
	3	RS-485 信号 B	RS-485 信号 B
	4	发送申请	RTS（TTL）
	5	5V 返回	逻辑地
	6	+5V	+5V、100Ω串联电阻
	7	+24V	+24V
	8	RS-485 信号 A	RS-485 信号 A
	9	不用	10 位协议选择（输入）
	连接器外壳	屏蔽	机壳接地

（3）USS 通信硬件连接

1）通信注意事项。

① 在条件允许的情况下，USS 主站尽量选用直流型的 CPU。当使用交流型的 CPU 22X 和单相变频器进行 USS 通信时，CPU 22X 和变频器的电源必须接成同相位。

② 一般情况下，USS 通信电缆采用双绞线即可，如果干扰比较大，可采用屏蔽双绞线。

③ 在采用屏蔽双绞线作为通信电缆时，把具有不同电位参考点的设备互联后在连接电缆中形成不应有的电流，这些电流导致通信错误或设备损坏。要确保通信电线连接的所有设备共用一个公共电路参考点，或是相互隔离以防止干扰电流产生。屏蔽层必须接到外壳地或 9 针连接器的 1 脚。

④ 尽量采用较高的波特率，通信速率只与通信距离有关，与干扰没有直接关系。

⑤ 终端电阻的作用是用来防止信号反射的，并不用来抗干扰。如果通信距离很近，波特率较低或点对点的通信情况下，可不用终端电阻。

⑥ 不要带电插拔通信电缆，尤其是正在通信过程中，这样极易损坏传动装置和 PLC 的通信端口。

2）S7-200 PLC 与变频器的连接。

将变频器（在此以 MM440 为例）的通信端子口为 P+（29）和 N-（30）分别接至 S7-200 PLC 通信口的 3 号与 8 号针即可。

2. USS 协议专用指令

所有的西门子变频器都可以采用 USS 协议传递信息，西门子公司提供了 USS 协议指令库，指令库中包含专门为通过 USS 协议与变频器通信而设计的子程序和中断程序。使用指令库中的 USS 指令编程，使得 PLC 对变频器的控制变得非常方便。

使用 USS 指令，首先要安装指令库，正确安装结束后，打开指令树中的"库"选项，出现多个 USS 协议指令，如图 3-32 所示，且会自动添加一个或几个相关的子程序。

（1）使用 USS 指令的注意事项

1）初始化 USS 协议将例如端口 0 指定用于 USS 通信，使用 USS_INIT 指令为端口 0 选择 USS 通信协议或 PPI 通信协议。选择 USS 协议与变频器通信后，端口 0 将不能用于其他任何操作，包括与 STEP 7 -Micro/WIN 通信。

2）在使用 USS 协议通信的程序开发过程中，应该使用带两个通信端口的 S7-200 PLC CPU 如 CPU 226、CPU 224XP 或 EM277 PROFIBUS 模块（与计算机中 Profibus CP 连接的 DP 模块），这样第二个通信端口可以用来在 USS 协议运行时通过 STEP 7-Micro/WIN 监控应用程序。

3）USS 指令影响与端口 0 上自由口通信相关的所有 SMB 位。

4）USS 指令的变量要求一个 400B 长的 V 存储区内存块。该内存块的起始地址由用户指定，保留用于 USS 变量。

5）某些 USS 指令也要求有一个 16B 的通信缓冲区。作为指令的参数，需要为该缓冲区在 V 内存中提供一个起始地址。建议为 USS 指令的每个实例指定一个单独的缓冲区。

（2）USS_INIT 指令

USS_INIT（端口 0）或 USS_INIT_P1（端口 1）指令用于启用和初始化或禁止 MicroMaster 变频器通信。在使用其他任何 USS 协议指令之前，必须执行 USS_INIT 指令且无错，可以用 SM0.1 或者信号的上升沿或下降沿调用该指令。一旦该指令完成，立即置位 "Done" 位，才能继续执行下一条指令。USS_INIT 指令的梯形图如图 3-33 所示，各参数的类型如表 3-9 所示。

图 3-32 USS 协议指令

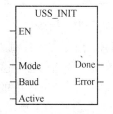

图 3-33 USS_INIT 指令

表 3-9 USS_INIT 指令参数

输入/输出	数据类型	操 作 数
Mode	Byte	IB、QB、VB、MB、SMB、SB、LB、AC、*VD、*LD、*AC、常数
Baud、Active	Dword	ID、QD、VD、MD、SMD、SD、LD、AC、*VD、*LD、*AC、常数
Done	Bool	I、Q、V、M、SM、S、L、T、C
Error	Byte	IB、QB、VB、MB、SMB、SB、LB、AC、*VD、*LD、*AC

指令说明如下。

1）仅限为每次通信状态执行一次 USS_INIT 指令。使用边沿检测指令，以脉冲方式打开 EN 输入。要改动初始化参数，可执行一条新的 USS_INIT 指令。

2）"Mode"为输入数值选择通信协议：输入值 1 将端口分配给 USS 协议，并启用该协议；输入值 0 将端口分配给 PPI，并禁止 USS 协议。

3）"Baud"为 USS 通信波特率，此参数要和变频器的参数设置一致，波特率的允许值为 1 200、2 400、4 800、9 600、19 200、38 400、57 600 或 115 200bit/s。

4）"Done"为初始化完成标志。

5）"Error"为初始化错误代码。

6）"Active"表示起动变频器，表示网络上哪些 USS 从站要被主站访问，即在主站的轮询表中起动。网络上作为 USS 从站的每个变频器都有不同的 USS 协议地址，主站要访问的变频器，其地址必须在主站的轮询表中起动。USS_INIT 指令只用一个 32 位的双字来映像 USS 从站有效地址表，Active 的无符号整数值就是它在指令输入端口的取值。如表 3-10 所示，在这个 32 位的双字中，每一位的位号表示 USS 从站的地址号；要在网络中起动某地址号的变频器，则需要把相应的位号的位置设为"1"，不需要起动的 USS 从站相应的位设置为"0"，最后对此双字取无符号整数就可以得出 Active 参数的取值。本例中，使用站地址为 2 的 MM440 变频器，则须在位号为 02 的位单元格中填入 1，其他不需要起动的地址对应的位设置为 0，取整数，计算出的 Active 值为 00000004H，即 16#00000004，也等于十进制数 4。

表 3-10　Active 参数设置示意表

位　　号	MSB 31	30	29	28	…	04	03	02	01	LSB 00
对应从站地址	31	30	29	28	…	04	03	02	01	00
从站起动标志	0	0	0	0	…	0	0	1	0	0
取十六进制无符号数	0				0			4		
Active =	16#00000004									

（3）USS_CTRL 指令

USS_CTRL 指令用于控制处于起动状态的变频器，每台变频器只能使用一条该指令。该指令将用户放在一个通信缓冲区内，如果数据端口 Drive 指定的变频器被 USS_INIT 指令的 Active 参数选中，则缓冲区内的命令将被发送到该变频器。USS_CTRL 指令的梯形图格式如图 3-34 所示，各参数的类型如表 3-11 所示。

表 3-11　USS_CTRL 指令参数

输入/输出	数 据 类 型	操 作 数
RUN 、 OFF2 、 OFF3 、 F_ACK 、 DIR 、 Resp_R 、 Run_EN、D_Dir、Inhibit、Fault	Bool	I、Q、V、M、SM、S、L、T、C
Drive、Type	Byte	IB、QB、VB、MB、SMB、SB、LB、AC、*VD、*LD、*AC、常数
Error	Byte	IB、QB、VB、MB、SMB、SB、LB、AC、*VD、*LD、*AC、常数

输 入/输 出	数 据 类 型	操 作 数
Status	Word	IW、QW、VW、MW、SMW、SW、LW、AC、T、C、AQW、*VD、*LD、*AC
Speed_SP	Real	ID、QD、VD、MD、SMD、SD、LD、AC、*VD、*LD、*AC、常数
Speed	Real	IB、QB、VB、MB、SMB、SB、LB、AC、*VD、*LD、*AC

指令说明如下。

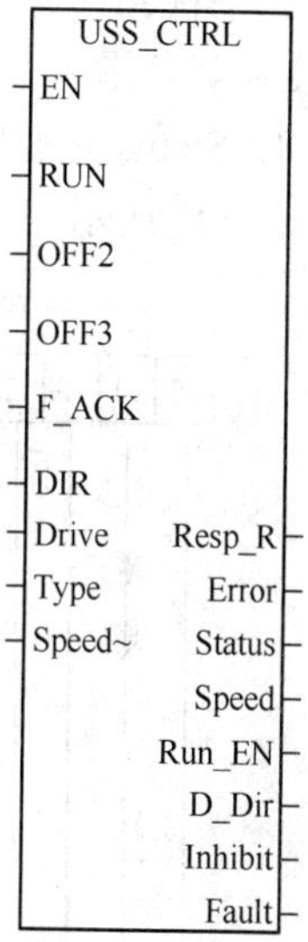

1）USS_CTRL（端口 0）或 USS_CTRL_P1（端口 1）指令用于控制 Active（起动）变频器。USS_CTRL 指令将选择的命令放在通信缓冲区中，然后送至编址的变频器 Drive（变频器地址）参数，条件是已在 USS_INIT 指令的 Active（起动）参数中选择该变频器。

2）仅限为每台变频器指定一条 USS_CTRL 指令。

3）某些变频器仅将速度作为正值报告。如果速度为负值，变频器将速度作为正值报告，但逆转 D_Dir（方向）位。

4）EN 位必须为 ON，才能启用 USS_CTRL 指令。该指令应当始终启用（可使用 SMB0.0）。

5）RUN 表示变频器是 ON 还是 OFF。当 RUN（运行）位为 ON 时，变频器收到一条命令，按指定的速度和方向开始运行。为了使变频器运行，必须满足条件以下条件。

① Drive（变频器地址）在 USS_CTRL 中必须被选为 Active（起动）。

② OFF2 和 OFF3 必须被设为 0。

③ Fault（故障）和 Inhibit（禁止）必须为 0。

图 3-34　USS_CTRL 指令

6）当 RUN 为 OFF 时，会向变频器发出一条命令，将速度降低，直至电动机停止。OFF2 位用于允许变频器自由降速至停止。OFF3 用于命令变频器迅速停止。

7）Resp_R（收到应答）位确认从变频器收到应答。对所有的起动变频器进行轮询，查找最新变频器状态信息。每次 S7-200 PLC 从变频器收到应答时，Resp_R 位均会打开，进行一次扫描，所有数值均被更新。

8）F_ACK（故障确认）位用于确认变频器中的故障。当从 0 变为 1 时，变频器清除故障。

9）DIR（方向）位（"0/1"）用来控制电动机转动方向。

10）Drive（变频器地址）输入的是 MicroMaster 变频器的地址，向该地址发送 USS_CTRL 命令，有效地址为 0～31。

11）Type（变频器类型）输入选择变频器类型。将 MicroMaster3（或更早版本）变频器的类型设为 0，将 MicroMaster 4 或 SINAMICS G110 变频器的类型设为 1。

12）Speed_SP（速度设定值）必须是一个实数，给出的数值是变频器的频率范围百分比还是绝对的频率值取决于变频器中的参数设置（如 MM440 的 P2009）。如为全速的百分比，则范围为-200.0%～200.0%，Speed_SP 的负值会使变频器反向旋转。

13）Fault 表示故障位的状态（0 = 无错误，1 = 有错误），变频器显示故障代码（有关变频器信息，请参阅用户手册）。要清除故障位，需纠正引起故障的原因，并接通 F_ACK 位。

14）Inhibit 表示变频器上的禁止位状态（0 = 不禁止，1 = 禁止）。欲清除禁止位，Fault 位必须为 OFF，RUN、OFF2 和 OFF3 输入也必须为 OFF。

15）D_Dir（运行方向回馈）表示变频器的旋转方向。

16）Run_EN（运行模式回馈）表示变频器是在运行（1）还是停止（0）。

17）Speed（速度回馈）是变频器返回的实际运转速度值。若以全速百分比表示的变频器速度，其范围为-200.0%～200.0%。

18）Status 是变频器返回的状态字原始数值，MicroMaster 4 的标准状态字各数据位的含义如图 3-35 所示。

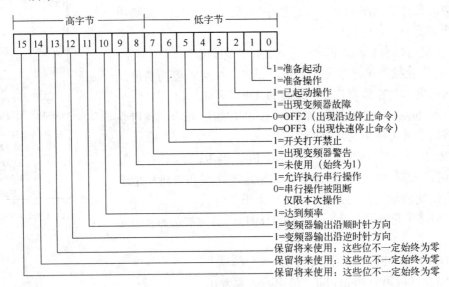

图 3-35　状态字各数据位的含义

19）Error 是一个包含对变频器最新通信请求结果的错误字节。USS 指令执行错误主题定义了可能因执行指令而导致的错误条件。

20）Resp_R（收到的响应）位确认来自变频器的响应。对所有的起动变频器都要轮询最新的变频器状态信息。每次 S7-200 PLC 接收到来自变频器的响应时，Resp_R 位就会接通一次扫描并更新一次所有相应的值。

（4）USS_RPM 指令

USS_RPM 指令用于读取变频器的参数，USS 协议有 3 条读指令。

1）USS_RPM_W（端口 0）或 USS_RPM_W_P1（端口 1）指令读取一个无符号字类型的参数。

2）USS_RPM_D（端口 0）或 USS_RPM_D_P1（端口 1）指令读取一个无符号双字类型的参数。

3）USS_RPM_R（端口 0）或 USS_RPM_R_P1（端口 1）指令读取一个浮点数类型的参数。

同时只能有一个读（USS_RPM）或写（USS_WPM）变频器参数的指令起动。当变频器确认接收命令或返回一条错误信息时，就完成了对 USS_RPM 指令的处理，在进行这一处理并等待响应到来时，逻辑扫描依然继续进行。USS_RPM 指令的梯形图如图 3-36 所示，各参数如表 3-12 所示。

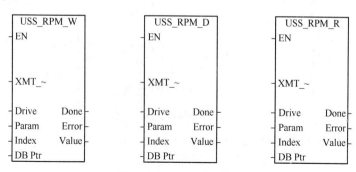

图 3-36　USS_RPM 指令

表 3-12　USS_RPM 指令参数

输入/输出	数据类型	操　作　数
XMT_REQ	Bool	I、Q、V、M、SM、S、L、T、C、上升沿有效
Drive	Byte	IB、QB、VB、MB、SMB、SB、LB、AC、*VD、*LD、*AC、常数
Param、Index	Word	IW、QW、VW、MW、SMW、SW、LW、AC、T、C、AIW、*VD、*LD、*AC、常数
DB_Ptr	Dword	&VB
Value	Word、Dword、Real	IW、QW、VW、MW、SMW、SW、LW、AC、T、C、AQW、ID、QD、VD、MD、SMD、SD、LD、 *VD、*LD、*AC
Done	Bool	I、Q、V、M、SM、S、L、T、C
Error	Real	IB、QB、VB、MB、SMB、SB、LB、AC、*VD、*LD、*AC

指令说明如下。

1）一次仅限启用一条读取（USS_RPM_X）或写入（USS_WPM_X）指令。

2）EN 位必须为 ON，才能启用请求传送，并应当保持 ON，直到设置"完成"位，表示进程完成。例如，当 XMT_REQ 位为 ON，在每次扫描时向 MicroMaster 变频器传送一条 USS_RPM_X 请求。因此，XMT_REQ 输入应当通过一个脉冲方式打开。

3）"Drive"输入的是 MicroMaster 变频器的地址，USS_RPM_X 指令被发送至该地址。单台变频器的有效地址是 0～31。

4）"Param"是参数号码。"Index"是需要读取参数的索引值。"Value"是返回的参数值。必须向 DB_Ptr 输入提供 16B 的缓冲区地址。该缓冲区被 USS_RPM_X 指令使用且存储向 MicroMaster 变频器发出的命令的结果。

5）当 USS_RPM_X 指令完成时，"Done"输出为 ON，"Error"输出字节和"Value"输出包含执行指令的结果。"Error"和"Value"输出在"Done"输出打开之前无效。

例如，如图 3-37 所示程序段为读取电动机的电流值（参数 r0068），由于此参数是一个实数，而参数读/写指令必须与参数的类型配合，因此选用实数型参数读功能块。

（5）USS_WPM 指令

USS_WPM 指令用于写变频器的参数，USS 协定有 3 条写入指令。

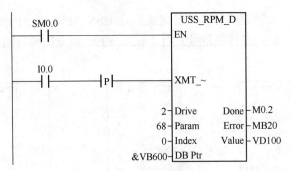

图 3-37 读参数功能块示意图

1）USS_WPM_W（端口 0）或 USS_WPM_W_P1（端口 1）指令写入一个无符号字类型的参数。

2）USS_WPM_D（端口 0）或 USS_WPM_D_P1（端口 1）指令写入一个无符号双字类型的参数。

3）USS_WPM_R（端口 0）或 USS_WPM_R_P1（端口 1）指令写入一个浮点数类型的参数。

USS_WPM 指令梯形图如图 3-38 所示，各参数的类型如表 3-13 所示。

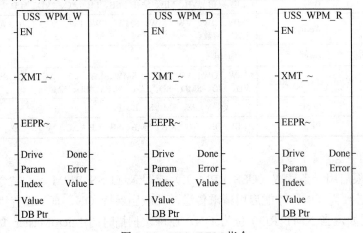

图 3-38 USS_WPM 指令

表 3-13 USS_WPM 指令参数

输入/输出	数 据 类 型	操 作 数
XMT_REQ	Bool	I、Q、V、M、SM、S、L、T、C、上升沿有效
Drive	Byte	IB、QB、VB、MB、SMB、SB、LB、AC、*VD、*LD、*AC、常数
Param、Index	Word	IW、QW、VW、MW、SMW、SW、LW、AC、T、C、AIW、*VD、*LD、*AC、常数
DB_Ptr	Dword	&VB
Value	Word、Dword、Real	IW、QW、VW、MW、SMW、SW、LW、AC、T、C、AQW、ID、QD、VD、MD、SMD、SD、LD、*VD、*LD、*AC
EEPROM	Bool	I、Q、V、M、SM、S、L、T、C
Done	Bool	I、Q、V、M、SM、S、L、T、C
Error	Real	IB、QB、VB、MB、SMB、SB、LB、AC、*VD、*LD、*AC

指令说明如下。

1）一次仅限起动一条写入（USS_WPM_X）指令。

2）当 MicroMaster 变频器确认收到命令或发送一个错误条件时，USS_WPM_X 事项完成。当该进程等待应答时，逻辑扫描继续执行。

3）EN 位必须为 ON，才能启用请求传送，并应当保持打开，直到设置"Done"位，表示进程完成。例如，当 XMT_REQ 位为 ON，在每次扫描时向 MicroMaster 变频器传送一条 USS_WPM_X 请求。因此，XMT_REQ 输入应当通过一个脉冲方式打开。

4）当变频器打开时，E²PROM 输入启用对变频器的 RAM 和 E²PROM 的写入；当变频器关闭时，仅启用对 RAM 的写入。请注意该功能不受 MM3 变频器支持，因此该输入必须关闭。

5）其他参数的含义及使用方法，请参考 USS_RPM 指令。

使用时请注意：在任一时刻 USS 主站内只能有一个参数读写功能块有效，否则会出错。因此如果需要读写多个参数（来自一个或多个变频器），必须在编程时进行读/写指令之间的轮替处理。

3.2.4 项目实施——面漆线传输系统的 PLC 控制

1．I/O 分配

根据项目分析可知，对输入量、输出量进行分配如表 3-14 所示。

表 3-14 面漆线传输系统控制的 I/O 分配表

输　入		输　出	
输入继电器	元　件	输出继电器	元　件
I0.0	起动按钮	Q0.0	变频器运行
I0.1	停止按钮	Q0.4	运行指示
I0.2	急停按钮	Q0.5	方向指示
I0.3	方向转换开关	Q0.6	禁止运行指示
I0.4	故障复位按钮	Q0.7	故障指示
I0.5	写变频器参数开关		
I0.6	频率设置开关		
I0.7	频率加 1 按钮		
I1.0	频率减 1 按钮		

2．变频器参数设定

在将变频器连接到 PLC 并使用 USS 协议进行通信以前，必须对变频器的有关参数进行设置。设置步骤如下。

1）将变频器恢复到工厂设定值，令参数 P0010=30（工厂的设定值），P0970=1（参数复位）。

2）令参数 P0003=3，允许读/写所有参数（用户访问级为专家级）。

3）用 P0304、P0305、P0307、P0310 和 P0311 分别设置电动机的额定电压、额定电流、额定功率、额定频率和额定转速（要设置上述电动机参数，必须先将参数 P0010 设为

1，即快速调试模式，当完成参数设置后，再将 P0010 设为 0。因为上述电动机参数只能在快速调试模式下修改）。

4）令参数 P0700=5，选择命令源为远程控制方式，即通过 RS-485 的 USS 通信接收命令。令 P1000=5，设定源来自 RS-485 的 USS 通信，使其允许通过 COM 链路的 USS 通信发送频率设定值。

5）P2009 为 0 时，频率设定值为百分比，为 1 时为绝对频率值。

6）根据表 3-15 设置参数 P2010[0]（RS-485 串行接口的波特率），这一参数必须与 PLC 主站采用的波特率相一致，如本项目中 PLC 和变频器的波特率都设为 9 600bit/s。

表 3-15　参数 P2010[0]与波特率的关系

参　数　值	4	5	6	7	8	9	12
波特率（bit/s）	2400	4800	9600	19200	38400	57600	115200

7）设置从站地址 P2011[0]=0～31，这是为变频器指定的唯一从站地址。

8）P2012[0]=2，即 USS PZD（过程数据）区长度为 2 个字长。

9）串行链路超时时间 P2014[0]=0～65 535ms，是两个输入数据报文之间的最大允许时间间隔。收到了有效的数据报文后，开始定时。如果在规定的时间间隔内没有收到其他资料报文，变频器跳闸并显示错误代码 F008。将该值设定为 0，将断开控制。

10）基准频率 P2000=1～650，单位为 Hz，默认值为 50，是串行链路或模拟 I/O 输入的满刻度频率设定值。

11）设置斜坡上升时间（可选）P1120=1～650.00，这是一个以秒（s）为单位的时间，在这个时间内，电动机加速到最高频率。

12）设置斜坡下降时间（可选）P1121=1～650.00，这是一个以秒（s）为单位的时间，在这个时间内，电动机减速到完全停止。

13）P0971=1，设置的参数保存到 MM440 的 E^2PROM 中。

14）退出参数设置方式，返回运行显示状态。

3. PLC 硬件原理图

根据项目控制要求及表 3-14 所示的 I/O 分配表，面漆线传输控制系统的 PLC 硬件原理图如图 3-39 所示。

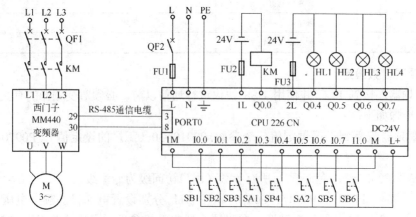

图 3-39　面漆线传输系统的 PLC 与变频器硬件接线图

4．创建工程项目

创建一个工程项目，并命名为面漆线传输系统的 PLC 控制。

5．编辑符号表

编辑符号表如图 3-40 所示。

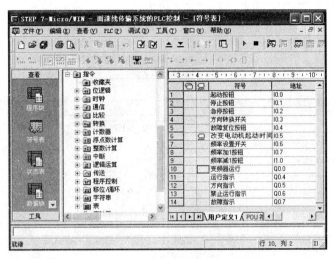

图 3-40　编辑符号表

6．设计梯形图程序

设计的梯形图如图 3-41 所示。

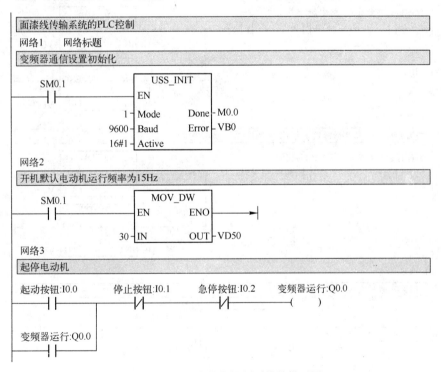

图 3-41　面漆线传输控制系统的梯形图

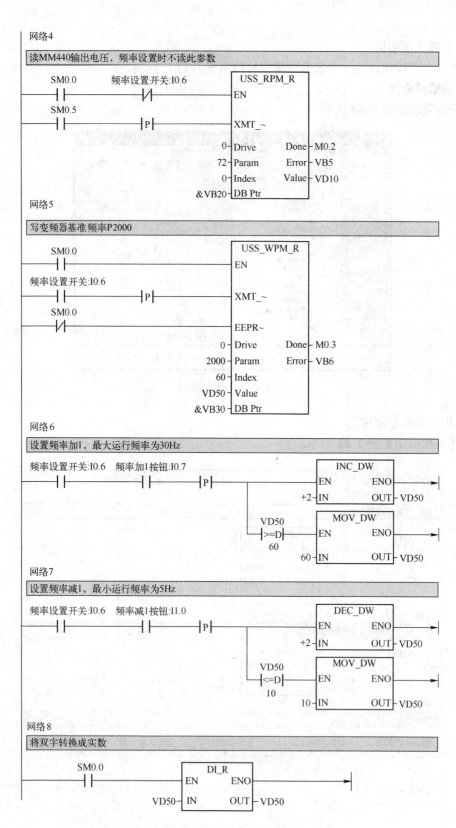

图 3-41　面漆线传输控制系统的梯形图（续）

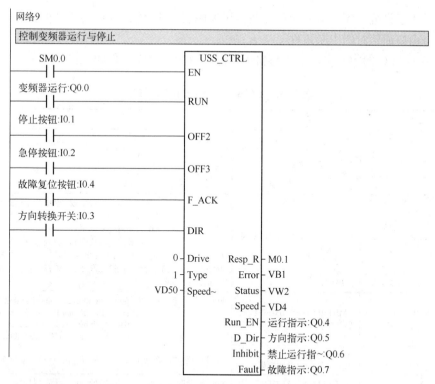

网络9

控制变频器运行与停止

```
        SM0.0                    USS_CTRL
        ─┤├─                    EN

     变频器运行:Q0.0
        ─┤├─                    RUN

      停止按钮:I0.1
        ─┤├─                    OFF2

      急停按钮:I0.2
        ─┤├─                    OFF3

    故障复位按钮:I0.4
        ─┤├─                    F_ACK

    方向转换开关:I0.3
        ─┤├─                    DIR

                          0 ─ Drive      Resp_R ─ M0.1
                          1 ─ Type        Error ─ VB1
                       VD50 ─ Speed~     Status ─ VW2
                                          Speed ─ VD4
                                         Run_EN ─ 运行指示:Q0.4
                                          D_Dir ─ 方向指示:Q0.5
                                        Inhibit ─ 禁止运行指~:Q0.6
                                          Fault ─ 故障指示:Q0.7
```

图 3-41   面漆线传输控制系统的梯形图（续）

7．运行与调试程序

1）下载程序并运行。

2）分析程序运行的过程和结果。

3.2.5   知识链接——自由端口的网络通信、通信模块 EM277 简介

1．自由端口的网络通信

S7-200 系列 PLC 有一种特殊的通信模式：自由口通信模式。在这种通信模式下，用户可以在自定义通信协议（可以在用户程序中控制通信参数：选择通信协议、设定波特率、设定校验方式、设定字符的有效数据位）下，通过建立通信中断事件，使用通信指令，控制 PLC 的串行通信口与其他设备进行通信。

只有当 CPU 主机处于 RUN 工作方式下（此时特殊继电器 SM0.7 为 1），允许自由口通信模式。如果选择了自由口通信模式，此时 S7-200 PLC 失去了与标准通信装置进行正常通信的功能。当 CPU 主机处于 STOP 工作方式下，自由口通信模式被禁止，PLC 的通信协议由自由口通信协议由自动切换到正常的 PPI 通信协议。

（1）设置自由口通信协议

S7-200 PLC 正常的字符数据格式是 1 个起始位，8 个数据位，1 个停止位，即 10 位数据，或者再加上 1 个奇/偶校验位，组成 11 位数据。波特率一般为 9 600～19 200bit/s。

在自由口通信协议下，可以用特殊继电器 SMB30 或 SMB130 设置通信端口 0 或端口 1 的通信参数。控制字节 SMB30 和 SMB130 的描述如表 3-16 所示。

为便于快速设置控制字节的通信参数，可参照表 3-17 给出的控制字节值。

（2）自由口通信时的中断事件

在 S7-200 PLC 的中断事件中，与自由口通信有关的中断事件如下。

表 3-16　SMB30 和 SMB130 的描述

端口 0	端口 1	说　明
SMB30 的格式	SMB130 的格式	自由端口模式控制字节 MSB　　　　　　　LSB 7　　　　　　　　 0 | p | p | d | b | b | b | m | m |
SMB30.0 和 SMB30.1 通信协议选择	SMB130.0 和 SMB130.1 通信协议选择	mm：协议选项　00 = 点对点接口协议（PPI/从站模式） 　　　　　　　　01 = 自由端口协议 　　　　　　　　10 = PPI/主站模式 　　　　　　　　11 = 保留（默认为 PPI/从站模式） 注意：当选择代码 mm = 10（PPI 主设备）, S7-200 PLC 将成为网络上的主设备，允许 NETR 和 NETW 指令执行。在 PPI 模式中位 2～7 忽略
SMB30.2 ～SMB30.4 波特率选择	SMB130.2 ～SMB130.4 波特率选择	bbb：自由端口波特率　000 = 38 400bit/s 100 = 2 400bit/s 　　　　　　　　　001 = 19 200bit/s 101 = 1 200bit/s 　　　　　　　　　010=9 600bit/s 110 = 115 200bit/s 　　　　　　　　　011=4 800bit/s 　110 = 57 600bit/s
SMB30.5 每个字符的有效数据位	SMB130.5 每个字符的有效数据位	d：每个字符的数据位 0=每个字符 8 位 1=每个字符 7 位
SMB30.6 和 SMB30.7 奇偶校验选择	SMB130.6 和 SMB130.7 奇偶校验选择	pp：校验选择　00 = 无奇偶校验 10 = 无奇偶校验 　　　　　　　01 = 偶数校验　11 = 奇数校验

表 3-17　控制字节值与自由口通信参数参照表

波　特　率		38.4kbit/s	19.2kbit/s	9.6kbit/s	4.8kbit/s	2.4kbit/s	1.2kbit/s	600bit/s	300bit/s
8 字符	无校验	01H	05H	09H	0DH	11H	15H	19H	1DH
	偶校验	41H	45H	49H	4DH	51H	55H	59H	5DH
	奇校验	C1H	C5H	C9H	CDH	D1H	D5H	D9H	DDH
7 字符	无校验	21H	25H	29H	2DH	31H	35H	39H	3DH
	偶校验	61H	65H	69H	6DH	71H	75H	79H	7DH
	奇校验	E1H	E5H	E9H	EDH	F1H	F5H	F9H	FDH

1）中断事件 8：通信端口 0 单字符接收中断。

2）中断事件 9：通信端口 0 发送完成中断。

3）中断事件 23：通信端口 0 接收完成中断。

4）中断事件 25：通信端口 1 单字符接收中断。

5）中断事件 26：通信端口 1 发送完成中断。

6）中断事件 24：通信端口 1 接收完成中断。

（3）自由口通信指令

在自由口通信模式下，可以用自由口通信指令接收和发送数据，其通信指令有两条：数据接收指令 RCV 和数据发送指令 XMT。其指令梯形图和语句表如表 3-18 所示。

TBL：缓冲区首址，操作数为字节；PORT：操作端口，CPU 224XP 和 CPU 226 为 0 或 1，S7-200 系列 PLC 其他机型只能为 0。

数据接收指令是通过端口（PORT）接收远程设备的数据并保存到首地址为 TBL 的数据接收缓冲区中。数据接收缓冲区最多可接收 255 个字符的信息。

数据发送指令是通过端口（PORT）将数据表首地址 TBL（发送数据缓冲区）中的数据发送到远程设备上。发送数据缓冲区最多可发送 255 个字符的信息。

表 3-18　自由口通信指令的梯形图及语句表

梯　形　图	语　句　表	指　令　名　称
RCV －EN　　ENO－ －TBL －PORT	RCV　TBL，PORT	数据接收指令
XMT －EN　　ENO－ －TBL －PORT	XMT　TBL，PORT	数据发送指令

可以通过中断的方式接收数据，在接收字符数据时，有如下两种中断事件产生。

1）利用字符中断控制接收数据。

每接收完成 1 个字符，就产生一个中断事件 8（通信端口 0）或中断事件 25（通信端口 1）。特殊继电器 SMB2 作为自由口通信接收缓冲区，接收到的字符存放在其中，以便用户程序访问。奇偶校验状态存放在特殊继电器 SMB3 中，如果接收到的字符奇偶校验出现错误，则 SM3.0 为 1，可利用 SM3.0 为 1 的信号，将出现错误的字符去掉。

2）利用接收结束中断控制接收数据。

当指定的多个字符接收结束后，产生中断事件 23（通信端口 0）和 24（通信端口 1）。如果有一个中断服务程序连接到接收结束中断事件上，就可以实现相应的操作。

S7-200 PLC 在接收信息字符时要用到一些特殊继电器，对通信端口 0 要用到 SMB86～SMB94，对通信端口 1 要用到 SMB186～SMB194。

注意：如果出现超时和奇偶校验错误，则自动结束接收过程。

接收数据缓冲区和发送数据缓冲区的格式如表 3-19 所示。

表 3-19　数据缓冲区格式

接收数据缓冲区	发送数据缓冲区
接收字符数	发送字符数
字符 1	字符 1
字符 2	字符 2
…	…
字符 m	字符 n

2. 通信模块 EM277 简介

PROFIBUS-DP 从站模块 EM277 用于将 S7-200 PLC CPU 连接到 Profibus-DP 网络，波

特率为 9.6Kbit/s～12Mbit/s。建立在与 S7-300/400 PLC 或其他系统通信时，尽量使用这种通信方式。EM277 是智能模块，能自适应通信速率，其 RS-485 接口是隔离的。在 S7-200 PLC CPU 中不需要对 PROFIBUS-DP 通信组态和编程。作为 DP 从站，EM277 接受来自主站的 I/O 组态，向主站发送和接收数据。主站可以读写 S7-200 PLC 的 V 存储区，每次可以与 EM277 交换 1～128B 的信息，EM277 只能作为从站。

EM277 在网络中除了作为 DP 主站的从站外，还能作为 MPI 从站，与同一网络中的编程计算机或 S7-300/400 PLC CPU 等其他主站进行通信。编程软件可以通过 EM277 对 S7-200 PLC 编程。模块共有 6 个连接，其中两个分别保留给编程器（PG）和操作员面板（OP）。EM277 实际上是通信端口的扩展，可以用于连接人机界面（HMI）等。

3.2.6　项目交流——轮流读/写变频器参数、USS 通信协议的 V 内存地址分配

1．轮流读写变频器参数

USS 通信协议规定，一次仅限起动一条读取（USS_RPM_X）或写入（USS_WPM_X）指令。如果在实际应用中需要读取多条参数或写入多条参数时，可通过轮流的方法进行读取或写入，其方法如下：如果只读写两个参数时，可使用 SM0.5 和边沿指令相结合的方法，即在读或写第一个参数时用 SM0.5 上升沿，在读或写第二个参数时用 SM0.5 下降沿；如果需要读写两个以上参数时，可结合定时器进行读写，或设置指令轮替功能。通过上述方法可正常读写变频器有关参数。

2．USS 通信协议的 V 内存地址分配

在使用 USS 通信时，系统需要将一个 V 内存地址分配给 USS 全局符号表中的第一个存储单位。所有其他地址都将自动地分配，总共需要 400 个连续字节。如果不分配 V 内存地址给 USS，在程序编辑时将会出现若干错误，这时可通过以下方法解决，即给 USS 分配 V 内存地址。用鼠标右键单击指令树中的"程序块"，这时会出现一个对话框，选择"库存储区"，在弹出的对话框中单击"建议地址"后，单击"确定"按钮即可。这种方法同样适用于其他通信协议或指令需要分配 V 内存地址。

3.2.7　技能训练——MM4 系列变频器的 USS 控制

用 S7-200 PLC 的 USS 协议控制 MM4 系列变频器。通过 USS 通信协议控制 MM440 变频器的起动、自由停止、快速停止、正反转。要求 Q0.0 指示驱动装置的运行模式反馈（运行或停止）；Q0.1 指示驱动装置的运行方式（正向或反向）；Q0.2 指示驱动装置的禁止状态（禁止或未禁止）；Q0.3 指示驱动装置是否有故障。

训练点：USS 通信协议的熟练应用。

附　　录

附录 A　S7-200 PLC 仿真软件的使用

1. S7-200 PLC 仿真软件

学习 PLC 最有效的手段是动手编程并进行上机调试。许多读者由于缺乏实验条件，编写程序事先无法检测其是否正确，编程能力很难迅速提高。PLC 的仿真软件是解决这一问题的理想工具，例如西门子 S7-300/400 PLC 有非常好的仿真软件 PLCSIM。近几年网上已有一种针对 S7-200 PLC 仿真软件，国内已有人将它部分汉化，可以供读者使用。

读者在互联网上搜索"S7-200 仿真软件包 V2.0"，即可找到该软件，本节在该软件的基础上，简单介绍其使用方法。

该软件不需要安装，执行其中的"S7-200.EXE"文件，就可以打开它。单击屏幕中间出现的画面，在密码输入对话框中输入密码"6596"，即可进入仿真软件。

2. 硬件设置

软件自动打开的是 CPU 214，应执行菜单命令"配置"→"CPU 型号"，在"CPU 型号"对话框的下拉式列表框中选择 CPU 的新型号 CPU 22X，用户还可以修改 CPU 的网络地址，一般使用默认的地址（2）。

图 A-1 中左边是 CPU 226，右边空的方框是扩展模块的位置。双击紧靠已配置的模块右侧空的方框，在出现的"扩展模块"对话框中，如图 A-2 所示，选择需要添加的 I/O 扩展模块前的单选钮后，单击"确定"按钮。双击已存在的扩展模块，在"扩展模块"对话框中选择"无/卸下"单选钮，可以取消该模块。

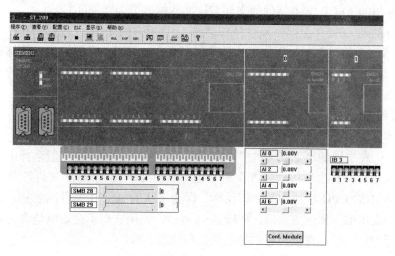

图 A-1　仿真软件画面

图 A-1 中的 0 号扩展模块是 4 通道的模拟量输入模块 EM231，单击模块下面的"Conf. Msdule"（设置模块）按钮，在弹出的对话框中，如图 A-3 所示，可以设置模拟量输入的量程。模块下面的 4 个滚动条用来设置各个通道的模拟量输入值。

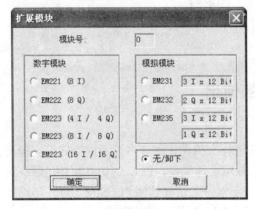

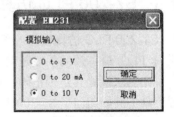

图 A-2 "扩展模块"对话框   图 A-3 配置模块量程

图 A-1 中的 1 号扩展模块是有 4 点数字量输入、4 点数字量输出的 EM223 模块。模块下面的 IB3 和 QB2 是它的输入点和输出点的字节地址。

CPU 模块下面是用于输入数字量信号的小开关板，它上面有 24 个输入信号用的小开关，与 CPU 226 的 24 个输入点对应。开关板下面有两个线性电位器，SMB28 和 SMB29 分别是 CPU 226 的两个 8 位模拟量输入电位器对应的特殊存储器字节，可以用电位器的滑动块来设置它们的值（0～255）。

3. 生成 ASCII 文本文件

仿真软件不能直接接收 S7-200 PLC 的程序代码，必须用"导出"功能将 S7-200 PLC 的用户程序转换为 ASCII 文本文件，然后再下载到仿真软件中去。

在编程软件中打开一个编译成功的程序块，执行菜单命令"文件"→"导出"，或用鼠标右键单击某一程序块，执行弹出快捷菜单中的"导出"命令，在出现的"导出程序块"对话框中输入导出的 ASCII 文本文件的文件名，文件扩展名为".awl"。

如果打开的是 OB1（主程序），将导出当前项目所有的 POU（包括子程序和中断程序）的 ASCII 文本文件的组合；如果打开的是子程序或中断程序，只能导出当前打开的单个程序的 ASCII 文本文件。"导出"命令不能导出数据块，可以用 Windows 剪贴板的剪切、复制和粘贴功能导出数据块。

4. 下载程序

生成文本文件后，单击工具栏上的"下载"按钮 ，或单击"程序"→"装载程序"，开始装载程序。在出现的"下载 CPU"对话框中选择要下载的块，一般选择下载逻辑块。单击"确定"按钮后，在出现的"打开"对话框中双击要下载的*.awl 文件，开始下载。下载成功后，图 A-1 的 CPU 模块中的"正反转"即为下载的 ASCII 文件的名称，同时会出现下载的程序代码文本框和梯形图窗口，如图 A-4 所示，关闭它们不会影响仿真。用鼠标左键按住窗口最上面的标题行，可以将它们拖曳到其他位置。

如果用户程序中有仿真软件不支持的指令或功能，单击工具栏上的"运行"按钮 ，或单击"PLC"→"运行"后,弹出的对话框将显示出仿真软件不能识别的指令。单击"确定"按钮后,不能切换到 RUN 模式,CPU 模块左侧的"RUN"LED 的状态不会变化。

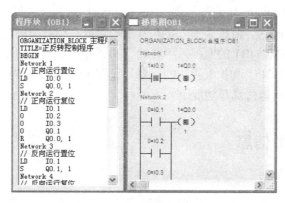

图 A-4　语句表与梯形图窗口

如果仿真软件支持用户程序中的全部指令和功能,单击工具栏上的"运行"按钮▶,则从 STOP 模式切换到 RUN 模式,CPU 模式左侧的"RUN"和"STOP"LED 的状态随之变化。

5.模拟调试程序

用鼠标左键单击 CPU 模块下面的开关板上小开关上面黑色的部分,可以使小开关的手柄向上,触点闭合,对应的输入点的 LED 变为绿色。图 A-1 中 CPU 下面 I0.0 对应的开关为闭合状态,其余的为断开状态。单击闭合的小开关下面的黑色部分,可以使小开关的手柄向下,触点断开,对应的输入点的 LED 变为灰色。图中扩展模块的下面也有 4 个小开关。

与用"真正"的 PLC 做实验相同,在 RUN 模式下调试数字量控制程序时,用鼠标切换各个小开关的通/断状态,改变 PLC 输入变量的状态。通过模块上的 LED 观察 PLC 输出点的状态变化,可以了解程序执行的结果是否正确。

在 RUN 模式下,单击工具栏上的"监视梯形图"按钮📷,可以用程序状态功能监视图 A-4 的梯形图窗口中的触点和线圈的状态。

6.监视变量

单击工具栏上的"监视内存"按钮📷,或执行菜单命令"查看"→"内存监视",在出现的"内存表"对话框中(如图 A-5),可以监控 V、M、T、C 等内部变量的值。输入需要

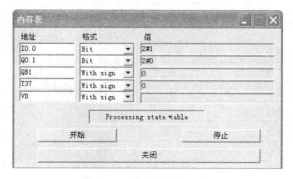

图 A-5　"内存表"对话框

监控的变量的地址后，单击"格式"单元中的按钮，在出现的下拉式列表中选择数据格式。图中的 With sign 是有符号数，用来监视 T37 的当前值。T37 的数据格式为 Bit 时，监视它的位的状态。Without sign 是无符号数，Hexadecimal 是十六进制数，Eat floating 是浮点数。用二进制格式（Binary）监控字节、字和双字，可以在一行中同时监控 8 个、16 个和 32 个位变量（如图 A-5 中对 QB1 的监控）。"开始"和"停止"按钮用来启动和停止监控。

仿真软件还有读取 CPU 和扩展模块的信息、设置 PLC 的实时时钟、控制循环扫描的次数和对 TD 200 文本显示器仿真等功能。

附录 B　快速参考信息

1．常用特殊存储器位

特殊存储器位			
SM0.0	该位始终为 1	SM1.0	操作结果为 0
SM0.1	首次扫描时为 1	SM1.1	结果溢出或非法数值
SM0.2	保持数据丢失时为 1	SM1.2	结果为负数
SM0.3	开机通电进入 RUN 时为 1 持续一个扫描周期	SM1.3	被 0 除
SM0.4	时钟脉冲：30s 闭合/30s 断开	SM1.4	超出表范围
SM0.5	时钟脉冲：0.5s 闭合/0.5s 断开	SM1.5	空表
SM0.6	时钟脉冲：闭合一个扫描周期/断开一个扫描周期	SM1.6	BCD 到二进制转换出错
SM0.7	开关放置在 RUN 位置时为 1	SM1.7	ASCII 到十六进制转换出错

2．中断事件描述

中 断 号	中 断 描 述	优先级分组	按组排列的优先级
8	通信口 0：接受字符		0
9	通信口 0：发送完成		0
23	通信口 0：接收信息完成		0
24	通信口 1：接收信息完成	通信（最高）	1
25	通信口 1：接受字符		1
26	通信口 1：发送完成		1
19	PTO0 完成中断		0
20	PTO1 完成中断		1
0	I0.0 的上升沿		2
2	I0.1 的上升沿		3
4	I0.2 的上升沿		4
6	I0.3 的上升沿		5
1	I0.0 的下降沿	开关量（中等）	6
3	I0.1 的下降沿		7
5	I0.2 的下降沿		8
7	I0.3 的下降沿		9
12	HSC0 CV=PV		10

中 断 号	中 断 描 述	优先级分组	按组排列的优先级
27	HSC0 输入方向改变	开关量（中等）	11
28	HSC0 外部复位		12
13	HSC1 CV=PV（ 当前值=预设值）	开关量（中等）	13
14	HSC1 输入方向改变		14
15	HSC1 外部复位		15
16	HSC2 CV=PV（ 当前值=预设值）		16
17	HSC2 方向改变		17
18	HSC2 外部复位		18
32	HSC3 CV=PV（ 当前值=预设值）		19
29	HSC4 CV=PV（ 当前值=预设值）		20
30	HSC4 输入方向改变		21
31	HSC4 外部复位		22
33	HSC5 CV=PV（ 当前值=预设值）		23
10	定时中断 0	定量（最低）	0
11	定时中断 1		1
21	定时器 T32 CT=PT 中断		2
22	定时器 T96 CT=PT 中断		3

3. S7-200 PLC 的 SIMATIC 指令简表

布 尔 指 令	
LD N	装载（电路开始的常开触点）
LDI N	立即装载
LDN N	取反后装载（电路开始的常闭触点）
LDNI N	取反后立即装载
A N	与（串联的常开触点）
AI N	立即与
AN N	取反后与（串联的常闭触点）
ANI N	取反后立即与
O N	或（并联的常开触点）
OI N	立即或
ON N	取反后或（并联的常闭触点）
ONI N	取反后立即或
LDBx N1, N2	装载字节比较的结果，N1（x: <, <=, =, >=, >, <>）N2
ABx N1, N2	与字节比较的结果，N1（x: <, <=, =, >=, >, <>）N2
OBx N1, N2	或字节比较的结果，N1（x: <, <=, =, >=, >, <>）N2
LDWx N1, N2	装载字比较的结果，N1（x: <, <=, =, >=, >, <>）N2
AWx N1, N2	与字比较的结果，N1（x: <, <=, =, >=, >, <>）N2
OWx N1, N2	或字比较的结果，N1（x: <, <=, =, >=, >, <>）N2
LDDx N1, N2	装载双字的比较结果，N1（x: <, <=, =, >=, >, <>）N2
ADx N1, N2	与双字的比较结果，N1（x: <, <=, =, >=, >, <>）N2
ODx N1, N2	或双字的比较结果，N1（x: <, <=, =, >=, >, <>）N2
LDRx N1, N2	装载实数的比较结果，N1（x: <, <=, =, >=, >, <>=N2

布 尔 指 令	
ARx　N1, N2	与实数的比较结果，N1（x: <, <=, =, >=, >, <>）N2
ORx　N1, N2	或实数的比较结果，N1（x: <, <=, =, >=, >, <>）N2
NOT	栈顶值取反
EU	上升沿检测
ED	下降沿检测
=　　Bit	赋值（线圈）
=I　Bit	立即赋值
S　Bit, N	置位一个区域
R　Bit, N	复位一个区域
SI　Bit, N	立即置位一个区域
RI　Bit, N	立即复位一个区域
LDSx　IN1, IN2	装载字符串比较结果，N1（x: =, <>）N2
AS　　IN1, IN2	与字符串比较结果，N1（x: =, <>）N2
OS　　IN1, IN2	或字符串比较结果，N1（x: =, <>）N2
ALD	与装载（电路块串联）
OLD	或装载（电路块并联）
LPS	逻辑入栈
LRD	逻辑读栈
LPP	逻辑出栈
LDS　　N	逻辑堆栈
AENO	与 ENO
数学、加1减1指令	
+I　IN1, OUT	整数加法，IN1+OUT=OUT
+D　IN1, OUT	双整数加法，IN1+OUT=OUT
+R　IN1, OUT	实数加法，IN1+OUT=OUT
-I　IN1, OUT	整数减法，IN1-OUT=OUT
-D　IN1, OUT	双整数减法，IN1-OUT=OUT
-R　IN1, OUT	实数减法，IN1-OUT=OUT
MUL IN1, OUT	整数乘整数得双整数
*I　IN1, OUT	整数乘法，IN1*OUT=OUT
*D　IN1, OUT	双整数乘法，IN1*OUT=OUT
*R　IN1, OUT	实数乘法，IN1*OUT=OUT
DIV IN1, OUT	整数除整数得16位余数（高位）和16位商（低位）
/I　IN1, OUT	整数除法，IN1/OUT=OUT
/D　IN1, OUT	双整数除法，IN1/OUT=OUT
/R　IN1, OUT	实数除法，IN1/OUT=OUT
SQRT IN, OUT	平方根
LN　IN, OUT	自然对数
EXP　IN, OUT	自然指数
SIN　IN, OUT	正弦
COS　IN, OUT	余弦
TAN　IN, OUT	正切
INCB　OUT	字节加1
INCW　OUT	字加1
INCD　OUT	双字加1

（续）

数学、加1减1指令	
DECB OUT	字节减1
DECW OUT	字减1
DECD OUT	双字减1
PID Table, Loop	PID回路

定时器和计数器指令	
TON Txxx, PT	接通延时定时器
TOF Txxx, PT	断开延时定时器
TONR Txxx, PT	保持型接通延时定时器
BITIM OUT	起动间隔定时器
CITIM IN, OUT	计数间隔定时器
CTU Cxxx, PV	加计数器
CTD Cxxx, PV	减计数器
CTUD Cxxx, PV	加/减计数器

实时时钟指令	
TODR T	读实时时钟
TODW T	写实时时钟
TODRX T	扩展读实时时钟
TODWX T	扩展写实时时钟

程序控制指令	
END	程序的条件结束
STOP	切换到STOP模式
WDR	看门狗复位（30ms）
JMP N	跳到指定的标号
IBL N	定义一个跳转的标号
CALL N（N1,……）	调用子程序，可以有16个可选参数
CRET	从子程序条件返回
FOR INDX, INIT, FINAL NEXT	FOR/NEXT循环
LSCR N	顺序控制继电器段的起动
SCRT N	顺序控制继电器段的转换
CSCRE	顺序控制继电器段的条件结束
SCRE	顺序控制继电器段的结束
DLED IN	诊断LED

传送、移位、循环和填充指令	
MOVB IN, OUT	字节传送
MOVW IN, OUT	字传送
MOVD IN, OUT	双字传送
MOVR IN, OUT	实数传送
BIR IN, OUT	立即读取物理输入字节
BIW IN, OUT	立即写入物理输出字节
BMB IN, OUT	字节块传送
BMW IN, OUT	字块传送
BMD IN, OUT	双字块传送
SWAP IN	交换字节
SHRB DATA, S_BIT, N	移位寄存器
SRB OUT, N	字节右移N位
SRW OUT, N	字右移N位
SRD OUT, N	双字右移N位

传送、移位、循环和填充指令	
SLB　OUT, N	字节左移 N 位
SLW　OUT, N	字左移 N 位
SLD　OUT, N	双字左移 N 位
RRB　OUT, N	字节循环右移 N 位
RRW　OUT, N	字循环右移 N 位
RRD　OUT, N	双字循环右移 N 位
RLB　OUT, N	字节循环左移 N 位
RLW　OUT, N	字循环左移 N 位
RLD　OUT, N	双字循环左移 N 位
FILL　IN, OUT, N	用指定的元素填充存储器空间
逻辑操作指令	
ANDB　IN1, OUT	字节逻辑与
ANDW　IN1, OUT	字逻辑与
ANDD　IN1, OUT	双字逻辑与
ORB　IN1, OUT	字节逻辑或
ORW　IN1, OUT	字逻辑或
ORD　IN1, OUT	双字逻辑或
XORB　IN1, OUT	字节逻辑异或
XORW　IN1, OUT	字逻辑异或
XORD　IN1, OUT	双字逻辑异或
INVB　IN1, OUT	字节取反（1 的补码）
INVW　IN1, OUT	字取反
INVD　IN1, OUT	双字取反
字符串指令	
SLEN　IN, OUT	求字符串长度
SCAT　IN, OUT	连接字符串
SCPY　IN, OUT	复制字符串
SSCPY　IN, INDX, N, OUT	复制子字符串
CFND　IN1, IN2, OUT	在字符串中查找一个字符
SFND　IN1, IN2, OUT	在字符串查找一个子字符串
表、查找和转换指令	
ATT　TABLE, DATA	把数据加到表中
LIFO　TABLE, DATA	从表中取数据，后入先出
FIFO　TABLE, DATA	从表中取数据，先入先出
FND=　TBL, PATRN, INDX	在表 TBL 中查找等于比较条件 PATRN 的数据
FND〈 〉 TBL, PATRN, INDX	在表 TBL 中查找不等于比较条件 PATRN 的数据
FND〈　TBL, PATRN, INDX	在表 TBL 中查找小于比较条件 PATRN 的数据
FND〉　TBL, PATRN, INDX	在表 TBL 中查找大于比较条件 PATRN 的数据
BCDI　OUT	BCD 码转换成整数
IBCD　OUT	整数转换成 BCD 码
BTI　IN, OUT	字节转换成整数
ITB　IN, OUT	整数转换成字节
ITD　IN, OUT	整数转换成双整数
DTI　IN, OUT	双整数转换成整数
DTR　IN, OUT	双整数转换成实数
ROUND　IN, OUT	实数四舍五入为双整数
TRUNC　IN, OUT	实数截位取整为双整数

表、查找和转换指令	
ATH IN, OUT, LEN	ASCII 码转换成十六进制数
HTA IN, OUT, LEN	十六进制数转换成 ASCII 码
ITA IN, OUT, LEN	整数转换成 ASCII 码
DTA IN, OUT, LEN	双整数转换成 ASCII 码
RTA IN, OUT, LEN	实数转换成 ASCII 码
DECO IN, OUT	译码
ENCO IN, OUT	编码
SEG IN, OUT	七段译码
ITS IN, FMT, OUT	整数转换成字符串
DTS IN, FMT, OUT	双整数转换成字符串
RTS IN, FMT, OUT	实数转换成字符串
STI STR, INDX, OUT	子字符串转换成整数
STD STR, INDX, OUT	子字符串转换成双整数
STR STR, INDX, OUT	子字符串转换成实数
中断指令	
CRETI	从中断程序有条件返回
ENI	允许中断
DISI	禁止中断
ATCH INT, EVENT	给中断事件分配中断程序
DTCH EVENT	解除中断事件
通信指令	
XMT TABLE, PORT	自由端口发送
RCV TABLE, PORT	自由端口接收
NETR TABLE, PORT	网络读
NETW TABLE, PORT	网络写
GPA ADDR, PORT	获取端口地址
SPA ADDR, PORT	设置端口地址
高速计数器指令	
HDEF HSC, MODE	定义高速计数器模式
HSC N	激活高速计数器
PLS N	脉冲输出

参 考 文 献

[1] 西门子（中国）有限公司. S7-200 CN 可编程序控制器产品目录. 2006.

[2] 西门子（中国）有限公司. S7-200 CN 可编程序控制器系统手册. 2005.

[3] 西门子（中国）有限公司. 深入浅出人机界面[M]. 北京：北京航空航天大学出版社，2009.

[4] 西门子（中国）有限公司. 深入浅出西门子 S7-200 PLC[M]. 北京：北京航空航天大学出版社，2007.

[5] 刘华波. 西门子 S7-200 PLC 编程及应用案例精选[M]. 北京：机械工业出版社，2009.

[6] 李艳秋. S7-200 PLC 原理与实用开发指南[M]. 北京：机械工业出版社，2009.

[7] 赵全利. S7-200 PLC 基础及应用[M]. 北京：机械工业出版社，2010.

[8] 李方园. 西门子 S7-200 PLC 从入门到实践[M]. 北京：电子工业出版社，2010.

[9] 廖常初. S7-200 PLC 基础教程[M]. 北京：机械工业出版社，2009.

[10] 吴志敏. 西门子 PLC 与变频器、触摸屏综合应用教程[M]. 北京：中国电力出版社，2009.

精品教材推荐

S7-200 PLC 基础教程（第2版）

书号：ISBN 978-7-111-17947-4

作者：廖常初　　　　定价：25.00 元

推荐简言：本书有别于其他 PLC 教材之处在于，介绍了编程软件和仿真软件的使用方法、模拟量、子程序和中断程序、高速输入高速输出、PID 控制的编程方法等。介绍了只需要输入一些参数，就能自动生成用户程序的编程向导的使用方法。实验指导书中有 16 个紧密结合教学内容的实验。可以为教师提供电子教案。

PLC 基础及应用（第2版）

书号：ISBN 978-7-111-12295-1

作者：廖常初　　　　定价：23.00 元

获奖情况：普通高等教育"十一五"国家级规划教材

推荐简言：本书以三菱 FX 系列 PLC 为讲授对象，介绍了 PLC 控制系统的设计和调试方法，提高系统可靠性和降低硬件费用的方法等内容，提供了编程器与编程软件的使用指南和内容丰富的实验指导书。为教师提供了制作电子教案用图。本书自 2003 年出版以来已 9 次印刷。

PLC 控制系统设计与运行维护

书号：ISBN 978-7-111-30806-5

作者：史宜巧　　　　定价：27.00 元

获奖情况：省级精品课程配套教材

推荐简言：

本书以 FX 系列 PLC 为对象，基于工作过程用 4 个情境编排开关量逻辑控制、模拟量控制和通信联网控制 3 大教学内容。选用生产一线的典型案例，以"功能分析→硬件配置→编程→调试与维护"为主线来讲述控制系统设计。

西门子 S7-300 PLC 基础与应用

书号：ISBN 978-7-111-33160-5

作者：吴丽　　　　定价：25.00 元

推荐简言：

本书融入了"工学结合"的教学理念，通过丰富的实例讲解西门子 S7-300 PLC 的基础知识与应用技巧。每章都配有技能训练项目。本书配有多媒体电子课件和大量的相关技术资料。

传感器与检测技术

书号：ISBN 978-7-111-23503-3

作者：董春利　　　　定价：24.00 元

获奖情况：省级精品课程配套教材

推荐简言：

本书作者董春利教授具有丰富的生产实践和教学经验。本书的特点在于结合工程实践来讲解传感器技术及其应用，内容简练、实例丰富、图文并茂，每章都配有习题与思考题。

自动化生产线安装与调试

书号：ISBN 978-7-111-34438-4

作者：何用辉　　　　定价：39.00 元

推荐简言：

本书为校企合作、工学结合的特色改革教材，基于工作过程组织内容，内容充实，书中重点内容均配有实物图片，提高学习效率。配套超值光盘，包含：教学课件、实况视频、动画仿真等多种课程教学配套资源。

精品教材推荐

电机与电气控制项目教程

书号：ISBN 978-7-111-24515-5

作者：徐建俊　　　　定价：29.00 元

获奖情况：国家级精品课程配套教材

省级高等学校评优精品教材

推荐简言：本教材以"工学结合、项目引导、'教学做'一体化"为编写原则，包括电机与拖动、工厂电器控制设备、PLC 三个方面，共分 8 个专题，每个专题内容由课程组从企业生产实践选题，再设计成教学项目，试做后编入教材，实用性极强。

电机与电气控制技术

书号：ISBN 978-7-111-29289-0

作者：田淑珍　　　　定价：29.00 元

推荐简言：

本书根据维修电工中级工的达标要求，强化了技能训练，突出了职业教育的特点，将理论教学、实训、考工取证有机地结合起来。书中加入了电动机实训、线路制作、设备运行维护、故障排除等内容。

单片机原理与控制技术（第 2 版）

书号：ISBN 978-7-111-08314-6

作者：张志良　　　定价：36.00 元

推荐简言：

本书力求降低理论深度和难度，文字叙述通俗易懂，习题丰富便于教师布置。突出串行扩展技术，注意实用实践运用，所配电子教案内容详尽，接近教学实际。有配套的《单片机学习指导及与习题解答》可供选用。

变频技术原理与应用（第 2 版）

书号：ISBN 978-7-111-11364-5

作者：吕汀　　　定价：29.00 元

获奖情况：

2008 年度普通高等教育精品教材

普通高等教育"十一五"国家级规划教材

推荐简言：本书内容包括变频技术基础，电力电子器件，交-直-交变频技术、脉宽调制技术、交-交变频技术等。内容系统简洁，实用性强。

电工与电子技术基础（第 2 版）

书号：ISBN 978-7-111-08312-2

主编：周元兴　　　定价：39.00 元

获奖情况：

2008 年度普通高等教育精品教材

普通高等教育"十一五"国家级规划教材

推荐简言：本书在第 1 版的基础上，融合新的职业教育理念，进行了修订改版。本书内容全面、图文并茂，并新增了实践环节。

现场总线技术及其应用

书号：ISBN 978-7-111-33108-7

作者：郭琼　　　定价：21.00 元

推荐简言：

本书以 Profibus 及 CC-Link 作为学习和实践的教学内容。同时，将 Modbus 的通信内容也作为教学的重点内容，通过丰富的实例使读者了解现场总线在工业控制系统中的作用，以及现场总线控制系统的构建和使用方法。